新世纪高职高专实用规划教材　计算机系列

SQL Server 2005 实用教程
(第二版)

李　岩　张瑞雪　主　编
李康乐　王　旭　副主编

清华大学出版社
北　京

内 容 简 介

本书是根据教育部提出的高等学校计算机基础教学三层次要求组织编写的。本书主要讲述大型数据库管理系统 SQL Server 2005 的功能、操作和实用开发技术。

本书以 SQL Server 2005 为平台，采用一个贯穿全书的实例详细讲解了 SQL Server 2005 的安装和配置，数据库的创建与管理，表、T-SQL 语言、视图、索引、存储过程、数据库的备份恢复与导入导出、SQL Server 的安全管理。除最后一章外，每章后均配有实训内容，以强化学生的实践能力。在第 13 章介绍了 SQL Server 项目开发，将全书所学内容与.NET 编程语言相结合，进行了系统化、整体化的提升。

本书具有由浅入深、理论联系实际的特点，在保证教材系统性和科学性的同时，注重实践性和操作性。

本书既可以作为高职高专院校相关专业的教材，也可以作为数据库应用系统开发人员的参考书。

图书在版编目(CIP)数据

SQL Server 2005 实用教程/李岩，张瑞雪主编；李康乐，王旭副主编. --2 版. --北京：清华大学出版社，2011.3（2015.8 重印）
(新世纪高职高专实用规划教材　计算机系列)
ISBN 978-7-302-24884-2

Ⅰ. ①S…　Ⅱ. ①李…　②张…　③李…　④王…　Ⅲ. ①关系数据库—数据库管理系统，SQL Server 2005—高等学校：技术学校—教材　Ⅳ. ①TP311.138

中国版本图书馆 CIP 数据核字(2011)第 017297 号

责任编辑：孙兴芳　杨作梅
装帧设计：杨玉兰
责任校对：李玉萍
责任印制：何　芊

出版发行：清华大学出版社
网　　址：http://www.tup.com.cn，http://www.wqbook.com
地　　址：北京清华大学学研大厦 A 座　　**邮　　编**：100084
社 总 机：010-62770175　　**邮　　购**：010-62786544
投稿与读者服务：010-62776969，c-service@tup.tsinghua.edu.cn
质 量 反 馈：010-62772015，zhiliang@tup.tsinghua.edu.cn
印 刷 者：北京富博印刷有限公司
装 订 者：北京市密云县京文制本装订厂
经　　销：全国新华书店
开　　本：185mm×260mm　　**印　　张**：19.25　　**字　　数**：468 千字
版　　次：2011 年 3 月第 2 版　　**印　　次**：2015 年 8 月第 9 次印刷
印　　数：19501～21500
定　　价：36.00 元

产品编号：039953-01

前　言

数据库技术是计算机技术领域中发展最快的技术之一，也是应用最为广泛的技术之一，它已经成为计算机信息系统的核心技术和重要基础。

2005 年 11 月，微软公司发布了其数据库软件的又一个升级版本 SQL Server 2005。从 SQL Server 2000 到 SQL Server 2005，不仅仅是数据库系统具有更高的性能、更强的处理能力，新版本的系统还带来了许多新的、在旧版本中从未出现的特性。而这些新特性也都是和现代数据库的发展方向相一致的。例如，对 XML 的支持、在 SQL 语言中嵌入高级语言支持等。在企业环境中，更注重安全性、高可用性、集成的管理工具等。

目前我国技能型人才短缺，技能型人才的培养核心是实践能力，学生应该在学校就开始接受实践能力的培养，以便在毕业后能很快适应社会的需求。为了满足当前高职高专院校人才培养的要求和当今社会对人才需求的要求，很多学校的相关专业均开设了有关数据库技术的课程，而在众多的数据库系统中，SQL Server 以其兼具对大型数据库技术的要求和易于实现等特点，被许多院校列为必修课程。本书正是结合这一实际需要以及最新的数据库技术知识而编写的。

本书第一版于 2008 年 9 月由清华大学出版社出版发行后，受到广大读者的欢迎。在使用过程中，许多专家和师生给予了大力的支持并提出了一些很好的意见和建议，因此，我们对《SQL Server 2005 实用教程》第一版进行了修订，调整了部分内容，增加了实例和习题内容，以求能更好地突出重点和难点，增进本书的实用性。

全书共有 13 章。第 1 章主要介绍数据库相关知识；第 2 章介绍 SQL Server 2005 的安装和配置；第 3、4 章介绍 SQL Server 数据库和表；第 5 章介绍数据库的数据完整性；第 6 章介绍数据查询；第 7、8 章介绍视图及索引的应用；第 9 章介绍 T-SQL 语言；第 10 章介绍存储过程和触发器；第 11 章介绍备份恢复与导入导出；第 12 章介绍 SQL Server 的安全管理；第 13 章介绍 SQL Server 项目开发。除最后一章外，每一章后都配有实训内容，所有实训内容均围绕一个大的实例完成，具有系统性和整体性，在项目开发中采用了先进的基于.NET 技术，有助于学生对新知识、新技术的了解和学习。

本书概念清晰、叙述准确、重点突出，理论与实践紧密结合，注重操作技能的培养。图文并茂，提供了丰富的实例，有助于读者对所学内容的掌握，便于自学。

本书由李岩、张瑞雪任主编，李康乐、王旭任副主编。第 1、2、3 章由王旭编写；第 4、5、6、7 章由张瑞雪编写；第 8、9、11 章由李康乐编写；第 10、12、13 章由李岩编写，全书由李岩统稿。书中代码及文字校对等工作由于洪鹏、徐宏伟参与完成，在此衷心地向他们表示感谢。

本书既可以作为高职高专院校计算机相关专业的教材，也可以作为应用开发工作的人员的学习参考。

由于编者水平有限，时间仓促，书中难免存在缺点和不足，敬请读者批评指正。

编　者

目　　录

第 1 章　数据库概述

随着科学技术和社会经济的飞速发展，人们掌握的信息量急剧增加，要充分地开发和利用这些信息资源，就必须有一种新技术能对大量的信息进行识别、存储、处理与传播。随着计算机软硬件技术的发展，20 世纪 60 年代末，数据库技术应运而生，并从 70 年代起得到了迅速的发展和广泛的应用。数据库技术主要研究如何科学地组织和存储数据，如何高效地获取和处理数据。数据库技术作为数据管理的最新技术，目前已广泛应用于各个领域。对于一个国家来说，数据库的建设规模、数据库信息量的大小和使用频度已经成为衡量这个国家信息化程度的重要标志。

通过学习本章，读者应掌握以下内容：

- 数据库的基本概念及数据库系统
- 数据模型
- 关系数据库的基本原理及关系运算

1.1　数据库的基本概念及数据库系统

数据、数据库、数据库管理系统和数据库系统是 4 个密切相关的基本概念。

1.1.1　数据库的基本概念

下面我们简单地介绍一下数据库的几个基本概念。

1．数据

数据(Data)是描述客观事物的符号记录，可以是数字、文字、图形、图像、声音、语言等，经过数字化后存入计算机。事物可以是可触及的对象(一个人、一棵树、一个零件等)，可以是抽象事件(一次球赛、一次演出等)，也可以是事物之间的联系(一张借书卡、订货单等)。

数据和关于数据的解释是不可分的。数据的形式本身并不能完全表达其内容，了解的人会知道一组数据的具体含义，但是，不知道的人无法理解。因此，数据应该由数据值及其含义两部分组成，也就是需要经过语义解释。数据与其语义是密不可分的。

2．数据库

数据库(Database，DB)是存放数据的仓库，是长期存储在计算机内的、有组织的、可共享的数据集合。在数据库中集中存放了一个有组织的、完整的、有价值的数据资源，如学生管理、人事管理、图书管理等。它可以供各种用户共享，有最小冗余度、较高的数据独立性和易扩展性。

3．数据库管理系统

数据库管理系统(Database Management System，DBMS)是指位于用户与操作系统之间

的一层数据管理系统软件。数据库在建立、运行和维护时由数据库管理系统统一管理、统一控制。数据库管理系统是一组计算机程序，使用户能方便地定义数据和操纵数据，并能够保证数据的安全性和完整性、多用户对数据的并发使用及发生故障后的系统恢复。

4. 数据库系统

数据库系统(Database System，DBS)是指在计算机系统中引入数据库后的系统构成，一般由数据、数据库管理系统(及其开发工具)、应用系统、数据库管理员和用户构成。

5. 数据库系统管理员

数据库系统管理员(Database Administrator，DBA)是负责数据库的建立、使用和维护的专门人员。用户使用数据库是有目的的，数据库管理系统是帮助用户达到这一目的的工具和手段。

1.1.2 数据库系统的组成

数据库系统包括数据、硬件、软件和用户 4 部分。

(1) 数据是构成数据库的主体，是数据库系统的管理对象。

(2) 硬件是数据库系统的物力支撑，包括 CPU、内存、外存及 I/O 设备等。

(3) 软件包括系统软件和应用软件。系统软件包括操作系统和数据库管理系统。数据库管理系统是数据库系统中最重要的核心软件。应用软件是在数据库管理系统的支持下由用户根据实际需求开发的应用程序。

(4) 用户包括专业用户、非专业用户和数据管理员。

专业用户指应用程序员，负责设计和编制应用程序；通过应用程序存取和维护数据库；为最终用户准备应用程序。

非专业用户，即最终用户，是指非计算机专业人员。他们通过应用系统提供的用户接口界面以交互式操作使用数据库。交互式操作通常为菜单驱动、图形显示、表格操作等。

数据管理员，全面负责数据库系统的管理、维护和正常使用，保持数据库始终处于最佳工作状态。对于大型数据库系统，要求配置专门的 DBA，主要职责如下。

- 参与数据库设计的全过程。
- 定义数据库的安全性和完整性约束条件。
- 决定数据库的存储和读取策略。
- 监督控制数据库的使用和运行并及时处理运行程序中出现的问题。
- 改进数据库系统和重组数据库。

1.1.3 数据库系统的特点

1. 数据结构化

描述数据时不仅要描述数据本身，还要描述数据之间的联系。整个数据库按一定的结构形式构成，数据在记录内部和记录类型之间相互关联，用户可通过不同的路径存取数据。

数据库系统主要实现整体数据的结构化。

2．数据的共享性高，冗余度低，易扩充

DBS 数据面向整个系统，所以可以为多用户、多应用共享。每个用户只与库中的一部分数据发生联系；用户数据可以重叠，用户可以同时存取数据而互不影响，大大提高了数据库的使用效率。同时数据共享可以大大减少冗余度、节约存储空间；数据共享还能避免数据之间的不一致性，这种数据的不一致性是指同一数据不同复制时的值不一样；数据共享还能使 DBS 具有弹性大、易扩充的特点。

3．数据独立性高

数据独立性主要从物理独立性和逻辑独立性两个方面体现。从物理独立性角度来讲，用户的应用程序与存储在磁盘上的数据库是相互独立的。当数据的存储结构(或物理结构)改变时，通过对映象的相应改变可以保持数据的逻辑结构不变，从而应用程序也不必改变。从逻辑独立性角度来讲，用户的应用程序与数据库的逻辑结构是相互独立的，应用程序是依据数据的局部逻辑结构编写的，即使数据的逻辑结构改变了，应用程序也不必修改。

4．数据由 DBMS 统一管理和控制

DBMS 提供以下几个方面的数据控制功能。

(1) 数据库的安全性(Security)保护。保护数据以防止不合法的使用造成的数据泄密和破坏。

(2) 数据的完整性检查(Integrity)。数据的完整性是指数据的正确性和一致性。完整性检查是指将数据控制在有效的范围内，或保证数据之间满足一定的关系。

(3) 并发(Concurrency)控制。当多个用户的并发进程同时存取、修改数据库时，可能会发生相互干扰而得到错误的结果或使数据库的完整性和一致性遭到破坏，因此必须对多用户的并发操作加以控制和协调。

(4) 数据库恢复(Recovery)。当计算机系统遭遇硬件故障、软件故障、操作员误操作或恶意破坏时，可能会导致数据错误或数据全部、部分丢失，此时要求数据库具有恢复功能。所谓的数据库恢复是指 DBMS 将数据库从错误状态恢复到某一已知的正确状态，即完整性状态。

1.2　数据模型概述

现实世界中的数据要进入数据库中，需要经过人们的认识、理解、整理、规范和加工。可以把这一过程划分成三个主要阶段，即现实世界阶段、信息世界阶段和机器世界阶段。

现实世界中的数据经过人们的认识和抽象，形成信息世界；在信息世界中用概念模型来描述数据及其联系，概念模型按用户的观点对数据和信息进行建模，独立于具体的机器和 DBMS；根据所使用的具体机器和 DBMS，需要对概念模型做进一步转换，形成在具体机器环境下可以实现的数据模型。

数据库是按照一定的数据模型组织存储在一起的数据集合。数据模型是对现实世界的

模拟，它反映现实世界中的客观事物以及这些客观事物之间的联系。

1.2.1 信息世界的数据描述

信息世界是现实世界在人们头脑中的反映。人们对现实世界的客观事物及其联系进行充分的认识、理解和分析，将其抽象为某种信息结构，得到了关于现实世界的概念级的模型，即概念模型。这样就将现实世界抽象为信息世界。在信息世界，用概念模型反映客观事物及事物间的联系。

1.2.2 数据模型

上面介绍的概念模型，只是从本质上直接反映客观事物及事物间联系，并没有考虑在计算机上数据库中的具体实现，要将这种描述在计算机中表示，需要将概念模型转换为数据模型。

1．数据模型的概念

数据模型是对客观事物及其联系的数据描述，使概念模型数据化。它描述数据以及数据间的联系，是现实世界的第二级抽象。数据模型同样反映客观事物及事物间的联系，同时考虑了在计算机上数据库中的具体实现，是在数据库中真正实现的模型。

数据模型通常由数据结构、数据操作和数据的约束条件三部分组成。

1) 数据结构

数据结构是所研究的对象类型的集合，这些对象组成数据库，它们包括两类：一类是与数据类型、内容、性质有关的对象，另一类是与数据之间联系有关的对象。按照数据结构类型的不同，又可以将数据模型划分为层次模型、网状模型和关系模型。

2) 数据操作

数据操作是指对数据库中各种对象实例的操作。

3) 数据的约束条件

数据的约束条件是一组完整性规则的集合。数据模型应反映和规定本数据模型必须遵守的、基本的、通用的完整性约束条件。数据的完整性约束是指在给定的数据模型中，数据及其数据关联所遵守的一组规则。用以保证数据库中数据的正确性和一致性。

2．概念模型

1) 概念模型的名词术语

(1) 实体(Entity)：客观存在并可相互区别的事物称为实体。实体既可以是实际的事物，也可以是抽象的概念或联系。例如学生、课程等就是实体。

(2) 属性(Attribute)：属性就是实体所具有的特性，一个实体可以用若干个属性描述。例如，用学号、姓名、性别、出生时间等来描述学生实体，它们就是学生的属性；而课程的属性可以包括课程号、课程名、学分等。

(3) 域(Domain)：属性的取值范围称为该属性的域。例如学生的性别只能取“男”或“女”。

(4) 实体型(Entity Type)：用实体名及其属性名集合来抽象和刻画同类实体，如学生(学

号，姓名，性别，出生时间，专业)。

(5) 实体集(Entity Set)：具有相同属性的实体的集合称为实体集，例如全体学生。

(6) 键(Key)：能够唯一地标识出一个实体集中每一个实体的属性或属性组合，键也被称为关键字或码。例如学生的学号，每一个学号都唯一地对应一个学生，没有两个学号相同的学生，也不会有在籍学生没有学号。

(7) 联系(Relationship)：联系有两种，一种是实体内部各属性之间的联系，另一种是实体之间的联系。

2) 实体之间的联系

(1) 一对一联系：如果对于实体集 A 中的每个实体，实体集 B 中有且仅有一个(可以没有)与之相对应；相反的，对于实体集 B 中的一个实体，实体集 A 中同样有且仅有一个实体与之对应，则称实体集 A 与实体集 B 具有一对一联系，记作：1∶1，如图 1.1(a)所示。例如飞机票和乘客的关系。

(2) 一对多联系：如果对于实体集 A 中的每个实体，实体集 B 中有多个实体(n≥0)与之相对应；反过来，实体集 B 中的每个实体，实体集 A 中至多只有一个实体与之联系，则称实体集 A 与实体集 B 具有一对多联系，记作：1∶n，如图 1.1(b)所示。例如辅导员和班级的关系。

(3) 多对多联系：如果对于实体集 A 中的每个实体，实体集 B 中有多个实体(n≥0)与之相对应；反过来，实体集 B 中的每个实体，实体集 A 中也有多个实体(m≥0)与之联系，则称实体集 A 与实体集 B 具有多对多联系，记作：m∶n，如图 1.1(c)所示。例如老师和学生的关系。

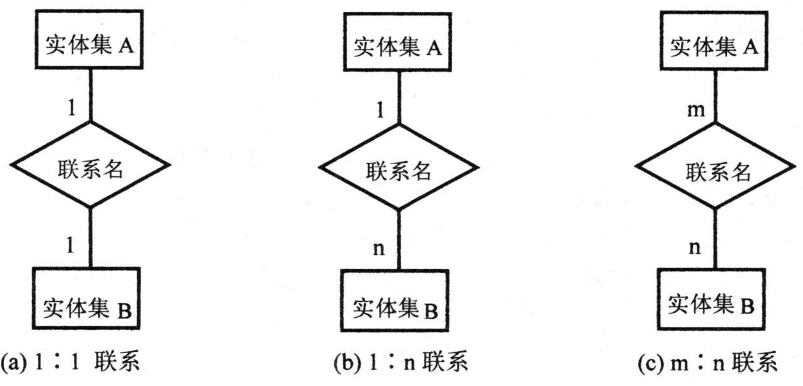

图 1.1 实体之间的三种联系

3. E-R 模型

E-R 模型(Entity-Relationship)即实体-联系模型，是 1976 年 P.P.S.Chen 提出的。这种模型用 E-R 图来表示实体及其联系，广泛用于数据库设计中。

一个 E-R 图由实体、属性和联系三个基本要素组成。

(1) 实体：即现实世界存在的、可以相互区别的人或事物。一个实体集合对应于数据库中的一个表，一个实体对应于表中的一行。实体用矩形表示，矩形内标注实体名称。

(2) 属性：表示实体或联系的某种特征。一个属性对应于数据库表中的一列，也称为

一个字段。用椭圆表示属性，椭圆内标注属性名称。并用连线与实体连接起来。

(3) 联系：即实体之间的联系。在 E-R 图中用菱形表示，菱形内注明联系名称，并用连线将菱形框分别与相关实体相连，且在连线上注明联系类型，类型包括 1∶1、1∶n 和 m∶n 三种。

下面用 E-R 图来表示学校教师授课情况的概念模型，如图 1.2 所示。

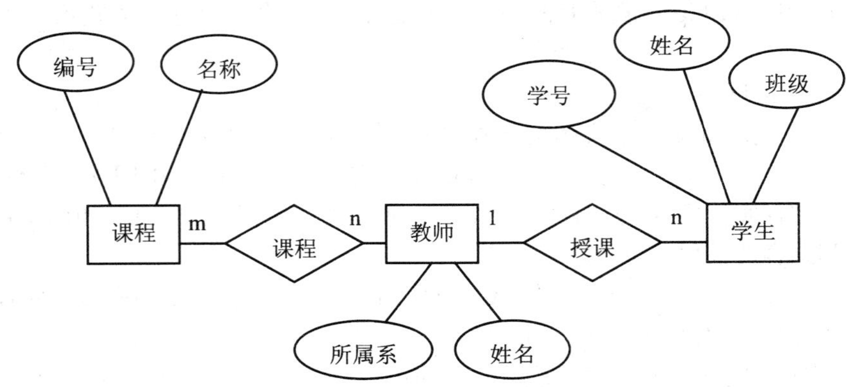

图 1.2　教师授课情况 E-R 图

① 教师属性有所属系、姓名等。

② 课程属性有课程编号、名称等。

③ 学生属性有学号、姓名、班级等。

E-R 图直观易懂，是系统开发人员和客户之间很好的沟通媒介。对于客户(系统应用方)来讲，它概括了设计过程、设计方式和各种联系；对于开发人员来讲，它从概念上描述了一个应用系统数据库的信息组织。所以如果能准确地画出应用系统的 E-R 图，就意味着彻底搞清了问题，以后就可以根据 E-R 图，结合具体的 DBMS 类型，把它演变为该 DBMS 所能支持的结构化数据模型，这种逐步推进的方法如今已经普遍用于数据库设计中，E-R 图成为数据库设计中的一个重要步骤。

【例 1.1】 为某百货公司设计一个 E-R 模型。

百货公司管辖若干连锁商店，每家商店经营若干商品，每家商店有若干职工，但每个职工服务于一家商店。

商店的属性包括编号、店名、店址、店经理。

商品的属性包括编号、商品名、单价、产地。

职工的属性包括职工编号、职工姓名、性别、工资。

在联系中应反映出职工参加工作的时间，商店销售商品的月销售量等。某公司的商店、商品及职工构成的 E-R 图如图 1.3 所示。

4. 三种主要的数据模型

目前，应用在数据库技术中的数据模型有层次模型、网状模型、关系模型和面向对象数据模型。相对于不同的数据模型，数据库分为不同的类型。与层次模型相对应的数据库称为层次数据库；与网状模型相对应的数据库称为网状数据库；与关系模型相对应的数据库称为关系数据库；与面向对象数据模型相对应的数据库称为面向对象数据库。目前，市场上广为流行的是关系数据库，以及以面向对象数据模型为基础的面向对象数据库。

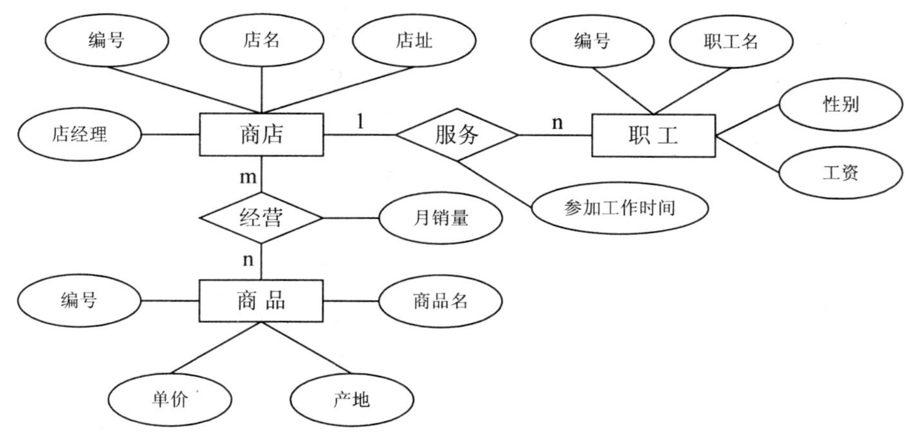

图 1.3 某公司 E-R 图

1) 层次模型

在层次模型中，每个节点表示一个记录类型，记录(类型)之间的联系用节点之间的连线(有向边)表示，这种联系是父子之间的一对多的联系。层次数据库系统只能处理一对多的实体联系。

层次模型的一个基本特点是，任何一个给定的记录值只有按其路径查看时，才能显示出它的全部意义，没有一个子女记录值能够脱离双亲记录值而独立存在，如图 1.4 所示。

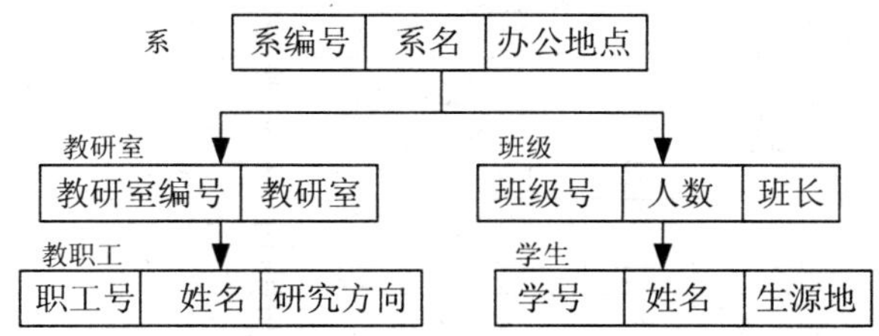

图 1.4 层次模型示例

层次模型反映实体间的一对多的联系。层次模型的优点是层次分明、结构清晰，适于描述客观事物中有主目、细目之分的结构关系；缺点是不能直接反映事物间多对多的联系，查询效率低。

2) 网状模型

现实世界中事物之间的联系更多的是非层次关系的，用层次模型表示这种关系很不直观，网状模型克服了这一弊病，可以清晰地表示这种非层次关系。

网状模型取消了层次模型的两个限制，两个或两个以上的节点都可以有多个双亲节点，此时有向树变成了有向图，该有向图描述了网状模型。

如：学生、课程、教室和教师间的关系。一个学生可以选修多门课程，一门课程可以由多个学生选修。如图 1.5 所示为网状模型示例。

网状模型的优点是表达能力强，能更为直接地反应现实世界事物间多对多的联系；缺点是在概念上、结构上和使用上都比较复杂，数据独立性较差。

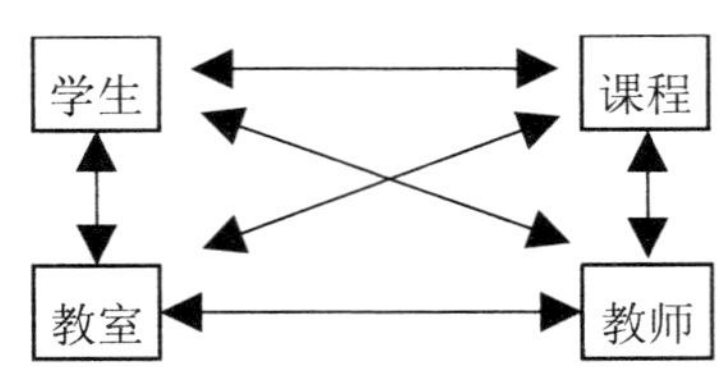

图 1.5　网状模型示例

3) 关系模型

关系数据模型是由 IBM 公司的 E.F.Codd 于 1970 年首次提出，以关系数据模型为基础的数据库管理系统，称为关系数据库管理系统(RDBMS)，目前被广泛使用。

关系模型是建立在数学概念上的，与层次模型、网状模型相比，关系模型是一种最重要的数据模型。它主要由关系数据结构、关系操作集合、关系完整性约束三部分组成。实际上，关系模型可以理解为用二维表格结构来表示实体及实体之间联系的模型，表格的列表示关系的属性，表格的行表示关系中的元组。

在日常生活中，我们经常会碰到像花名册、工资单和成绩单等二维表格，这些二维表的共同特点是由许多行和列组成，列有列名，行有行号。

关系中每一行称为一个元组。例如，表 1.1 中，“2009030101，秦建兴，男，1990/8/9，…”是一个元组。

表 1.1　学生情况表

学号	姓名	性别	出生时间	专业	总学分	照片
2009030101	秦建兴	男	1990/8/9	电子商务	24	NILL
2009030102	张吉哲	男	1990/12/1	电子商务	20	NILL
2009030103	刘鑫	男	1990/3/23	电子商务	24	NILL
2009030104	王兆伟	男	1991/5/18	电子商务	24	NILL
2009030105	牛学文	男	1989/9/20	电子商务	19	NILL
2009030106	马艳玲	女	1990/12/20	电子商务	24	NILL
2009030107	张玉莹	女	1990/6/28	电子商务	24	NILL
2009030108	耿娇	女	1991/6/6	电子商务	17	NILL
2009030109	王丹	女	1990/11/23	电子商务	17	NILL
2009030110	朱丹	女	1989/9/28	电子商务	17	NILL
2009030301	尹相桔	女	1990/1/1	网络工程	17	NILL
2009030302	李楠楠	女	1990/12/31	网络工程	12	NILL
2009030303	王东冬	男	1990/6/29	网络工程	12	NILL
2009030304	徐朝海	男	1990/10/28	网络工程	17	NILL
2009030305	王小男	男	1991/12/3	网络工程	17	NILL
2009030306	贾志儒	男	1990/4/8	网络工程	17	NILL
2009030307	孙美娜	女	1990/9/3	网络工程	17	NILL
2009030312	沈柯辛	女	1990/7/27	网络工程	13	NILL
2009030313	王祥俊	女	1989/9/3	网络工程	17	NILL
2009030315	么芳芳	女	1990/4/28	网络工程	17	NILL

关系中每一列称为一个属性。例如，表 1.1 中，“学号”列是一个属性，“姓名”列也是一个属性。

关系中能够唯一确定一个元组的属性或属性组合称为关键字。例如，表 1.1 中每个学

生的学号各不相同，学号可以唯一确定一个元组，因此，学号就是该关系的关键字，也就是主键。

对关系的描述一般表示为：关系名(属性 1，属性 2，……，属性 n)，称为关系模式。例如学生(学号，姓名，性别，出生时间，专业)。

关系模型数据结构，结构简单、概念清楚，符合人们的思维习惯，表达能力强，能直接反映实体间的三种联系，并且建立在严格的数学理论基础上。因此，关系模型是目前使用最为广泛的一种数据模型，以关系模型为基础建立的关系数据库是当前市场上最为流行的数据库。

4) 面向对象模型

面向对象数据模型是捕获在面向对象程序设计中所支持的对象语义的逻辑数据模型，它是持久的和共享的对象集合，具有模拟整个解决方案的能力。面向对象数据模型把实体表示为类，一个类描述了对象属性和实体行为。例如，CUSTOMER 类，它不仅含有客户的属性(比如客户编号、客户姓名和客户地址等)，还包含模仿客户行为(如修改订单)的过程。类对象的实例对应于客户个体。在对象内部，类的属性用特殊值来区分每个客户(对象)，但所有对象都属于类，共享类的行为模式。面向对象数据库通过逻辑包含(Logical Containment)来维护联系。

面向对象数据库把数据和与对象相关的代码封装成单一组件，外面不能看到里面的内容。因此，面向对象数据模型强调对象(由数据和代码组成)而不是单独的数据。这主要是从面向对象程序设计语言继承而来的。在面向对象程序设计语言里，程序员可以定义包含其自身的内部结构、特征和行为的新类型或对象类。

1.3 关系数据库的基本原理

关系数据库是以关系模型为数据模型的数据库。关系模型建立在严格的数学理论基础之上，它将用户数据的逻辑结构归纳为满足一定条件的二维表的形式。关系数据库的建立，关键在于构造设计合适的关系模型。

1.3.1 关系模型

前面对关系模型做了直观的描述，关系模型是建立在数学概念上的，与层次模型、网状模型相比，关系模型是一种最重要的数据模型。它主要由关系数据结构、关系操作集合和关系完整性约束三部分组成。

1. 关系模型的基本概念

一个关系对应于一张二维表。这个二维表是指包含有限个不重复行的二维表。在对 E-R 模型的抽象上，每个实体集和实体间的联系在这里都转化为关系或称二维表，而 E-R 模型中的属性在这里转化为二维表的列，也可称为属性，每个属性的名称，称为属性名，也可以称为列名。每个属性的取值范围称为该属性的域。二维表中每个属性或列取值后的一行数据称为该二维表的一个元组。实际上，关系模型可以理解为用二维表格结构来表示实体及实体之间联系的模型，表格的列表示关系的属性，表格的行表示关系中的元组。

关系模型允许定义四类完整性约束：实体完整性、域完整性、参照完整性和用户定义的完整性。实体完整性和参照完整性是关系模型必须满足的完整性约束条件，域完整性是关系中的列必须满足的某种特定的数据类型或约束，用户定义的完整性是应用领域需要遵循的约束条件。

2. 关系的性质

关系是一种规范化了的二维表中行的集合。为了使相应的数据操作简化，在关系模型中对关系进行了限制，因此关系具有以下六条性质。

(1) 列是同质的，即每一列中的分量是同一类型的数据，来自同一个域。

(2) 关系中的任意两个元组不能相同。

(3) 关系中不同的列，应该来自不同的域，每一列有不同的属性名。

(4) 关系中列的顺序可以任意互换，不会改变关系的意义。

(5) 关系中行的次序和列的次序一样，也可以任意交换。

(6) 关系中每一个分量都必须是不可分的数据项，属性和元组分量具有原子性。

3. 关系的完整性

关系的完整性有四类：实体完整性、参照完整性、域完整性和用户定义的完整性。

在阐述各类完整性之前，首先介绍几个术语。

(1) 候选键(Candidate Key)：如果关系中的某一属性或属性组的值能唯一地标识一个元组，则称该属性或属性组为候选键。

(2) 主键(Primary Key)：若一个关系中有多个候选键，则选定一个为主键。主键也称主码。

(3) 主属性(Primary Attribute)：主键的属性称为主属性。

(4) 外键(Foreign Key)：设 F 是基本关系 R 的一个属性或属性组合，但不是 R 的键(主键或候选键)，如果 F 与基本关系 S 的主键 K 相对应，则称 F 是 R 的外键，并称 R 为参照关系，S 为被参照关系。外键也称外码。

1) 实体完整性

实体完整性规则是指若属性 A 是基本关系 R 的主属性，则属性 A 不能取空值，并且是唯一的。实体完整性规则规定基本关系的所有主属性项都不能取空值(NULL)，而不仅是主属性整体不能取空值，并且具有唯一性。空值就是“不知道”或“无意义”。

【例 1.2】 有如下关系模式：

(1) 学生(学号，姓名，性别，出生时间，专业，总学分，照片，备注)，其中，学号属性为主码，不能取空值，并且所有学生的学号值必须各不相同。

(2) 成绩(学号，课程号，成绩)，其中学号、课程号属性组合为主码，两者都不能取空值。

2) 参照完整性

现实世界中的实体之间往往存在某种联系，在关系模型中，实体及实体间的联系都是用关系来描述的。这样就自然存在着关系与关系间的引用。先来看下面的例子。

【例 1.3】 在学生管理关系数据库中，包括学生关系 xs、课程关系 kc 和成绩关系 cj，

这三个关系分别为：

xs(学号，姓名，性别，出生日期，专业，总学分，照片，备注)

kc(课程号，课程名，学分，学时数)

cj(学号，课程号，成绩)

这三个关系之间也存在着属性的引用，即成绩关系引用了学生关系的主码“学号”和课程关系的主码“课程号”。显然，成绩关系中的学号值必须是确实存在的学生的学号，即学生关系中有该学生的记录；成绩关系中的课程号值，也必须是确实存在的课程的课程号，即课程关系中有该课程的记录。换句话说，成绩关系中学号和课程号属性的取值，必须参照其他两个关系的相应属性的取值。

参照完整性规则定义了一个关系数据库中不同表中列之间的关系，即外码与主码之间的引用规则。要求外键属性值只能取主表中的主键属性值或空值，不能引用主键表中不存在的属性值，同时，如果一个主码值发生更改，则整个数据库中，对该值的所有引用要统一进行更改。

3) 域完整性

域完整性是指关系中的列，必须满足某种特定的数据类型或约束。可以使用域完整性强制实现域完整性限制类型、限制格式或限制值的范围等。例如限定性别列，只能取值“男”或“女”。

4) 用户定义完整性

用户定义的完整性，就是用户按照实际的数据库应用系统运行环境的要求，针对某一具体关系数据库的约束条件。例如，属性“成绩”的取值范围必须在 0～100 之间。用户定义完整性可以反映某一具体应用所涉及的数据必须满足的语义要求，保证数据库中的数据取值的合理性。

1.3.2 关系运算

1. 传统的集合运算

传统的集合运算，包括并、交、差、广义笛卡儿积四种运算。设关系 R 和关系 S 具有相同的目 n(即两个关系都具有 n 个属性)，且相应的属性取自同一个域，如图 1.6 所示，则四种运算定义如下。

A	B	C
a1	b1	c1
a1	b2	c2
a2	b2	c1

关系 R

A	B	C
a1	b2	c2
a1	b3	c2
a2	b2	c1

关系 S

图 1.6 关系 R 和关系 S

1) 并

关系 R 与关系 S 的并由属于 R 或属于 S 的元组组成，其结果关系仍为 n 目关系。记作

R∪S。

2) 交

关系 R 与关系 S 的交由既属于 R 又属于 S 的元组组成，其结果关系仍为 n 目关系。记作 R∩S。

3) 差

关系 R 与关系 S 的差由属于 R 而不属于 S 的所有元组组成。其结果关系仍为 n 目关系。记作 R−S。

4) 广义笛卡儿积

两个分别为 n 目和 m 目的关系 R 和 S 的广义笛卡儿积是一个(n+m)列的元组的集合。元组的前 n 列是关系 R 的一个元组，后 m 列是关系 S 的一个元组。若 R 有 A1 个元组，S 有 A2 个元组，则关系 R 和关系 S 的广义笛卡儿积有 A1×A2 个元组。记作 R×S。

【例 1.4】 已知关系 R 和关系 S，如图 1.6 所示，求：R∪S，R∩S，R−S，R×S，结果如图 1.7 和图 1.8 所示。

A	B	C
a1	b1	c1
a1	b2	c2
a2	b2	c1
a1	b3	c2

R∪S

A	B	C
a1	b2	c2
a2	b2	c1

R∩S

A	B	C
a1	b1	c1

R−S

图 1.7　关系的并、交、差运算

RA	RB	RC	SA	SB	SC
a1	b1	c1	a1	b2	c2
a1	b1	c1	a1	b3	c2
a1	b1	c1	a2	b2	c1
a1	b2	c2	a1	b2	c2
a1	b2	c2	a1	b3	c2
a1	b2	c2	a2	b2	c1
a2	b2	c1	a1	b2	c2
a2	b2	c1	a1	b3	c2
a2	b2	c1	a2	b2	c1

图 1.8　关系的积 R×S

2．专门的关系运算

专门的关系运算包括选择、投影、连接、除等。

1) 选择运算

选择运算是指在关系 R 中选择满足给定条件的诸元组，这是从行的角度进行的运算。

如图 1.9 所示为由关系 R 中选出所有性别为男的同学。

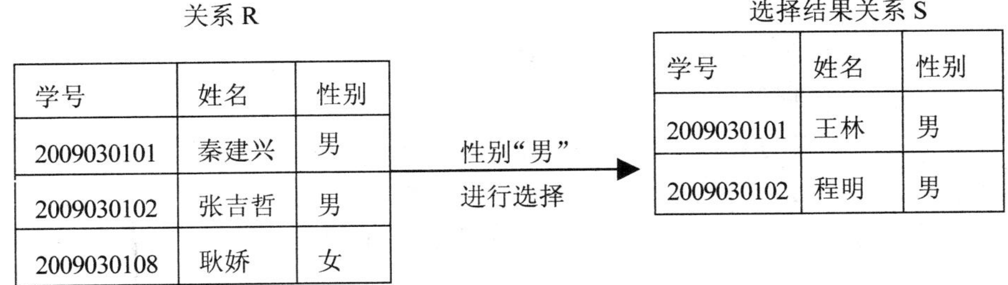

学号	姓名	性别
2009030101	秦建兴	男
2009030102	张吉哲	男
2009030108	耿娇	女

学号	姓名	性别
2009030101	王林	男
2009030102	程明	男

图 1.9　选择运算

2) 投影运算

关系 R 上的投影是指从 R 中选出若干属性列组成新的关系。投影操作是从列的角度进行的运算。

如图 1.10 所示，由关系 R 中选出所有学生的“姓名”和“性别”列。

学号	姓名	性别	出生时间
2006030101	王林	男	1988-2-3
2006030102	程明	男	1988-5-15
2006030103	王燕	女	1987-8-22

姓名	性别
王林	男
程明	男
王燕	女

图 1.10　投影运算

因为投影运算的属性表不一定包含主键，经投影后，结果关系中很可能出现重复元组，消除重复元组后所得关系的元组数将小于原关系的元组数。如果属性表中包含主键，就不会出现重复元组，投影后所得关系的元组数与原关系的一样。

3) 连接运算

连接运算是二元关系运算，是从两个关系元组的所有组合中选取满足一定条件的元组，由这些元组形成连接运算的结果关系。其中条件表达式涉及两个关系中属性的比较，该表达式的取值为逻辑的真或假。连接运算中最为常用的是等值连接和自然连接。等值连接是指对关系 R 和 S 中按相同属性的等值进行的连接运算，而自然连接是在等值连接中去掉重复列的连接运算。

4) 除运算

给定关系 R(X,Y)和 S(Y,Z)，其中 X,Y,Z 为属性组。R 中的 Y 和 S 中的 Y 可以有不同的属性名，但必须出自相同的域集。R 与 S 的除运算得到一个新的关系 P(X)，P 是 R 中满足下列条件的元组在 X 属性列上的投影：元组在 X 上的分量值 x 的像集 Y_x 包含 S 在 Y 上投影的集合，即元组在 X 上的分量值所对应的 Y 值应包含关系 S 在 Y 上的值。

除运算是二元操作，并且关系 R 和 S 的除运算必须满足以下两个条件。

- 关系 R 中的属性包含关系 S 中的所有属性。

- 关系R中有一些属性不出现在关系S中。

除运算的运算步骤如下：

① 将被除关系的属性分为像集属性和结果属性两部分：与除关系相同的属性属于像集属性；不同的属于结果属性；

② 在除关系中，对与被除关系相同的属性进行投影，得到除目标数据集；

③ 将被除关系分组，结果属性值一样的分为一组；

④ 逐一考察每个组，如果它的像集属性值中包括除目标数据集，则对应的结果属性值应属于该除运算结果集。

【例1.5】 设有关系R和S，如图1.11所示，求R÷S的值。

R

A	B	C	D
a	b	c	d
a	b	e	f
a	b	h	k
b	d	e	f
b	d	d	l
c	k	c	d
c	k	e	f

S

C	D
c	d
e	f

图1.11　R和S除运算

第一步，确定结果属性：A，B

第二步，确定目标数据集：{(c,d) (e,f)}

第三步，确定结果属性像集：

(a,b):{(c,d) (e,f) (h,k)}

(b,d):{ (e,f) (d,l)}

(c,k):{(c,d) (e,f) }

第四步，确定结果：(a,b) (c,k)，如图1.12所示。

A	B
a	b
c	k

图1.12　R和S除运算结果

1.3.3　关系数据库的标准语言

使用数据库就要对数据库进行各种各样的操作，因此，DBMS必须为用户提供相应的命令和语言。关系数据库都配有说明性的关系数据库语言，即用户只需说明需要什么数据，而不必表示如何获得这些数据，系统就会自动完成。目前，最成功、应用最广的首推结构化查询语言，它已成为关系数据库语言的国际标准。

结构化查询语言(Structured Query Language，SQL)是于1974年由IBM公司San Jose

实验室推出的，1987 年，国际标准化组织(ISO)将其批准为国际标准。经过增补和修订，ISO 先后推出了 SQL89 和 SQL92(即 SQL2)标准，增加了面向对象功能的 SQL3(即 SQL 99)标准也已发布。SQL4 标准目前正在研发。

由于 SQL 语言具有功能丰富、简洁易学、使用方式灵活等突出的优点，因而备受计算机工业界和计算机用户的欢迎。但是，不同的数据库管理系统厂商开发的 SQL 并不完全相同。这些不同类型的 SQL 一方面遵循了标准 SQL 语言规定的基本操作，另一方面又在标准 SQL 语言的基础上进行了扩展，增强了功能。不同厂商的 SQL 有不同的名称，例如 Oracle 产品中的 SQL 称为 PL/SQL，Microsoft SQL Server 产品中的 SQL 称为 Transact-SQL(可简写为 T-SQL 语言)。

按照功能，SQL 语言可分为以下 4 大部分。

(1) 数据定义语言(Data Definition Language，DDL)。用于定义、删除和修改数据模式，如定义基本表、视图、索引等操作。

(2) 查询语言(Query Language，QL)。用于查询数据。

(3) 数据操纵语言(Data Manipulation Language，DML)。用于增加、删除、修改数据。

(4) 数据控制语言(Data Control Language，DCL)。用于数据访问权限的控制。

SQL 是非过程化的关系数据库的通用语言，它可用于所有用户的数据库活动类型，包括系统管理员、数据库管理员、应用程序员、决策支持系统人员和其他类型的终端用户。用 SQL 编写的程序可以很方便地进行移植。

SQL 语言是本书的重点内容之一，在以后的章节中将以 SQL Server 中的实际应用为背景，进行详细讨论。

1.3.4　关系模型的规范化

关系模型规范化的目的是为了消除存储异常，减少数据冗余，保证数据的完整性和存储效率。

1. 相关概念

(1) 函数依赖：设 R(U)是一个关系模式，U 是 R 的属性集合，X 和 Y 是 U 的子集。对于 R(U)的任意一个可能的关系 r，如果 r 中不存在两个元组，它们在 X 上的属性值相同，而在 Y 上的属性值不同，则称“X 函数确定 Y”或“Y 函数依赖于 X”，记作 $X \rightarrow Y$。

(2) 完全函数依赖：在关系模式 R(U)中，如果 $X \rightarrow Y$，并且对于 X 的任何一个真子集 X'，都有 $X' \nrightarrow Y$，则称 Y 完全函数依赖于 X，记作 $X \xrightarrow{f} Y$。例如：关系 CJ(学号，课程号，成绩)中，(学号，课程号)→成绩，且学号 $\nrightarrow$ 成绩，课程号 $\nrightarrow$ 成绩。因此，(学号，课程号) $\xrightarrow{f}$ 成绩。

(3) 部分函数依赖：在关系模式 R(U)中，若 $X \rightarrow Y$，但 Y 不完全函数依赖于 X，称 Y 部分函数依赖于 X，记作 $X \xrightarrow{p} Y$。例如：关系 XS(学号，课程号，成绩，专业，专业代码)中，(学号，课程号)是关键字，(学号，课程号)→专业，且学号→专业，因此(学号，课程号) $\xrightarrow{p}$ 专业。

(4) 传递函数依赖：在关系模式 R(U)中，如果 $X \rightarrow Y$，$Y \rightarrow Z$，则称 Z 传递函数依赖于 X。例如：关系 XS(学号，课程号，成绩，专业，专业代码)中，学号→专业，专业 $\nrightarrow$ 学号，

专业→专业代码，因此学号 $\xrightarrow{P}$ 专业代码。

2．规范化

根据一个关系满足数据依赖的程度不同，可规范化为第一范式(1NF)、第二范式(2NF)、第三范式(3NF)和 BC 范式(BCNF)　。从理论研究上还有其他范式，但实际意义不大，在此不做讨论。

1) 第一范式(1NF)

如果关系 R 的所有属性均为简单属性，即每个属性都是不可再分的，则称 R 满足第一范式。

第一范式是对关系模式的一个最低的要求。不满足第一范式的数据库模式不能称为关系数据库。不满足第一范式的关系称为非规范关系，如表 1.2 所示。

表 1.2　非规范关系

课　　程	学　　时	
	理论时数	实践时数
计算机基础	32	32
C 语言	40	32
数据结构	40	32

满足 1NF 的关系，其非主属性函数依赖于关键字。但满足 1NF 的关系并不一定是一个好的关系。例如，有关系 R(学号，姓名，性别，出生时间，专业，专业代码，课程号，课程名，学分，课时，成绩)，其中每个属性都不可再分，满足 1NF。R 的关键字为(学号，课程号)，其他属性函数都依赖于(学号，课程号)。但我们可以发现，关系 R 中存在数据冗余、修改异常、插入异常和删除异常等问题，R 不是一个好的关系。这是因为在 R 中存在部分函数依赖和传递函数依赖，如图 1.13 所示。

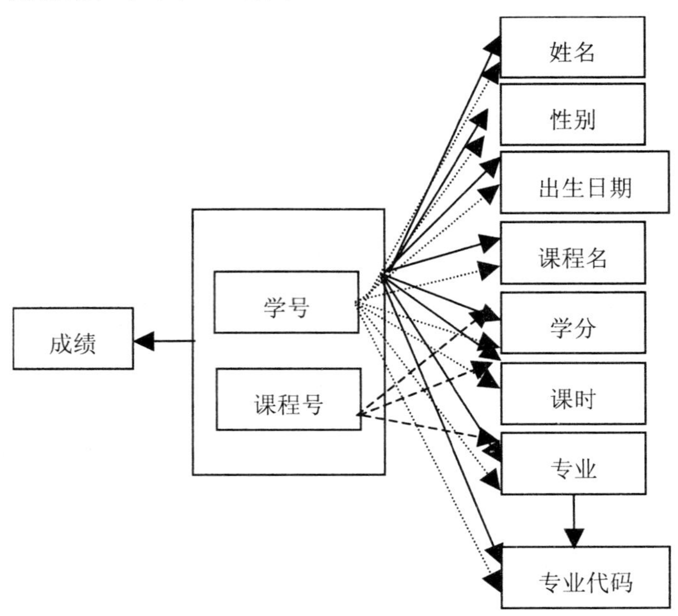

图 1.13　关系 R 的函数依赖

为了解决上述问题，获得好的关系，需对关系 R 进行规范化，消除其中的部分函数依赖和传递函数依赖，将其分解为几个满足更高级别范式的关系。

2) 第二范式(2NF)

如果关系 R 满足第一范式，且每一个非主属性完全函数依赖于主键，则称 R 满足第二范式。

第二范式消除了非主属性对关键字的部分依赖。例如对关系 R(学号，姓名，性别，出生日期，专业，专业代码，课程号，课程名，学分，课时，成绩)进行投影，将其分解为多个关系模式：

R1(学号，姓名，性别，出生时间，专业，专业代码)

R2(学号，课程号，成绩)

R3(课程号，课程名，学分，课时)

R1 的关键字为(学号)，R2 的关键字为(学号，课程号)，R3 的关键字为(课程号)。这三个关系的函数依赖如图 1.14 所示。

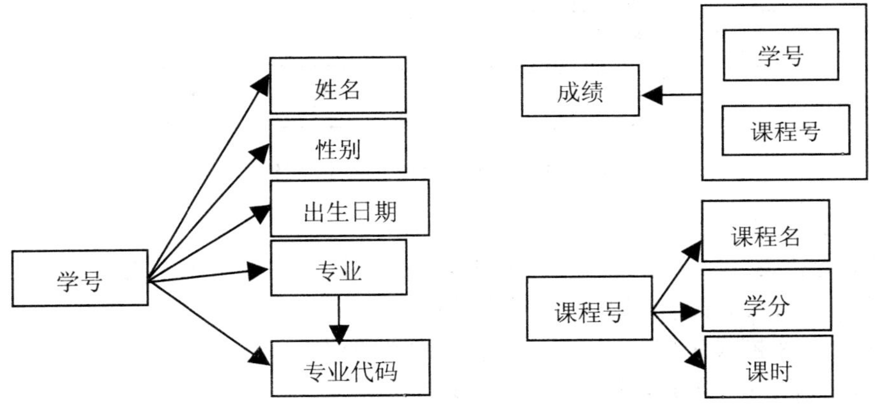

图 1.14　R1、R2 和 R3 的函数依赖

将关系 R 分解为三个关系后，使数据冗余和各种异常情况得到了改善。每个学生的信息只存储一次，这大大降低了数据冗余；数据冗余的降低自然会导致修改复杂程度的降低。例如某个学生更改了姓名，由于学生信息只存储一次，因此只需在一处修改该学生姓名；即使有学生未选任何一门课程，该学生的信息也可以插入关系 R1 中；即使在 R2 中删除某个学生的所有选课记录，有关该学生的信息仍存在 R1 中，因此该学生的信息不会丢失。

将一个 1NF 关系分解为几个 2NF 关系，可以改善数据冗余和各种异常情况，但并不一定能够完全消除这些问题。即属于 2NF 的关系也并不一定是一个好的关系。例如，进一步分析关系 R1，其中仍存在数据冗余，R1 仍不是一个好关系。

关系 R1 中专业和专业代码的信息重复出现，一个学校有多少该专业学生，该专业名称和代码就重复出现多少次；若某专业代码更换了，由于专业代码是重复存放的，因此必须同时修改该专业所有学生的专业代码值。

存在这些问题的原因在于，将关系 R 分解后只消除了 R 中的部分函数依赖，而没有消除其中的传递函数依赖，关系 R1 中仍存在着传递函数依赖。因此需要进一步对关系 R1 进行规范化，通过投影消除其中的传递函数依赖，将其分解为几个满足更高级别范式的关系。

3) 第三范式(3NF)

如果关系 R 满足第二范式，且每一个非主属性既不部分函数依赖于主键，也不传递函数依赖于主键，则称 R 满足第三范式。

第三范式消除了非主属性对关键字的传递依赖，保证非主属性既不部分依赖于关键字，也不传递依赖于关键字。

对关系 R1(学号，姓名，性别，出生时间，专业，专业代码)进行投影，将其分解为两个关系模式：

R11(学号，姓名，性别，出生时间，专业)

R12(专业，专业代码)

R11 的关键字为学号，R12 的关键字为专业。这两个关系的函数依赖如图 1.15 所示。

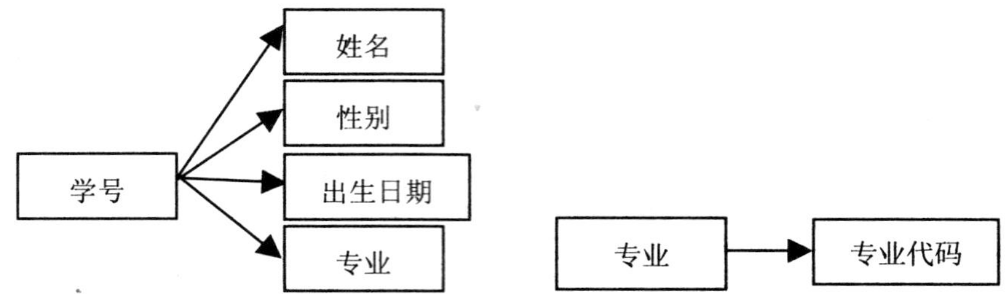

图 1.15　R11 和 R12 的函数依赖

4) BC 范式

BC 范式是由 Boyce 和 Codd 于 1974 年提出的，比上述的 3NF 又进了一步。通常认为 BCNF 是修正的第三范式，有时也称为扩展的第三范式。

如果一个关系模式 R 中的所有属性包括主属性和非主属性都不传递依赖于任意候选关键字，则称 R 满足 BC 范式，记作 R∈BCNF。

本 章 实 训

1. 实训目的

(1) 掌握数据模型的概念。

(2) 掌握 E-R 图的画法。

(3) 掌握各种关系模式之间的联系。

2. 实训内容

绘制学生实体和课程实体之间的 E-R 图。

3. 实训过程

图 1.16 表示了学生实体和课程实体之间的联系“选修”，每个学生选修某一门课程会产生一个成绩，因此，“选修”联系有一个属性“成绩”，学生和课程实体之间是多对多

的联系。

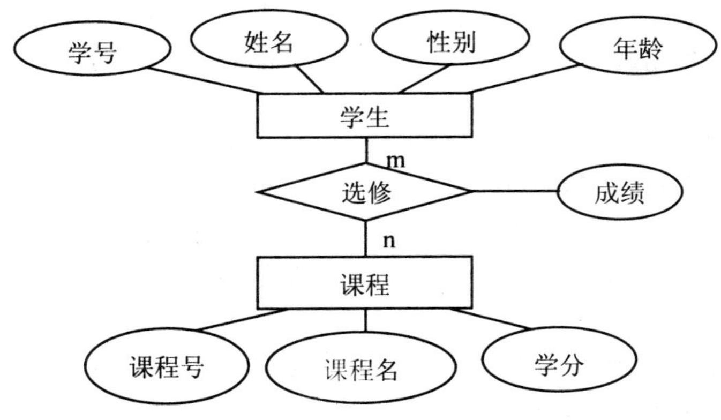

图 1.16　学生实体和课程实体之间的 E-R 图

4. 实训总结

通过本次实训内容主要掌握各个实体之间的关系和 E-R 图的绘制方法，加深对数据库的了解。

本 章 小 结

通过本章的学习，读者应该理解数据库的基本概念、数据库的三级模式结构和二级映像功能；知道数据模型的三要素。

关系数据库是支持关系模型的数据库。在关系模型中，用关系表示实体以及实体间的联系。关系有严格的数学定义，它是域的笛卡儿积中有意义的子集。关系也可以表示为一个二维表。其中每一行为一个元组，每一列为一个属性。二维表的框架即关系模式。一组关系模式的集合构成关系数据库模式。关系数据库模式是关系数据库的型。关系数据库的内容是关系数据库的值。关系数据库模式(型)与关系数据库内容(值)组成关系数据库。

关系的完整性是对关系的某种约束条件。实体完整性保证关系中的每一个元组都是可识别的；参照完整性保证参照关系与被参照关系间数据的一致性或完整性；用户定义完整性保证某一具体应用所要求的数据完整性。

关系数据操作可以直接用关系代数运算来表达，包括传统的集合运算(并、交、差、笛卡儿积运算)和专门的关系运算(选择、投影、连接、除运算)。

SQL 是集数据定义语言、数据操纵语言和数据控制语言于一体的关系数据语言。它支持关系代数中的各种基本运算，具有完备的表达能力。SQL 具有一体化、高度非过程化、功能强大、简洁易用等特点，充分体现了关系数据语言的特征，现在已经成为关系数据库的标准语言。

关系规范化是关系数据库逻辑设计的理论基础和方法工具。

对关系的最基本要求是满足 1NF。仅满足 1NF 的关系存在多种弊病，需对其进行规范化。规范化就是将一个低一级范式的关系模式通过投影运算转化为若干个高一级范式的关

系模式的集合，从而消除原来关系模式中存在的不合适的数据依赖，使得数据库模式中的各个关系模式达到某种程度的分离。规范化实质上是概念的单一化，用一个关系表示一个实体或实体间的联系。

关系模式规范化的内容如下：

对 1NF 关系进行投影，消去非主属性对关键字的部分函数依赖，产生一组 2NF 关系。

对 2NF 关系进行投影，消去非主属性对关键字的传递函数依赖，产生一组 3NF 关系。

对 3NF 关系进行投影，消去决定因素不是关键字的函数依赖，即消除主属性对关键字的部分依赖、消除主属性对关键字的传递依赖、消除主属性对非主属性的依赖，产生一组 BCNF 关系。

关系规范化的过程是对关系模式不断分解的过程。对关系模式进行分解应遵守分解具有无损连接性和分解保持函数依赖的基本原则。

习　题

1. 数据库系统由哪几部分组成？
2. DBMS 的功能是什么？
3. 什么是主键？什么是外键？它们之间有什么关系？
4. 关系模型有哪些特点？
5. 什么是完全函数依赖？什么是部分函数依赖？
6. 什么是范式？范式有哪几种？关系如何进行规范？

第2章　SQL Server 2005 概述

从 SQL Server 2000 到 SQL Server 2005，不仅仅是数据库系统具有更高的性能、处理能力，新版本的系统还带来了许多新的、在旧版本中从未出现的特性。而这些新特性也都是和现代数据库的发展方向相一致的。例如，对 XML 的支持、在 SQL 语言中嵌入高级语言的支持；在企业环境中，更注重安全性、高可用性、集成的管理工具等。

通过学习本章，读者应掌握以下内容：

- SQL Server 2005 的新特性
- SQL Server 2005 的安装及配置
- 注册服务器
- 服务器选项的类型和设置方式
- SQL Server 的主要管理工具

2.1　SQL Server 2005 简介

SQL Server 是由 Microsoft 开发和推广的关系数据库管理系统(RDBMS)，它最初是由 Microsoft、Sybase 和 Ashton-Tate 三家公司共同开发的，并于 1988 年推出了第一个 OS/2 版本。 SQL Server 近年来不断更新版本，1992 年，Microsoft 公司开发了 SQL Server 的 Windows NT 版本；1993 年，Microsoft 公司发布了运行在 Windows NT 3.1 上的 SQL Server 4.2；1995 年，Microsoft 公司公布了 SQL Server 6.0，SQL Server 6.0 提供了集中的管理方式，并内嵌了复制的功能；1996 年，Microsoft 推出了 SQL Server 6.5 版本；1997 年推出了 SQL Server 6.5 企业版，该版本包含了 4GB 的 RAM 支持，8 位处理器以及对群集计算机的支持。

SQL Server 2005 是 Microsoft 公司继 2000 年的 SQL Server 2000 发布后，于 2005 年推出的版本，目前的最新版本是 SQL Server 2008。

2.1.1　SQL Server 2005 的发展及特点

SQL Server 2005 共有 5 个版本，分别是企业版(Enterprise)、开发版(Development)、工作组版(Workgroup)、标准版(Standard)和简易版(Express)。SQL Server 2005 的不同版本用于满足企业和个人的不同需求。

SQL Server 2005 的特性包括以下几个方面。

(1) 通过 SQL Server Management Studio 工具集成了所有的 SQL Server 2005 服务。

(2) 增加了对用户自定义数据进行加密的功能，使安全性得到提高。

(3) 增加了对 64 位系统的支持，增强了复制的能力。

(4) 提供了故障转移集群和数据库镜像技术，使可用性更高。

(5) 引入了.NET 规范语言，使之和 Visual Studio.NET 紧密结合在一起。

(6) 对 XML 支持更强大，提供了新的 XML 数据类型，可以在数据库中存储 XML 文件。

(7) 提供更强大的 T-SQL 语言。

(8) 能使用 SMTP 发送电子邮件。

(9) 数据转换功能更强大。

(10) 可用 HTTP 直接访问 SQL Server。

(11) 引入了新的 SQL Server 应用程序框架，包括 Service Broker、Notification Services、SQL Server Mobile 和 SQL Server Express。

(12) 提供了基于服务器的企业级报表环境工具 Reporting Services，可以通过 Web Services 进行管理。

2.1.2 SQL Server 2005 的环境

1. 安装、运行 SQL Server 2005 的硬件需求

(1) 显示器：VGA 或者分辨率至少在 1024×768 像素之上的显示器。

(2) 点触式设备：鼠标或者兼容的点触式设备。

(3) CD 或者 DVD 驱动器。

(4) 处理器型号，速度及内存需求。SQL Server 2005 不同的版本对处理器型号、速度及内存的需求是不同的，如表 2.1 所示。

表 2.1 处理器型号、速度及内存需求

SQL Server 2005 版本	处理器型号	处理器速度	内存(RAM)
SQL Server 2005 企业版(Enterprise Edition) SQL Server 2005 开发者版(Developer Edition) SQL Server 2005 标准版(Standard Edition)SQL Server 2005 工作组版(Workgroup Edition)	Pentium III 及其兼容处理器，或者更高型号	至少 600 MHz，推荐 1GHz 或更高	至少 512MB，推荐 1GB 或更大
SQL Server 2005 简化版(Express Edition)	Pentium III 及其兼容处理器，或者更高型号	至少 600 MHz，推荐 1GHz 或更高	至少 192 MB，推荐 512MB 或更大

(5) 硬盘空间需求。实际的硬件需求取决于系统配置以及所选择安装的 SQL Server 2005 服务和组件，如表 2.2 所示。

表 2.2 SQL Server 2005 的服务和组件对硬盘的需求

服务和组件	硬盘需求
数据库引擎及数据文件，复制，全文搜索等	150 MB

续表

服务和组件	硬盘需求
分析服务及数据文件	35 KB
报表服务和报表管理器	40 MB
通知服务引擎组件，客户端组件以及规则组件	5 MB
集成服务	9 MB
客户端组件	12 MB
管理工具	70 MB
开发工具	20 MB
SQL Server 联机图书以及移动联机图书	15 MB
范例以及范例数据库	390 MB

2．安装、运行 SQL Server 2005 的软件需求

(1) 浏览器软件。在安装 SQL Server 2005 之前，需安装 Microsoft Internet Explorer 6.0 SP1 或者其升级版本。因为微软控制台以及 HTML 帮助都需要此软件。

(2) IIS 软件。在安装 SQL Server 2005 之前，需安装 IIS 5.0 及其后续版本，以支持 SQL Server 2005 的报表服务。

(3) ASP .NET 2.0。当安装报表服务时，SQL Server 2005 安装程序会检查 ASP.NET 是否已安装到本机上。

(4) 还需要安装以下软件：Microsoft Windows .NET Framework 2.0；Microsoft SQL Server Native Client；Microsoft SQL Server Setup support files。

表 2.3 所示为常见的操作系统对 SQL Server 2005 的各种不同版本的支持情况。

表 2.3 SQL Server 2005 运行操作系统要求

	企业版	开发版	标准版	工作组版	简化版
Windows 2000	不支持	不支持	不支持	不支持	不支持
Windows 2000 Professional Edition SP4	不支持	支持	支持	支持	支持
Windows 2000 Server SP4	支持	支持	支持	支持	支持
Windows 2000 Advanced Server SP4	支持	支持	支持	支持	支持
Windows 2000 Datacenter Edition SP4	支持	支持	支持	支持	支持
Windows XP Home Edition SP2	不支持	支持	不支持	不支持	支持
Windows XP Professional Edition SP2	不支持	支持	支持	支持	支持

续表

	企业版	开发版	标准版	工作组版	简化版
Windows 2003 Server SP1	支持	支持	支持	支持	支持
Windows 2003 Enterprise Edition SP1	支持	支持	支持	支持	支持

2.2 SQL Server 的结构

数据库系统管理大量的数据，这些数据是高度结构化的。数据库系统可以分成数据库和数据库管理系统两大部分。从数据库系统内部各数据项之间的关系来分类，可以将数据库系统分为层次型、网状型和关系型三种。SQL Server 数据库系统是一种关系型数据库系统，即数据内部的联系是按照关系模型建立的。所有的关系型数据库系统都使用结构化查询语言(Structured Query Language，SQL)来操作数据库的数据。

2.2.1 SQL Server 的系统结构

SQL Server 是单一进程、多线程的关系型数据库，这点与多进程数据库(如 Oracle)不同。在多进程数据库系统中，每个用户所打开的进程上需要有一个协调机构，该机构与其他进程上的协调机构相互沟通，以协调多个用户对资源的访问。SQL Server 内部存在一个执行内核，该执行内核来调度多个线程以实现多个用户对数据库的访问，减少多个进程对数据库访问的通信、协调时间，进而提高执行效率。图 2.1 给出了 SQL Server 的这种单进程、多线程的结构。

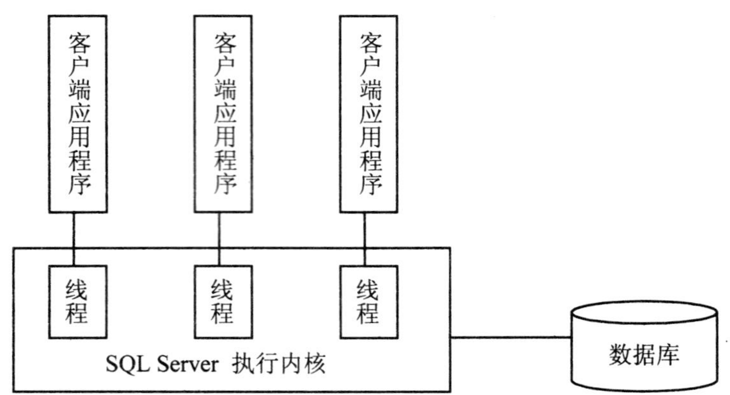

图 2.1 SQL Server 的单进程、多线程的结构

这种多线程的结构，对于每个任务不是运行不同的可执行程序，而是依赖于同一个程序中多线程的工作。

在 SQL Server 中，存在一个包含 1024 个“工作线程”，用以响应用户的连接请求。由于每个连接均对应一个线程，所以最大的用户连接数理论上是 1024。SQL Server 动态地

分配可用的线程，使得用户连接的数目最大上限为 32767。

2.2.2 SQL Server 2005 的体系结构

SQL Server 2005 是一个全面的、集成的、端到端的数据解决方案，它为企业中的用户提供了一个安全、可靠和高效的平台，用于企业数据管理和商业智能应用。SQL Server 2005 为 IT 专家和信息共享者带来了强大的、熟悉的工具，同时减少了在从移动设备到企业数据系统的多平台上创建、部署、管理及使用企业数据和分析应用程序的复杂度。通过全面的功能集、与现有系统的集成性，以及对日常任务的自动化管理能力，SQL Server 2005 为不同规模的企业提供了一个完整的数据解决方案。

SQL Server 2005 数据库平台包括以下服务功能和工具。

(1) 数据库服务：安全、可靠、可伸缩、高可用的关系型数据库引擎，提升了性能且支持结构化和非结构化(XML)数据。

(2) 复制服务：数据复制可用于数据分发、处理移动数据应用、系统高可用性及企业报表解决方案的后备数据可伸缩存储、与异构系统的集成等。

(3) 通知服务：用于开发、部署可伸缩应用程序的先进的通知服务，能够向不同的连接和移动设备发布个性化、及时的信息更新。

(4) 集成服务：可以支持数据仓库和企业范围内数据集成的抽取、转换和装载能力。

(5) 分析服务：联机分析处理(OLAP)功能可用于多维存储的大量、复杂的数据集的快速高级分析。

(6) 报表服务：全面的报表解决方案，可创建、管理和发布传统的、可打印的报表和交互的、基于 Web 的报表。

(7) 管理工具：SQL Server 包含的集成管理工具可用于高级数据库管理和操作。标准数据访问协议大大减少了 SQL Server 和现有系统间数据集成所花的时间。此外，构建于 SQL Server 内的内嵌 Web Service 支持确保了和其他应用及平台的互操作能力。

(8) 开发工具：SQL Server 为数据库引擎、数据抽取、转换和装载、数据挖掘、OLAP 和报表提供了与 Microsoft Visual Studio 相集成的开发工具，以实现端到端的应用程序开发能力。

SQL Server 中每个主要的子系统都有自己的对象模型和 API，能够以任何方式将数据系统扩展到不同的商业环境中。

作为 Microsoft 公司新一代的数据管理与商业智能平台，SQL Server 2005 是 Microsoft 公司 5 年来具有里程碑性质的企业级数据库产品。和以往的数据解决方案相比，SQL Server 2005 给用户带来了更为强大的数据管理与业务处理功能。

2.3 SQL Server 的安装和配置

本书以 SQL Server 2005 数据库系统为主，介绍数据库系统的管理与应用的学习。SQL Server 2005 与 SQL Server 2000 有所不同，下面先来了解 SQL Server 2005 的安装与配置方法。

2.3.1 SQL Server 的应用环境设计

在安装 SQL Server 2005 时，如果操作系统不是 Windows 2003，则需要单独安装三个组件：Microsoft Windows Installer 3.1 或更高版本、MDAC 2.8 SP1 或更高版本、Microsoft Windows .NET Framework 2.0。建议不要使用已有其他作用的服务器用于安装 SQL Server 2005，以免服务器性能下降。

SQL Server 2005 的安装过程与其他 Microsoft Windows 系列产品类似。用户可根据向导提示，选择需要的选项一步一步地完成。

2.3.2 安装预备软件

将安装光盘插入光驱后，会出现如图 2.2 所示的提示界面。选择“服务器组件、工具、联机丛书和示例”，出现如图 2.3 所示的安装启动界面后，单击“下一步”按钮，开始安装预备软件。

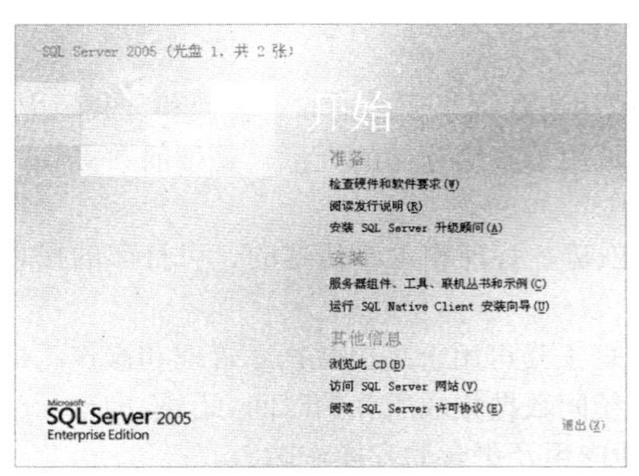

图 2.2 安装向导启动界面

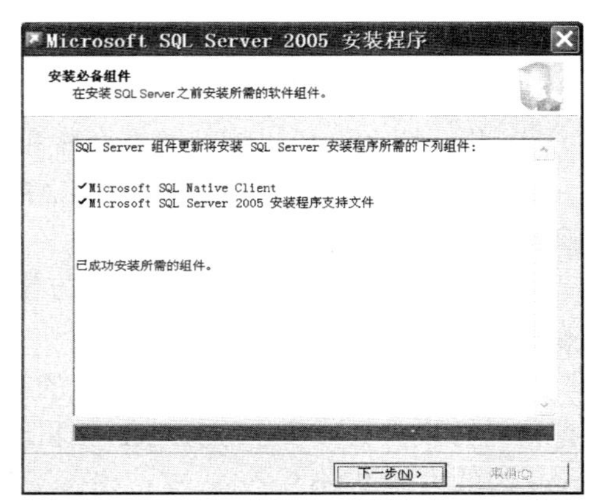

图 2.3 “安装必备组件”设置界面

2.3.3 安装 SQL Server 部件

1. 系统配置检查

安装完预备软件后，会运行一个称为系统配置检查(SCC)的组件。此组件用来验证系统是否满足安装的最低要求，包括最低硬件要求、最低操作系统要求、挂起的重新启动要求等。它可以及早标识出因计算机配置而引起的常见安装错误，进而向用户显示相应的警告和错误消息，如图 2.4 所示。若要查看 SCC 结果的报表，可以单击“报告”按钮，然后从下拉列表中选择选项。选项包括查看报表、将报表保存到文件、将报表复制到剪贴板和以电子邮件形式发送报表。

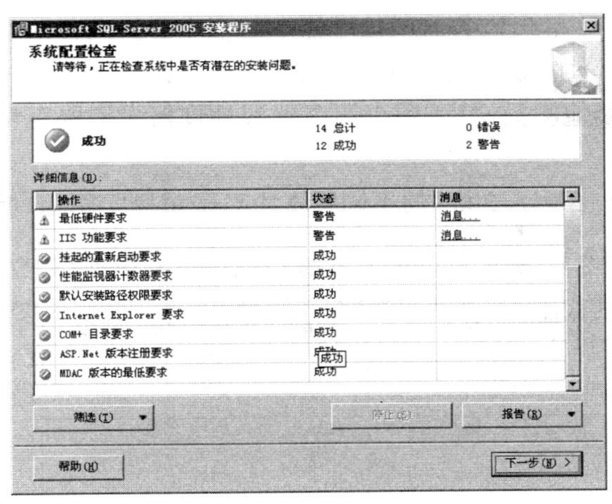

图 2.4 “系统配置检查”设置界面

2. 选择安装组件

完成 SCC 扫描之后，单击“下一步”按钮，会出现如图 2.5 所示的“要安装的组件”设置界面，可以选择要安装的组件。选择各个组件时，“要安装的组件”设置界面中会显示相应的说明。

单击“高级”按钮，将显示“功能选择”对话框。在此对话框中，可以使用下拉列表框选择要安装的程序功能。

3. 选择实例名称

在完成功能选择后，单击“下一步”按钮，出现“实例名”设置界面，如图 2.6 所示。

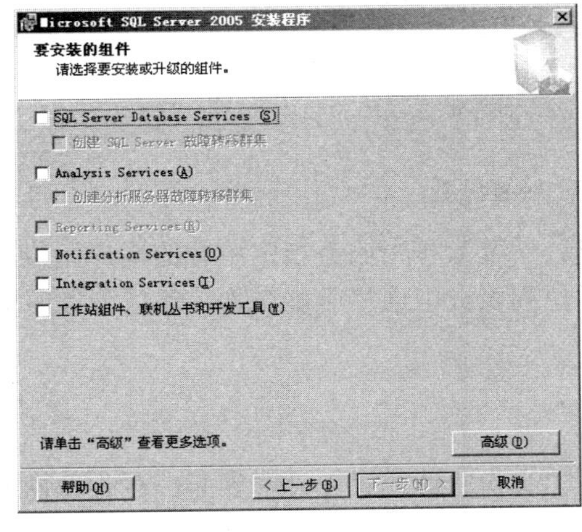

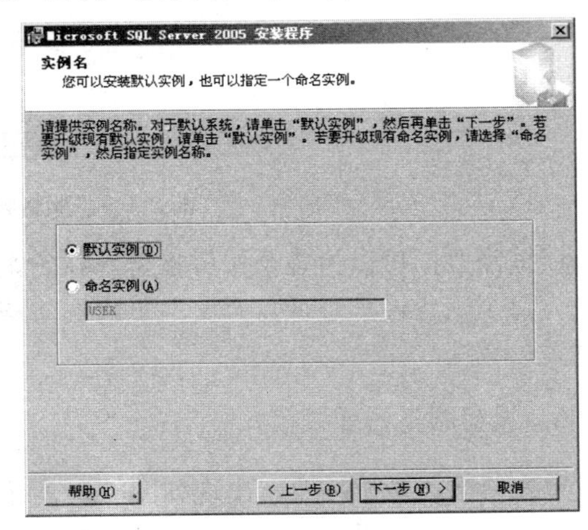

图 2.5 “要安装的组件”设置界面

图 2.6 “实例名”设置界面

在设置界面中，为安装的软件选择默认实例或已命名的实例。默认情况下，第一次在计算机上安装 SQL Server 2005 时，安装程序将指定默认实例。若要安装新的命名实例，可以选中“命名实例”单选按钮，然后在提供的空白处输入一个唯一的实例名。

SQL Server 2005 支持单个服务器或处理器上的多个 SQL Server 实例，但只有一个实例可以是默认实例，所有其他实例都必须是命名实例。一台计算机可同时运行多个 SQL Server 实例，每个实例独立于其他实例运行。单个服务器或处理器上的所有实例必须是 SQL Server 2005 的同一本地化版本。

表 2.4 显示了在 SQL Server 2005 的不同版本中对于每个实例识别组件所支持的实例数。

表 2.4　SQL Server 2005 的不同版本中对应的实例数

SQL Server 2005 版本	数据库引擎实例	Analysis Services 实例	Reporting Services 实例
Enterprise Edition Developer Edition	50	50	50
Standard Edition Workgroup Edition Express Edition	16	16	16

4．设置服务帐户

在“服务帐户”设置界面中，可以为 SQL Server 服务帐户指定用户名、密码和域名，如图 2.7 所示。可以对所有服务使用一个帐户。

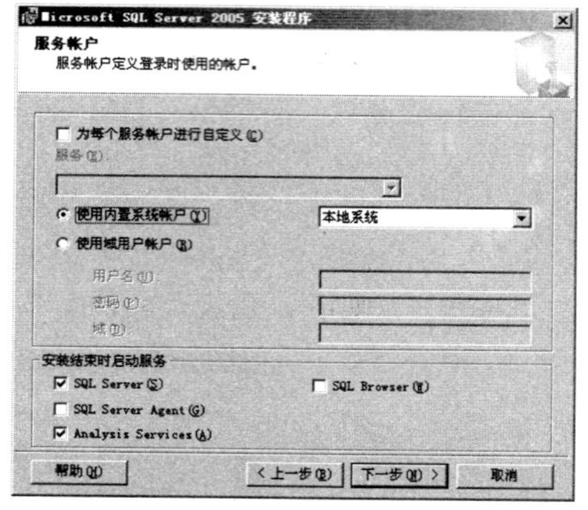

图 2.7　“服务帐户”设置界面

根据需要，可以为各个服务指定单独的帐户。若要为各个服务指定单独的帐户，请选中“为每个服务帐户进行自定义”复选框，从下拉列表框中选择服务名称，然后为该服务提供登录凭据。

5．设置服务器登录模式

单击“下一步”按钮，出现如图 2.8 所示的“身份验证模式”设置界面。在此设置界面中，可以选择用于 SQL Server 安装的登录验证模式。

1) Windows 验证模式

在 Windows 验证模式(Windows Authentication Mode)下，SQL Server 会检测当前使用的 Windows NT 用户帐户，并在系统视图 sys.syslogins 中查找该帐户，以确定该帐户是否有权限登录。在这种方式下，用户不必提供密码或登录名让 SQL Server 验证。

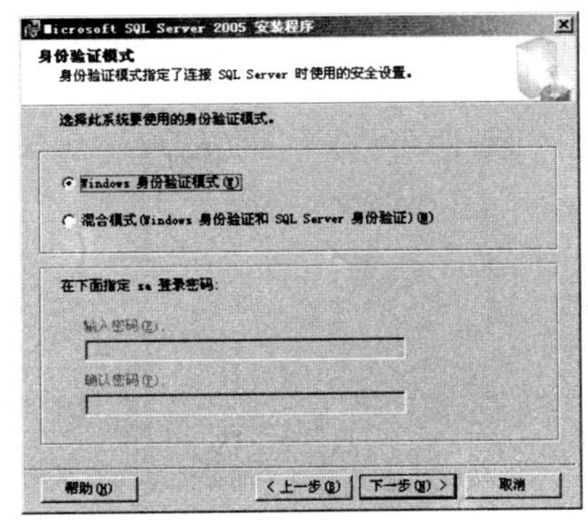

图 2.8　“身份验证模式”设置界面

Windows 验证模式有两个主要的优点。首先，数据库管理员的主要工作是管理数据库，而不是管理用户帐户。使用 Windows 验证模式，对用户帐户的管理可以交给 Windows 处理。另外一点，Windows 有更强的工具用来管理用户帐户，如帐户锁定、口令期限、最小口令长度等。如果不通过定制来扩展 SQL Server，SQL Server 是没有这些功能的。

2) 混合模式

混合模式(Mixed Mode)允许以 SQL Server 验证方式或 Windows 验证方式来进行连接，使用哪个方式取决于在最初的通信时，使用的是哪个网络库。例如，一个用户使用 TCP/IP Sockets 进行登录验证，他将使用 SQL Server 验证模式。但是，如果使用命名管道，登录验证将使用 Windows 验证模式。这种模式可以更好地适应用户的各种环境。

在 SQL Server 验证模式下，SQL Server 在系统视图 sys.syslogins 中检测输入的登录名和验证输入的密码。如果在系统视图 sys.syslogins 中存在该登录名，并且密码也是匹配的，那么该登录名可以登录到 SQL Server。否则，登录失败。在这种方式下，用户必须提供登录名和密码，让 SQL Server 验证。如果指定为混合安全模式，必须输入并确认用于 sa 登录的强密码。

6. 设置排序规则

单击“下一步”按钮，出现如图 2.9 所示的“排序规则设置”设置界面。

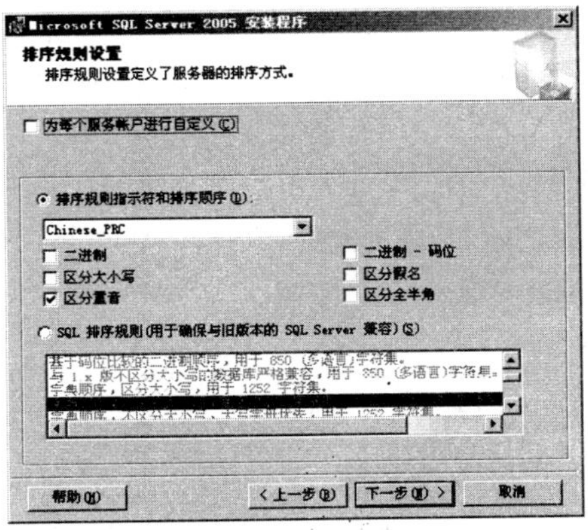

图 2.9　“排序规则设置”设置界面

在设置界面中，可以指定SQL Server实例的排序规则。可以将一个帐户用于SQL Server和Analysis Services，也可以为各个组件分别指定排序规则。若要为SQL Server和Analysis Services设置单独的排序规则，应选中“为每个服务帐户进行自定义”复选框。选中复选框之后，将出现下拉列表框。从中选择一个服务，然后分配其排序规则。对每个服务重复以上操作。

7. 设置错误报告

单击“下一步”按钮，出现如图2.10所示的“错误和使用情况报告设置”设置界面。在此设置界面中，可以选择错误和使用情况报告发送方式，也可以清除复选框以禁用错误报告。

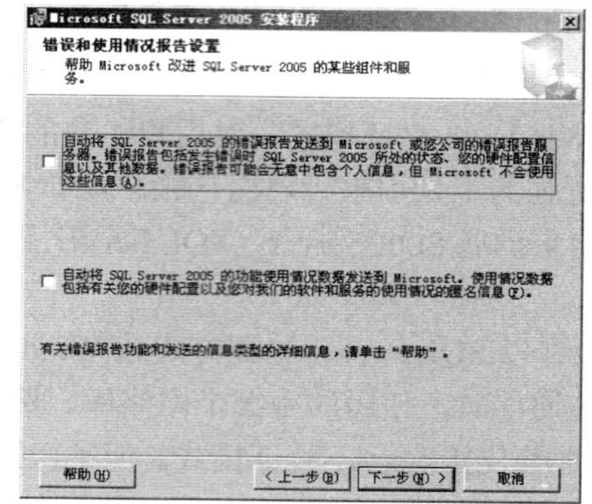

图2.10 “错误和使用情况报告设置”设置界面

8. 完成安装

到此时，已经完成了对各种安装选项的设置，安装程序会显示“准备安装”设置界面，提示要安装的SQL Server功能和组件的摘要。若要继续安装，请单击“安装”按钮。

在“安装进度”对话框中，可以在安装过程中监视安装进度。若要在安装期间查看组件的日志文件，请在“安装进度”对话框中单击产品或状态名称。

全部工作完成后，将显示如图2.11所示的对话框。单击“完成”按钮，完成SQL Server 2005的安装。

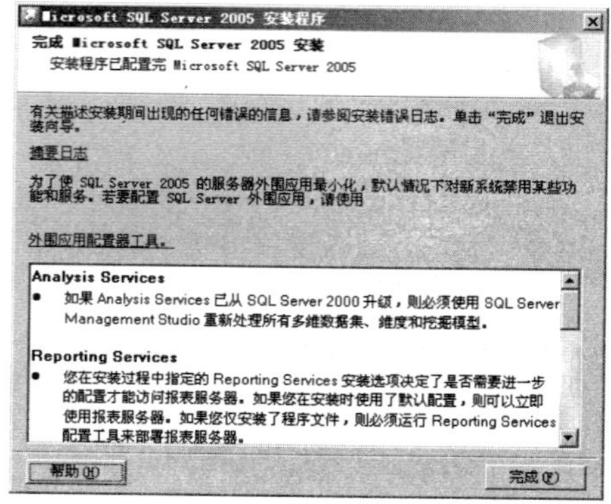

图2.11 “完成Microsoft SQL Server 2005安装”设置界面

2.4　SQL Server 2005 的主要管理工具

SQL Server 2005 安装完成之后，就可以通过使用其管理工具、实用程序管理等方法来使用 SQL Server 数据库系统。

2.4.1　SQL Server 管理控制台

SQL Server Management Studio 是一个集成的环境，用于访问、配置和管理所有的 SQL Server 组件。SQL Server Management Studio 组合了大量的图形工具和丰富的脚本编辑器，是 SQL Server 2005 中最重要的管理工具组件。SQL Server Management Studio 将以前版本 SQL Server 2000 中包括的企业管理器、查询分析器和服务管理器的各种功能，组合到一个单一环境中。此外，SQL Server Management Studio 还提供了一种环境，用于管理 Analysis Services、Integration Services、Reporting Services 和 XQuery。此环境为开发者提供了一个熟悉的体验，为数据库管理人员提供了一个单一的实用工具，使用户能够通过易用的图形工具和丰富的脚本完成任务。

SQL Server Management Studio 环境界面如图 2.12 所示。

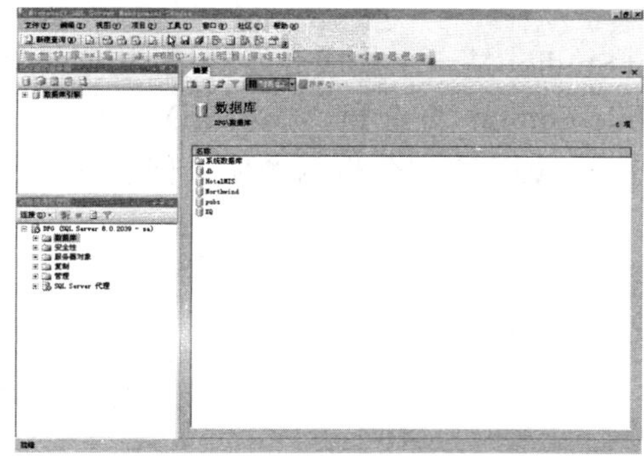

图 2.12　SQL Server Management Studio 环境界面

1．启动 SQL Server Management Studio

(1) 在“开始”菜单上，依次选择“所有程序”→Microsoft SQL Server 2005→SQL Server Management Studio 命令。

(2) 在“连接到服务器”对话框中，单击“连接”按钮，此时的连接即是安装 SQL Server 2005 时所选定的默认设置的连接。

2．SQL Server Management Studio 组件介绍

默认情况下，SQL Server Management Studio 将显示三个组件窗格。

1) “已注册的服务器”组件窗格

“已注册的服务器”窗格列出的是经常管理的服务器。可以在此列表中添加和删除服务器。

2) “对象资源管理器”组件窗格

对象资源管理器是服务器中所有数据库对象的树视图。此树视图可以包括 SQL Server Database Engine、Analysis Services、Reporting Services、Integration Services 和 SQL Server Mobile 的数据库。

3) “文档”组件窗格

“文档”窗格是 SQL Server Management Studio 中的最大部分。“文档”窗格可能包含查询编辑器和浏览器窗格。默认情况下，将显示已与当前计算机上的数据库引擎实例连接的“摘要”页。

3. 关闭、打开 SQL Server Management Studio 组件

1) 关闭及重新打开“已注册的服务器”组件窗格

(1) 单击已注册的服务器右上角的“✕”按钮，已注册的服务器随即关闭。

(2) 在“视图”菜单上，选择“已注册的服务器”命令，对其进行还原。

2) 关闭及重新打开“对象浏览器”组件窗格

(1) 单击对象浏览器右上角的“✕”按钮，已注册的服务器随即关闭。

(2) 在“窗口”菜单上，选择“重置窗口布局”命令，对其进行还原。

4. 查询编辑器的使用

SQL Server Management Studio 是一个集成开发环境，用于编写 T-SQL、MDX、XMLA、XML、SQL Server 2005 Mobile Edition 查询和 SQLCMD 命令。用于编写 T-SQL 的查询编辑器组件与以前版本的 SQL Server 查询分析器类似，但它新增了一些功能，我们将在下面予以介绍。

1) 最大化查询编辑器窗口

(1) 单击“查询编辑器”窗口中的任意位置。

(2) 按 Shift+Alt+Enter 组合键，可以在全屏显示模式和常规显示模式之间进行切换。

2) 自动隐藏所有工具窗口

(1) 单击“查询编辑器”窗口中的任意位置。

(2) 在“窗口”菜单中选择“自动全部隐藏”命令。

(3) 若要还原工具窗口，请打开每个工具，再单击窗口上的“自动隐藏”按钮以打开此窗口。

3) 注释部分脚本

(1) 使用鼠标选择要注释的文本。

(2) 在“编辑”菜单中选择“高级”→“注释选定内容”命令，所选文本将带有破折号(——)，表示已完成注释。

2.4.2 商业智能开发工具

Business Intelligence Development Studio 是一个集成的环境，用于开发商业智能构造(如多维数据集、数据源、报告和 Integration Services 软件包)。Business Intelligence Development

Studio 包含一些项目模板，这些模板可以提供开发特定构造的上下文。在 Business Intelligence Development Studio 中开发项目时，用户可以将其作为某个解决方案的一部分进行开发，而该解决方案独立于具体的服务器。

Business Intelligence Development Studio 是包含特定于 SQL Server 2005 商业智能的附加项目类型的 Microsoft Visual Studio 2005。Business Intelligence Development Studio 是用于开发包括 Analysis Services、Integration Services 和 Reporting Services 项目在内的商业解决方案的主要环境。每个项目类型都提供了用于创建商业智能解决方案所需对象的模板，提供了用于处理这些对象的各种设计器、工具和向导。

在 Business Intelligence Development Studio 中开发项目时，可以将其作为某个解决方案的一部分进行开发，而该解决方案独立于具体的服务器。

例如，可以在同一个解决方案中包括 Analysis Services 项目、Integration Services 项目和 Reporting Services 项目。在开发过程中，可以将对象部署到测试服务器中进行测试，然后，可以将项目的输出结果部署到一个或多个临时服务器或生产服务器。

Business Intelligence Development Studio 的打开方式如下。

选择“开始”|“所有程序”|Microsoft SQL Server 2005 |Business Intelligence Development Studio 命令，可以打开 Business Intelligence Development Studio 工具。

在“文件”菜单中，选择“新建”|“项目...”命令，在“项目类型”中选择“数据库”，在“模板”中选择“SQL Server 项目”，指定项目的名称和位置后，单击“确定”按钮，就进入了 Business Intelligence Development Studio 环境界面。

2.4.3 SQL Server 分析器

SQL Server 分析器(Profiler)是一个图形化的管理工具，用于监督、记录和检查 SQL Server 数据库的使用情况。对系统管理员来说，它是一个连续实时地捕获用户活动情况的间谍。可以通过多种方法启动 SQL Server Profiler，以支持在各种情况下收集跟踪输出，如图 2.13 所示。

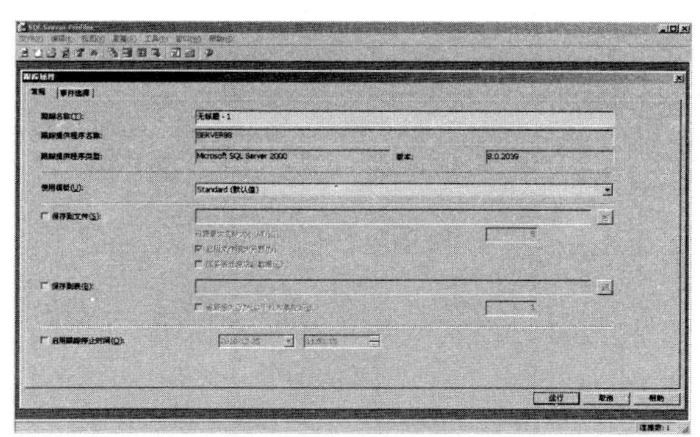

图 2.13 SQL Server Profiler 环境界面

SQL Server 分析器的打开方式如下。

选择“开始”|“所有程序”|Microsoft SQL Server 2005|“性能工具”|SQL Server Profiler 命令。

2.4.4 SQL Server 配置管理器

SQL Server 配置管理器是一种工具，用于管理与 SQL Server 相关联的服务、配置 SQL Server 使用的网络协议以及从 SQL Server 客户端计算机管理网络连接配置，如图 2.14 所示。

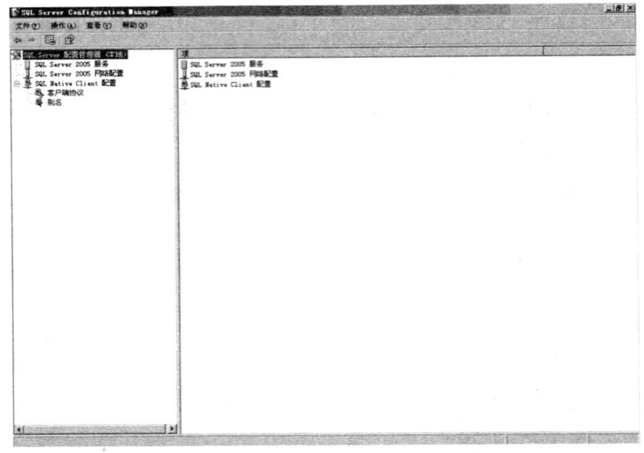

图 2.14　SQL Server 配置管理器界面

SQL Server 配置管理器的打开方式如下。

选择“开始”|“所有程序”|Microsoft SQL Server 2005|配置工具|“SQL Server 配置管理器”命令。

2.4.5 数据库引擎优化顾问

Database Engine Tuning Advisor 可以帮助用户选择和创建索引、索引视图和分区，可以完成对数据库的优化。并不要求用户具有数据库结构、工作负载和 SQL Server 2005 内核的专业知识，如图 2.15 所示。

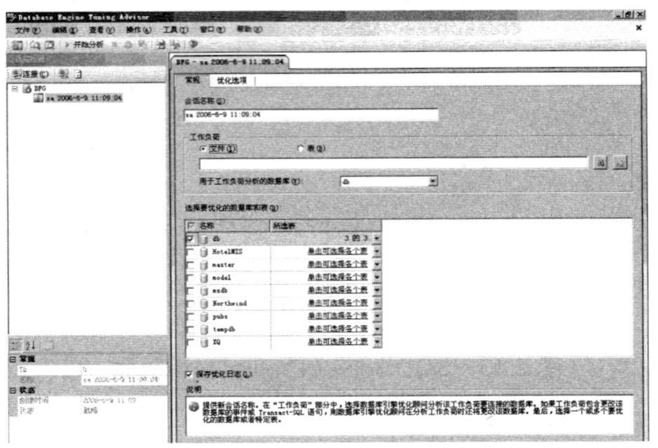

图 2.15　Database Engine Tuning Advisor 环境界面

数据库引擎优化顾问的打开方式如下。

选择"开始"|"所有程序"|Microsoft SQL Server 2005|"性能工具"|Database Engine Tuning Advisor 命令。

2.5 配置 SQL Server 2005

安装完成后，可以使用图形工具和命令提示实用工具进一步配置 SQL Server。

2.5.1 启动、停止、暂停和重新启动 SQL Server 服务

1. 使用 SQL Server 配置管理器

这是 SQL Server 2005 的新增功能。利用 SQL Server 配置管理器，可以启动、停止、暂停和重新启动 SQL Server 服务。其步骤如下。

(1) 选择"开始"菜单|"所有程序"|Microsoft SQL Server 2005|"配置工具"|SQL Server Configuration Manager 命令，打开 SQL Server 配置管理器。

(2) 图 2.16 是 SQL Server 配置管理器的界面，单击"SQL Server 2005 服务"选项，在右边的窗格中可以看到本地所有的 SQL Server 服务，包括不同实例的服务。

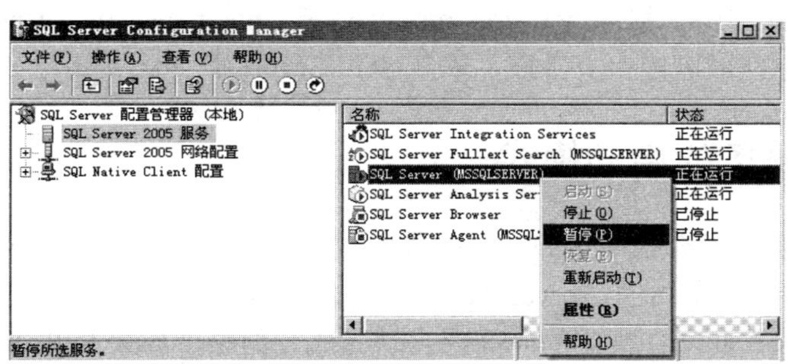

图 2.16 SQL Server 服务选项

(3) 如果要启动、停止、暂停或重新启动 SQL Server 服务器，可以右击服务器名称，在弹出的快捷菜单中选择"启动"、"停止"、"暂停"或"重新启动"命令。

2. 使用 SQL Server Management Studio 配置服务器

在 SQL Server Management Studio 中同样可以完成配置服务器的操作，具体步骤如下。

(1) 启动 SQL Server Management Studio，连接到 SQL Server 服务器。

(2) 如图 2.17 所示，右击服务器名，在弹出的快捷菜单中选择"启动"、"停止"、"暂停"或"重新启动"命令。

3. 使用 SQL Server 服务

由于 SQL Server 服务是以"服务"的方式在后台运行的，所以可以在"服务"对话框中执行启动、停止、暂停和重新启动的操作。

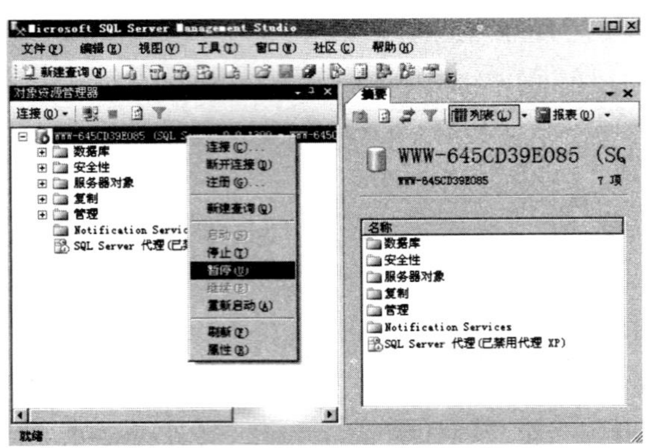

图 2.17　SQL Server Management Studio 配置服务器

(1) 选择“开始”|“管理工具”|“服务”命令或者“开始”|“控制面板”|“服务”命令。

(2) 在打开的“服务”对话框中，右击 SQL Server(MSSQLSERVER)，在弹出的快捷菜单中选择“启动”、“停止”、“暂停”或“重新启动”命令。

4. 使用命令提示符

选择“开始”|“运行”命令，在弹出的“运行”对话框中输入 net start mssqlserver，可以启动 SQL Server 服务。输入 net stop mssqlserver、net pause mssqlserver 和 net continue mssqlserver 命令分别可以停止、暂停、恢复 SQL Server 服务。

2.5.2 配置服务的启动模式

SQL Server 2005 里有很多服务，有些服务默认是自动启动的，如 SQL Server；而有些服务默认却是停止的，如 SQL Server Agent(服务器代理)。服务器代理可以帮助管理员完成很多事先预设好的作业，在规定的时间内自动完成。但是，如果 SQL Server Agent 没有启动，那么所有作业都不会自动完成了。而管理员又不一定在每次计算机重启时都会记得手动启动 SQL Server Agent，最好的办法是让 SQL Server Agent 能随着计算机的启动而启动，这样就可以一劳永逸了。

将 SQL Server Agent 设为自动启动的方法有两种：一种是在“SQL Server 配置管理器”中设置，另一种是在“服务”中设置。

1. 在“SQL Server 配置管理器”中设置

(1) 启动“SQL Server 配置管理器”，单击“SQL Server 2005 服务”，右击 SQL Server Agent，在弹出的快捷菜单中选择“属性”命令。

(2) 在如图 2.18 所示的“SQL Server Agent 属性”对话框中，单击“服务”标签，找到“启动模式”选项，单击下三角按钮，在下拉列表框中选择“自动”。

图 2.18　“SQL Server Agent 属性”对话框

2. 在“服务”里设置

(1) 选择“开始”|“管理工具”|“服务”或者“开始”菜单|“控制面板”|“服务”命令。

(2) 右击 SQL Server Agent，在弹出的快捷菜单里选择“属性”命令。

(3) 在弹出的“SQL Server Agent 的属性”对话框中，如图 2.19 所示，设置“启动类型”为“自动”。

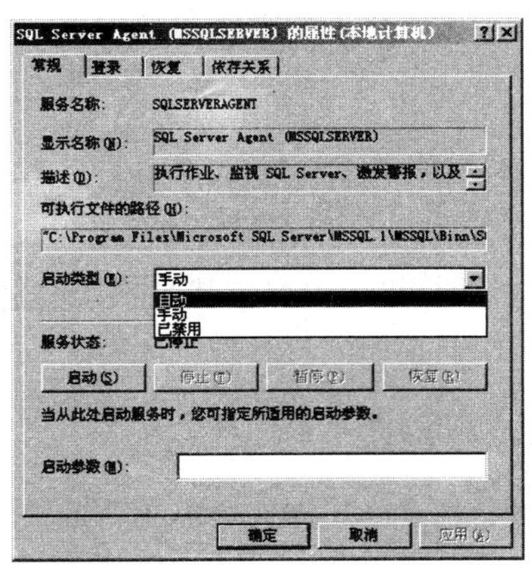

图 2.19　“SQL Server Agent 的属性”对话框

2.5.3　注册服务器

安装 SQL Server Management Studio 之后首次启动它时，将自动注册 SQL Server 的本地实例，也可以使用 SQL Server Management Studio 注册服务器。

在 SQL Server Management Studio 的工具栏中选择“已注册的服务器”按钮，在窗体左侧出现“已注册的服务器”窗格，右击“数据库引擎”，在弹出的快捷菜单中选择“新建”|“服务器注册”命令，如图 2.20 所示，最后出现如图 2.21 所示的对话框。

图 2.20 选择“新建”|“服务器注册”命令

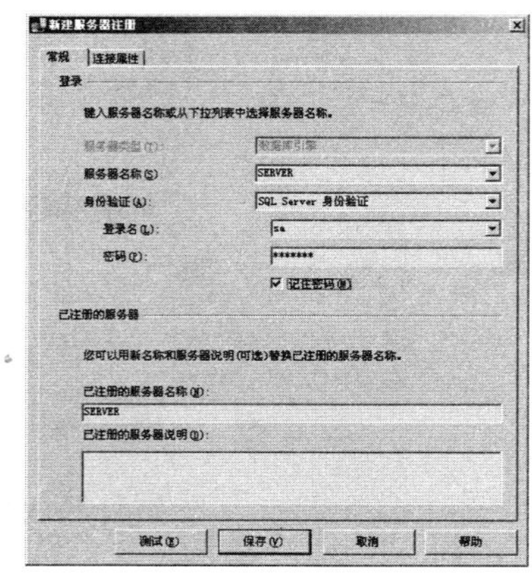

图 2.21 “新建服务器注册”对话框

在注册服务器时必须指定下列项。

(1) 服务器的类型。在 Microsoft SQL Server 2005 中，可以注册的服务器类型有：数据库引擎、Analysis Services、Reporting Services、Integration Services 和 SQL Server Mobile。要注册相应类型的服务器，在“已注册的服务器”窗格中，选择指定的类型，然后右击对应的类型名，在快捷菜单中选择“新建”命令。

(2) 在“服务器名称”文本框中，输入新建的服务器名称。

(3) 登录到服务器时应尽可能使用 Windows 身份验证；如果选择 SQL Server 身份验证，为了在使用时获得最高的安全性，应该尽可能选择提示输入登录名和密码。

(4) 指定用户名和密码(如果需要)。当使用 SQL Server 验证机制时，SQL Server 系统管理员必须定义 SQL Server 登录帐户和密码，当用户要连接到 SQL Server 实例时，必须提供 SQL Server 登录帐户和密码。

(5) 已注册的服务器名称。计算机主机名称就是默认值时的服务器名称，但可以在“已注册的服务器名称”文本框中用其他的名称替换。

(6) 已注册的服务器的描述信息。在“已注册的服务器说明”文本框中，输入服务器组的描述信息(可选)。

还可以为正在注册的服务器选择连接属性。如图 2.22 所示在“连接属性”选项卡中，可以指定下列连接选项。

(1) 服务器默认情况下连接到的数据库。

(2) 连接到服务器时所使用的网络协议。

(3) 要使用的默认网络数据包大小。

(4) 连接超时设置。

(5) 执行超时设置。

(6) 加密连接信息。

在 SQL Server Management Studio 中注册服务器之后，还可以取消该服务器的注册。方法为：在 SQL Server Management Studio 中右击某个服务器名，在弹出的快捷菜单中选择“删除”命令。

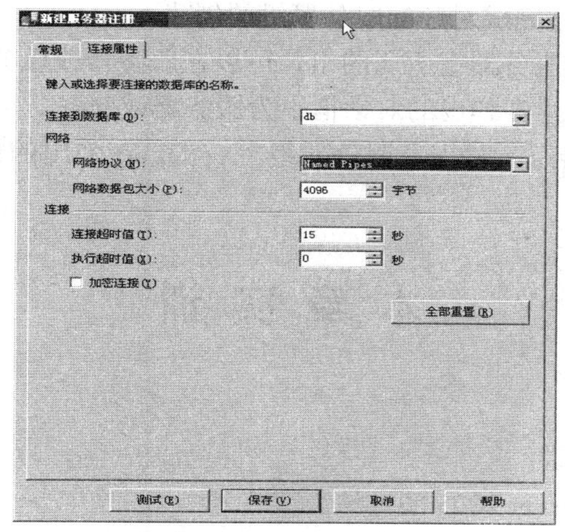

图 2.22　“新建服务器注册”对话框的“连接属性”选项卡

2.5.4　创建服务器组

服务器组是用来把比较相似的 SQL Server 服务器组织在一起的一种方式，可以方便对不同类型和用途的 SQL Server 服务器进行管理。

在 SQL Server Management Studio 中创建服务器组的步骤如下。

(1) 在“已注册的服务器”窗格中，选择指定的服务器类型，右击对应的类型名后，在快捷菜单中选择“新建”|“服务器组”命令，出现如图 2.23 所示的“新建服务器组”对话框。

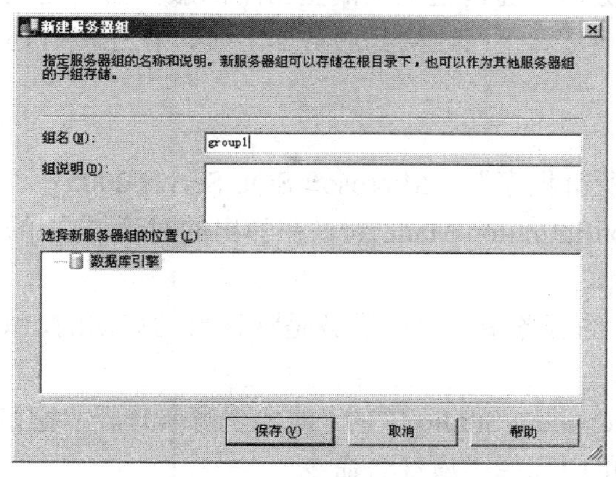

图 2.23　“新建服务器组”对话框

(2) 在“组名”文本框中输入新建的服务器组的名称。

(3) 在“组说明”框中输入服务器组的描述信息。

(4) 选择新建服务器组的位置，可以是顶级服务器组，或者是某一个服务器组的子服务器组(选择某一个服务器组)。

(5) 单击“保存”按钮完成对应的服务器组的创建。

要改变一个服务器或服务器组所属的组，可以在服务器或服务器组上右击，在快捷菜单中选择“移动到”命令，在弹出的对话框中为服务器或服务器组指定新的位置。

要删除某一个服务器组，只需在服务器组上右击，在弹出的快捷菜单中选择“删除”命令就可以了。

本 章 实 训

1. 实训目的

(1) 掌握安装 SQL Server 2005 的方法。

(2) 掌握配置 SQL Server 2005 的方法。

2. 实训内容

配置 SQL Server 2005。

3. 实训过程

1) 连接到服务器

通过客户端管理工具 SQL Server Management Studio 可以连接到服务器。

2) 注册服务器

把常用的服务器进行注册可以方便以后的管理和使用。在 SQL Server Management Studio 的“已注册的服务器”窗格里列出的是常用的服务器与实例名。但这里保存的只是服务器的连接信息，并不是真正已连接到服务器上了，在连接时还要指定服务器类型、名称、身份验证信息。

3) 停止或暂停服务

选择“开始”→“所有程序”→Microsoft SQL Server 2005→“配置工具”，在级联菜单中选择 SQL Server Configuration Manager，在弹出的对话框中单击“停止”按钮。

4) 配置服务启动模式

在 SQL Server 2005 的服务中，有些服务是默认自动启动的，如 SQL Server 服务。

5) 配置服务器

在 SQL Server Management Studio 中的“对象资源管理器”窗格里，右击要配置的服务器名，在弹出的快捷菜单中选择“属性”命令。

4. 实训总结

通过本章实训内容了解 SQL Server 2005 各个工具的使用方法，重点掌握 SQL Server 2005 的配置过程。

本 章 小 结

SQL Server 是美国微软公司推出的关系数据库管理系统，用户可以更加方便快捷地管理数据库、设计开发应用程序。它有两种工作模式：一种是 C/S(客户机/服务器)的工作模式，它使用 T-SQL 语言在服务器与客户机之间传送请求和答复。另一种是 B/S(浏览器/服务器)工作模式，在 SQL Server 2005 与 XML 结合下支持实现。SQL Server 2005 共有 5 个版本，分别是企业版(Enterprise)、开发版(Development)、工作组版(Workgroup)、标准版(Standard)和简易版(Express)。SQL Server 2005 的不同版本用于满足企业和个人的不同需求。

本章对安装 SQL Server 2005 的系统要求和安装过程进行了学习。SQL Server 2005 简单易学，它提供了大量的图形工具和命令行工具，能够完成对 SQL Server 2005 的管理和开发任务。主要包括以下工具。

(1) SQL Server Management Studio

(2) Business Intelligence Development Studio

(3) SQL Server Profiler

(4) SQL Server Configuration Manager

(5) Database Engine Tuning Advisor

(6) 命令行工具

习　　题

1. SQL Server 2005 提供了哪些安装版本？
2. SQL Server 2005 中的默认实例和命名实例有何区别？
3. SQL Server 2005 支持哪两种登录验证模式？
4. 如何启动和停止 SQL Server 服务？
5. 如何使用 SQL Server Management Studio 注册服务器？

第 3 章　SQL Server 数据库

SQL Server 2005 的数据库是所涉及的对象以及数据的集合。它不仅反映数据本身的内容，而且反映对象以及数据之间的联系。对数据库的操作是开发人员的一项重要工作。

本章主要介绍 SQL Server 2005 数据库的基本概念，以及创建、删除、修改数据库等基本操作。

通过学习本章，读者应掌握以下内容：

- 熟悉数据库及其对象
- 了解文件和文件组及事务日志
- 了解创建数据库系统的几个阶段和原则
- 熟练掌握创建和管理数据库的方法

3.1　SQL Server 数据库概念

SQL Server 2005 将数据库映射为一组操作系统文件。数据库中的数据和日志信息分别保存在不同的文件中，而且各文件仅在一个数据库中使用。文件组是命名的文件集合，用于帮助数据布局和管理任务，例如备份和还原操作。

3.1.1　数据库文件

1. 数据库文件分类

SQL Server 2005 数据库具有以下 3 种类型的文件。

(1) 主数据文件：是数据库的起点，指向数据库中的其他文件。每个数据库都有一个主数据文件。主数据文件的推荐文件扩展名是.mdf。

(2) 次要数据文件：除主数据文件以外的所有其他数据文件都是次要数据文件。某些数据库可能不包含任何次要数据文件，而有些数据库则含有多个次要数据文件。次要数据文件的推荐文件扩展名是.ndf。

(3) 日志文件：包含用于恢复数据库的所有日志信息。每个数据库必须至少有一个日志文件，当然也可以有多个。日志文件的推荐文件扩展名是.ldf。

SQL Server 2005 不强制使用.mdf、.ndf 和.ldf 文件扩展名，但使用它们有助于标识文件的各种类型和用途。

在 SQL Server 2005 中，数据库中所有文件的位置都记录在数据库的主文件和 master 数据库中。大多数情况下，数据库引擎使用 master 数据库中的文件位置信息。

2. 逻辑文件名和物理文件名

SQL Server 2005 的文件拥有两个名称，即逻辑文件名和物理文件名。当使用 T-SQL 命令语句访问某个文件时，必须使用该文件的逻辑名。物理文件名是文件实际存储在磁盘上的文件名，而且可包含完整的磁盘目录路径。

(1) 逻辑文件名(logical_file_name)：它是在所有 T-SQL 语句引用物理文件时使用的名称。逻辑文件名必须符合 SQL Server 标识符规则，而且在数据库中的逻辑文件名必须是唯一的。

(2) 物理文件名(os_file_name)：它是包括目录路径的物理文件名，必须符合操作系统的文件命名规则。

3. 文件大小

SQL Server 2005 文件大小包含初始大小 size、最大值 maxsize 和增量 filegrowth 三个参数。文件的大小可以从最初指定的初始大小 size 开始按增量 filegrowth 来增长，当文件增量超过最大值 maxsize 时将出错，文件无法正常建立，也就是数据库无法创建。

如果没有指定最大值，文件可以一直增长到用完磁盘上的所有可用空间。如果 SQL Server 作为数据库嵌入某个应用程序，而该应用程序的用户无法迅速与系统管理员联系，则不指定文件最大值就特别有用，用户可以使文件根据需要自动增长，以减轻监视数据库中的可用空间和手动分配额外空间的管理负担。

3.1.2 数据库文件组

为便于分配和管理，可以将数据库对象和文件一起分成文件组。SQL Server 2005 有以下两种类型的文件组。

(1) 主文件组：包含主数据文件和任何没有明确分配给其他文件组的文件。系统表的所有页都分配在主文件组中。在 SQL Server 2005 中用 PRIMARY 表示主文件组的名称。主文件组由系统自动生成，供用户使用，不能由用户修改或删除。

(2) 用户定义文件组：在 CREATE DATABASE 或 ALTER DATABASE 语句中使用 FILEGROUP 关键字指定的任何文件组。

日志文件不包括在文件组内。日志空间与数据空间分开管理。

一个文件不可以是多个文件组的成员。表、索引和大型对象数据可以与指定的文件组相关联。在这种情况下，它们的所有页将被分配到该文件组。也可以对表和索引进行分区，已分区表和索引的数据被分割为单元，每个单元可以放置在数据库中的单独文件组中。

每个数据库中均有一个文件组被指定为默认文件组。如果创建表或索引时未指定文件组，则将假定所有页都从默认文件组分配。一次只能将一个文件组作为默认文件组。db_owner 固定数据库角色成员可以将默认文件组从一个文件组切换到另一个。如果没有指定默认文件组，则将主文件组作为默认文件组。

3.2 系统数据库概述

SQL Server 2005 包含五个系统数据库和若干数据库对象。

3.2.1 数据库对象

SQL Server 2005 数据库中的数据在逻辑上被组织成一系列对象，当一个用户连接到数据库后，所看到的是这些逻辑对象，而不是物理的数据库文件。

SQL Server 2005 中有以下数据库对象。

(1) 表：数据库中的表与我们日常生活中使用的表格类似，由列和行组成。其中每一列都代表一个相同类型的数据。每列又称为一个字段，每列的标题称为字段名。每一行包括若干个列信息。一行数据称为一个元组或一条记录，它是有一定意义的信息组合，代表一个实体或联系。一个数据库表由一条或多条记录组成，没有记录的表称为空表。每个表中通常都有一个主关键字，用于唯一标识一条记录。

(2) 索引：某个表中一列或若干列值的集合和相应的指向表中物理标识这些值的数据页的逻辑指针清单。它提供了数据库中编排表中数据的内部方法。

(3) 视图：视图看上去同表相似，具有一组命名的字段和数据项，但它其实是一个虚拟的表，在数据库中并不实际存在。视图是由查询数据库表或其他视图产生的，它限制了用户能看到和修改的数据。由此可见，视图可以用来控制用户对数据的访问，并能简化数据的显示，即通过视图只显示那些需要的数据信息。

(4) 关系图表：关系图表其实就是数据库表之间的关系示意图。利用它可以编辑表与表之间的关系。

(5) 默认值：默认值是当在表中创建列或插入数据时，对没有指定其具体值的列或列数据项赋予事先设定好的值。

(6) 约束：是 SQL Server 实施数据一致性和数据完整性的方法，或者说是一套机制，它包括主键约束、外键约束、Unique 约束、Check 约束、默认值和允许空等六种机制。

(7) 规则：用来限制数据表中字段的有限范围，以确保列中数据完整性的一种方式。

(8) 触发器：一种特殊的存储过程，与表格或某些操作相关联。当用户对数据进行插入、修改、删除或对数据库表进行建立、修改、删除时激活，并自动执行。

(9) 存储过程：一组经过编译的可以重复使用的 T-SQL 代码的组合。它是经过编译存储到数据库中的，所以运行速度要比执行相同的 SQL 语句快。

(10) 用户：用户是指拥有一定权限的数据库的使用者。

3.2.2 系统数据库

SQL Server 2005 包含 master、model、msdb、tempdb 和 Resource 5 个系统数据库。在创建任何数据库之前，用户在 Microsoft SQL Server Management Studio 工具中，可以看到前面 4 个系统数据库，Resource 是隐藏的系统数据库，可执行的系统对象保存在这里。

1. master 数据库

master 数据库记录 SQL Server 2005 实例的所有系统级信息，包括实例范围的元数据(例如登录帐户)、端点、链接服务器和系统配置设置；记录所有其他数据库是否存在以及这些数据库文件的位置；记录 SQL Server 的初始化信息。因此，如果 master 数据库不可用，则 SQL Server 无法启动。在 SQL Server 2005 中，系统对象不再存储在 master 数据库中，而是存储在 Resource 数据库中。

注意： 不能在 master 数据库中创建任何用户对象(例如表、视图、存储过程或触发器)。master 数据库包含 SQL Server 实例使用的系统级信息(例如登录信息和配置选项设置)。

不能在 master 数据库中执行下列操作。

(1) 添加文件或文件组。
(2) 更改排序规则。默认排序规则为服务器排序规则。
(3) 更改数据库所有者。master 数据库归 dbo 所有。
(4) 创建全文目录或全文索引。
(5) 在数据库的系统表上创建触发器。
(6) 删除数据库。
(7) 从数据库中删除 guest 用户。
(8) 参与数据库镜像。
(9) 删除主文件组、主数据文件或日志文件。
(10) 重命名数据库或主文件组。
(11) 将数据库设置为 OFFLINE。
(12) 将数据库或主文件组设置为 READ ONLY。

2. model 数据库

model 数据库用作 SQL Server 2005 实例上创建的所有数据库的模板。对 model 数据库进行的修改(如数据库大小、排序规则、恢复模式和其他数据库选项)将应用于以后创建的数据库。

用 CREATE DATABASE 语句新建数据库时，将通过复制 model 数据库中的内容来创建数据库的第一部分，然后用空页填充新数据库的剩余部分。在 SQL Server 实例上创建的新数据库的内容，在开始创建时和 model 数据库完全一样。

如果修改 model 数据库，之后创建的所有数据库都将继承这些修改。例如，可以设置权限或数据库选项或者添加对象，例如表、函数或存储过程等。

3. msdb 数据库

msdb 数据库由 SQL Server 代理来计划警报和作业以及与备份和恢复相关的信息，尤其是 SQL Server Agent 需要使用它来执行安排工作和警报、记录操作者等操作。

4. tempdb 数据库

tempdb 数据库是连接到 SQL Server 2005 实例的所有用户都可用的全局资源，保存所

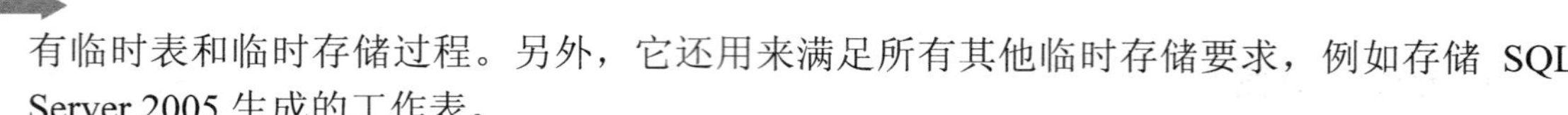

有临时表和临时存储过程。另外，它还用来满足所有其他临时存储要求，例如存储 SQL Server 2005 生成的工作表。

每次启动 SQL Server 时，都要重新创建 tempdb，以保证系统启动时，该数据库总是空的。在断开连接时会自动删除临时表和存储过程，并且在系统关闭后没有活动连接。因此 tempdb 中不会有任何内容从一个 SQL Server 会话保存到另一个会话。

tempdb 用于保存以下内容。

(1) 显式创建的临时对象，例如表、存储过程、表变量或游标。

(2) 所有版本的更新记录(如果启用了快照隔离)。

(3) SQL Server Database Engine 创建的内部工作表。

(4) 创建或重新生成索引时，临时排序的结果(如果指定了 SORT IN TEMPDB)。

5. Resource 数据库

Resource 数据库是只读数据库，它包含 SQL Server 2005 中的所有系统对象。SQL Server 系统对象(例如 sys.objects)在物理上持续存在于 Resource 数据库中，但在逻辑上它们出现在每个数据库的 sys 架构中。

Resource 数据库不包含用户数据或用户元数据。Resource 数据库的物理文件名为 Mssqlsystemresource.mdf。默认情况下，此文件的路径为 x:\Program Files\Microsoft SQL Server\MSSQL.1\MSSQL\Data\Mssqlsystemresource.mdf。

注意： 请勿移动或重命名 Resource 数据库文件。如果该文件已重命名或移动，SQL Server 将无法启动。另外，请勿将 Resource 数据库放置在压缩或加密的 NTFS 文件系统文件夹中，此操作会降低性能并阻止升级。

3.3 创建数据库

若要创建数据库，必须确定数据库的名称、所有者、大小以及存储该数据库的文件和文件组。

创建数据库的注意事项如下。

(1) 创建数据库需要一定许可，在默认情况下，只有系统管理员和具有创建数据库角色的登录帐户的拥有者，才可以创建数据库。数据库被创建后，创建数据库的用户自动成为该数据库的所有者。

(2) 创建数据库的过程实际上就是为数据库设计名称、设计所占用的存储空间和存放文件位置的过程等，数据库名字必须遵循 SQL Server 命名规范。

(3) 所有的新数据库都是系统样本数据库 model 的副本。

(4) 单个数据库可以存储在单个文件上，也可以跨越多个文件存储。

(5) 数据库的大小可以被增大或者收缩。

(6) 当新的数据库创建时，SQL Server 自动更新 sysdatabases 系统表。

(7) 一台服务器上最多可能创建 32767 个数据库。

在 SQL Server 2005 中创建数据库主要有两种方式：一种方式是在 SQL Server Management Studio 中使用“对象资源管理器”创建数据库，另一种方式是通过在查询窗口中执行 T-SQL 语句创建数据库。

3.3.1　用 SQL Server Management Studio 创建数据库

使用 SQL Server Management Studio 创建数据库比使用 T-SQL 语句来得更容易。

具体操作如下。

(1) 依次选择“开始”|“所有程序”|Microsoft SQL Server 2005|SQL Server Management Studio 命令，打开 SQL Server Management Studio 窗口，设置好服务器类型、服务器名称、身份验证、用户名和密码，并单击“连接”按钮。

(2) 在“对象资源管理器”窗口中选择“数据库”节点并单击鼠标右键，弹出快捷菜单，选择“新建数据库”命令，如图 3.1 所示。

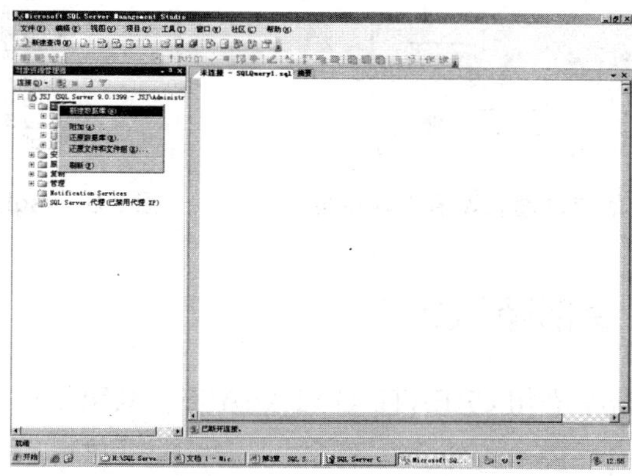

图 3.1　“对象资源管理器”窗口

(3) 出现“新建数据库”对话框，对话框由“常规”、“选项”和“文件组”三个选项组成。比如要创建“xsgl”学生管理数据库，可在“常规”选项的“数据库名称”文本框中输入“xsgl”，如图 3.2 所示。还可以对其路径进行设置，单击“路径”列后面的“浏览”按钮，弹出“定位文件夹”对话框，如图 3.3 所示。

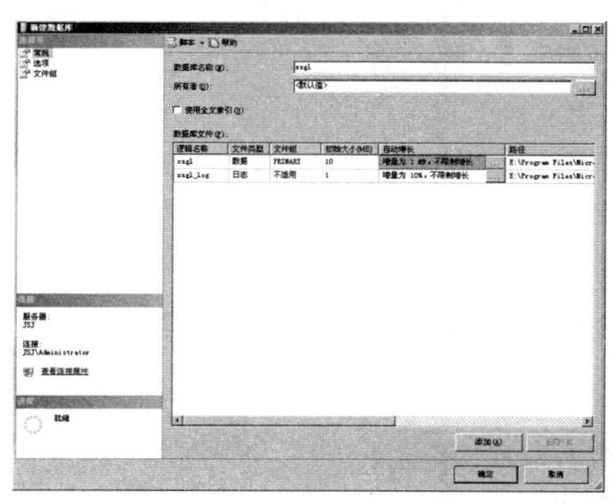

图 3.2　“新建数据库”对话框

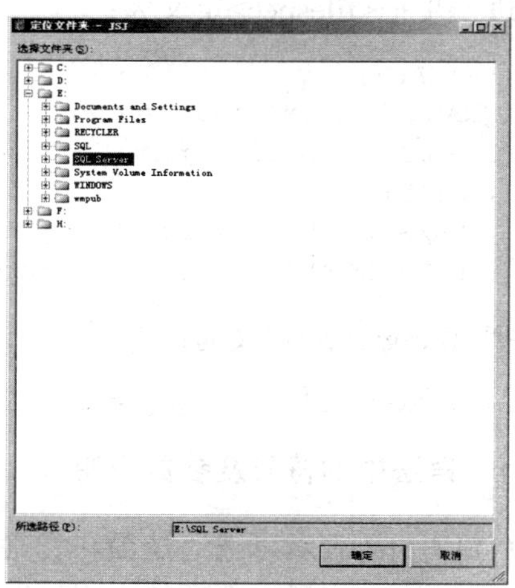

图 3.3　“定位文件夹”对话框

(4) 在各个选项中可以设置它们的参数值，比如在“数据库文件”编辑框内的“逻辑名称”列输入文件名；在“初始大小”列设置初始值大小，单击“自动增长”列后的“浏览”按钮，弹出“更改 xsgl 的自动增长设置”对话框，可以按多种方式设置自动增长的大小等，如图 3.4 所示。

(5) 单击“确定”按钮，在“数据库”的树形结构中，就可以看到新建的 xsgl 数据库，如图 3.5 所示。

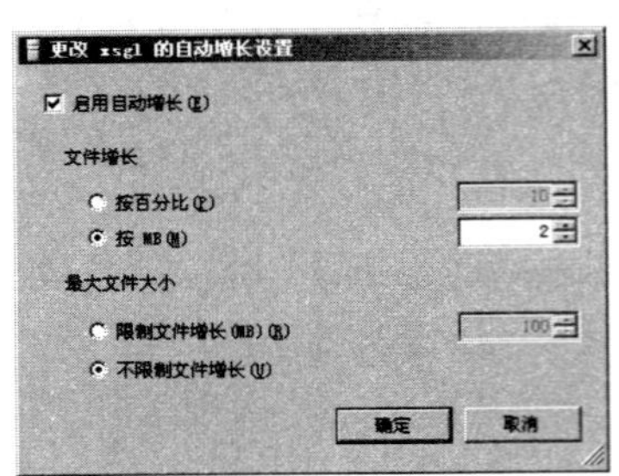

图 3.4 “更改 xsgl 的自动增长设置”对话框

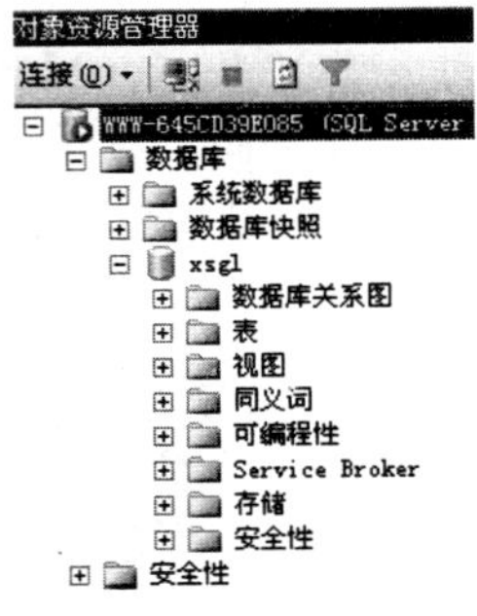

图 3.5 xsgl 数据库创建成功

3.3.2 用 SQL 命令创建数据库

SQL 提供了创建数据库语句 CREATE DATABASE。其语法格式如下。

```
CREATE DATABASE database_name
[ON
 [<filespec> [,…n] ]
 [, <filegroup> [,…n] ]
]
[LOG ON{<filespec> [,…n] } ]
[COLLATE collation_name]
```

进一步把<filespec>定义为：

```
[PRIMARY]
([NAME=logical_file_name, ]
FILENAME='OS_file_name'
[, SIZE=size]
[, MAXSIZE={max_size|UNLIMITED}]
[, FILEGROWTH=growth_increment]) [,…n]
```

把<filesgroup>定义为：

```
FILEGROUP filegroup_name<filespec>[,…n]
```

1. 语法中的符号及参数说明

(1) [ ]：表示可选语法项，省略时各参数取默认值。

(2) [,…n]：表示该选项的内容可以重复多次。

(3) { }：表示必选项，有相应子句时，{ }中的内容是必选的。

(4) < >：表示在实际的语句中要用相应的内容替代。

(5) 文字大写：说明该文字是 T-SQL 的关键字。

(6) 文字小写：说明该文字是用户提供的 T-SQL 语法的参数。

(7) database_name：用户所要创建的数据库名称，最长不能超过 128 个字符，在一个 SQL Server 实例中，数据库名称是唯一的。

(8) ON：指定存放数据库的数据文件信息，说明数据库是根据后面的参数创建的。

(9) LOG ON：指定日志文件的明确定义。如没有此项，系统会自动创建一个为所有数据文件总和 1/4 大小或 512KB 大小的日志文件。

(10) COLLATE collation_name：指定数据库默认排序规则。规则名称可以是 Windows 排序规则名称，也可以是 SQL 排序规则名称。

(11) <filespec>：指定文件的属性。

(12) NAME =logical_file_name：定义数据文件的逻辑名称，此名称在数据库中必须唯一。

(13) FILENAME= 'os_file_name'：定义数据文件的物理名称，包括物理文件使用的路径名和文件名。

(14) SIZE=size：文件属性中定义文件的初始值，指定为整数。

(15) MAXSIZE=max_size：文件属性中定义文件可以增长到的最大值，可以使用 KB、MB、GB 或 TB 单位，默认值是 MB，指定为整数。如果没有指定或写为 unlimited，那么文件将增长到磁盘变满为止。

(16) FILEGROWTH=growth_increment：定义文件的自动增长，growth_increment 定义每次增长的大小。

(17) Filegroup：定义对文件组的控制。

2. 注意事项

(1) 创建用户数据库后，要备份 master 数据库。

(2) 所有数据库都至少包含一个主文件组，所有系统表都分配在主文件组中。数据库还可以包含用户定义的文件组。

(3) 每个数据库都有一个所有者，可在数据库中执行某些特殊的活动。数据库所有者是创建数据库的用户，也可以使用 sp_changedbowner 更改数据库所有者。

(4) 创建数据库的权限默认地授予 sysadmin 和 dbcreator 固定服务器角色的成员。

【例 3.1】 创建一个名为“xsgl”的数据库。其中主数据文件为 10MB，最大大小不受限制，每次增长 1MB；事务日志文件大小为 1MB，最大大小不受限制，文件每次增长 10%。

```
CREATE DATABASE  xsgl              /* 数据库名 */
ON
PRIMARY                           /* 主文件组 */
( NAME = 'xsgl',                  /* 主数据文件逻辑名 */
FILENAME='D:\Data\xsgl.mdf ',
SIZE = 10MB,  MAXSIZE = UNLIMITED, FILEGROWTH = 1MB)
LOG ON
( NAME = 'xsgl_log',
FILENAME=' D:\Data\xsgl_log.ldf',
SIZE = 1MB, MAXSIZE = UNLIMITED,  FILEGROWTH = 10%)
GO
```

语句输入完成后按 F5 键，或单击工具栏中的“执行”按钮，将执行所输入的语句，创建数据库，如图 3.6 所示。

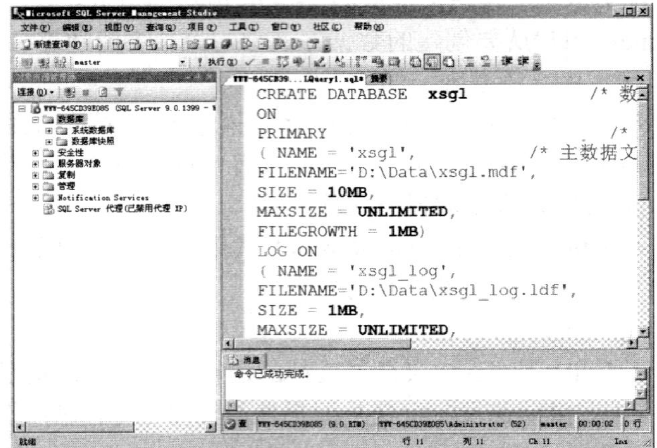

图 3.6　例 3.1 执行结果

【例 3.2】 创建 test 数据库，包含一个主文件组和两个次文件组。

```
CREATE DATABASE test
ON PRIMARY                        /*定义在主文件组上的文件*/
( NAME=pri_file1,
  FILENAME=' D:\Data\pri_file1.mdf ',
  SIZE=10, MAXSIZE=50, FILEGROWTH=15%),
( NAME=pri_file2,
  FILENAME=' D:\Data\pri_file2.ndf ',
  SIZE=10, MAXSIZE=50, FILEGROWTH=15%),
FILEGROUP Grp1               /*定义在次文件组 Grp1 上的两个文件*/
( NAME=Grp1_file1,
  FILENAME=' D:\Data\ Grp1_file1.ndf ',
  SIZE=10, MAXSIZE = 50, FILEGROWTH=5),
( NAME=Grp1_file2,
  FILENAME=' D:\Data\ Grp1_file2.ndf ',
  SIZE=10, MAXSIZE=50, FILEGROWTH=5),
FILEGROUP Grp2               /*定义在次文件组 Grp2 上的两个文件*/
( NAME = Grp2_file1,
  FILENAME=' D:\Data\ Grp2_file1.ndf ',
  SIZE=10, MAXSIZE=50, FILEGROWTH=5),
( NAME=Grp2_file2,
  FILENAME=' D:\Data\ Grp2_file2.ndf ',
  SIZE=10, MAXSIZE = 50,FILEGROWTH=5 )
LOG ON                                /*定义事务日志文件*/
( NAME='test_log',
  FILENAME=' D:\Data \test_log.ldf ',
  SIZE=5, MAXSIZE=25, FILEGROWTH=5 )
GO
```

3.3.3　事务日志

SQL 创建数据库的时候，会同时创建事务日志文件。

事务日志用于存放恢复数据时所需的信息，是数据库中已发生的所有修改和执行每次修改的事务的一连串记录。当数据库损坏时，管理员可以使用事务日志还原数据库。每一个数据库必须至少拥有一个事务日志文件，并允许拥有多个日志文件。事务日志文件的扩展名为.ldf，日志文件的大小至少是 512KB。

事务日志是针对数据库改变所做的记录，它可以记录针对数据库的任何操作，并将记录结果保存在独立的文件中。对于任何事务过程，事务日志都有非常全面的记录，根据这些记录可以将数据文件恢复到事务前的状态。

1. 事务日志文件和数据文件必须分开存放

其优点如下。

(1) 事务日志文件可以单独备份。

(2) 有可能从服务器失效的事件中将服务器恢复到最近的状态。

(3) 事务日志不会抢占数据库的空间。

(4) 可以很容易地监测到事务日志的空间。

(5) 在向数据文件和事务日志文件写入数据时会产生较少的冲突，这有利于提高系统的性能。

SQL Server 事务日志采用提前写入的方式。

2. 事务日志的工作过程

在 SQL 中，事务是一个完整的操作的集合。虽然一个事务中可能包含很多 SQL 语句，但在处理上就像它们是同一个操作一样。

为了维护数据的完整性，事务必须彻底完成或者根本不执行。如果一个事务只是部分地被执行，并作用于数据库，那么数据库将可能被损坏或数据的一致性遭到破坏。

SQL Server 使用数据库的事务日志来防止没有完成的事务破坏数据。

事务日志的工作过程如下。

(1) 应用程序发出一个修改数据库中的对象的事务。

(2) 当这个事务开始时，事务日志会记录一个事务开始的标志，并将被影响的数据页从磁盘读入缓冲区。

(3) 事务中每个数据更改语句都被记录在日志文件中，日志文件将记录一个提交事务的标记。每一个事务都会以这种方式记录在事务日志中并被立即写到硬盘上。

(4) 在缓冲区修改相应的数据。这些数据一直在缓冲区中，在检查点进程发生时，检查点进程把所有修改过的数据页写到数据库中，并在事务日志中写入一个检查点标志，这个标志用于在数据库恢复过程中确定事务的起点和终点，以及哪些事务已经作用于数据库了。

随着数据库数据的不断变化，事务日志文件不断增大。因此，必须把它们备份出来，为更多的事务提供空间。备份时，事务日志文件会被截断。

事务日志文件包含了在系统发生故障时恢复数据库需要的所有信息。一般来说，事务日志文件的初始大小是以数据文件大小的 10%～25%为起点的，根据数据增长的情况和修改的频率进行调整。SQL Server 2005 中的数据和事务日志文件不能存放在压缩文件系统或共享网络目录等远程的网络驱动器上。

3.4 管理和维护数据库

创建数据库后，开始使用数据库。通常有打开、查看、修改、删除等几种方式对数据库进行管理和维护。

3.4.1 打开数据库

使用 T-SQL 命令方式打开并切换数据库的语法格式如下。

```
USE database_name
```

database_name：要打开并切换的数据库名。

3.4.2 查看数据库信息

对已有的数据库，可以通过 Microsoft SQL Server Management Studio 或者 T-SQL 语句来查看数据库信息。

1．使用 SQL Server Management Studio 查看数据库信息

在 Microsoft SQL Server Management Studio 中，用鼠标右击数据库名，在弹出的快捷菜单中选择“属性”命令，出现如图 3.7 所示的属性对话框，显示了 xsgl 数据库上次备份的日期、数据库日志上次备份的日期、名称、所有者、创建日期、大小、可用空间、用户数、排序规则名称等信息。

单击“文件”、“文件组”、“选项”、“权限”、“扩展属性”、“镜像”、“事务日志传送”属性页，可以查看数据库文件、文件组、数据库选项、权限、扩展属性、数据库镜像、事务日志传送等属性。

2．使用 T-SQL 语句查看数据库信息

使用系统存储过程 sp_helpdb 可以查看数据库信息，其语法格式如下。

```
[EXECUTE] sp_helpdb [数据库名]
```

在执行该存储过程时，如果给定了数据库名作为参数，则显示该数据库的相关信息。如果省略“数据库名”参数，则显示服务器中所有数据库的信息。

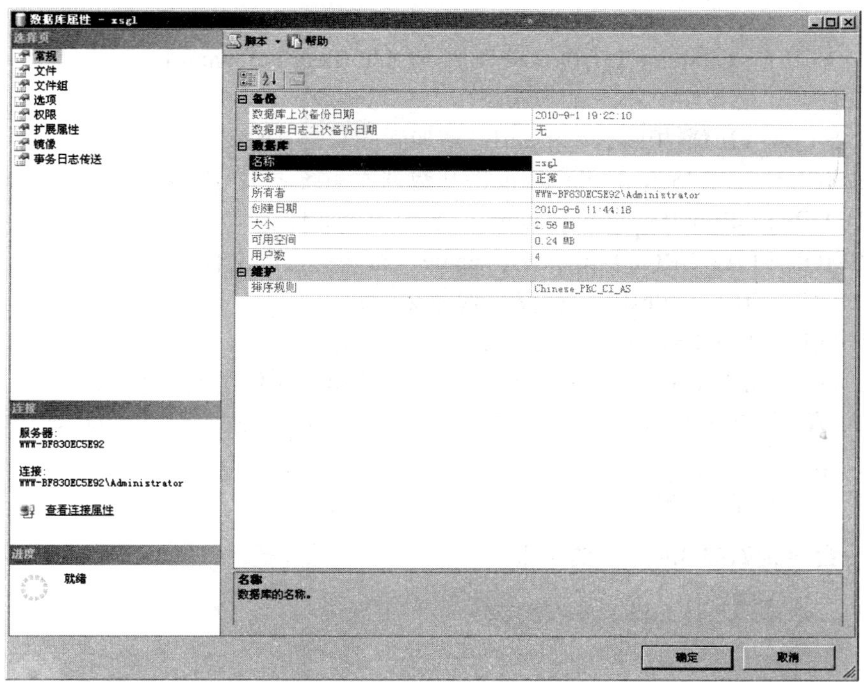

图 3.7　“数据库属性-xsgl”对话框

3.4.3　用 SQL Server Management Studio 修改数据库配置

(1) 启动 SQL Server Management Studio，连接数据库实例，展开“对象资源管理器”里的树形目录，定位到要修改的数据库上。

(2) 右击要修改的数据库，例如选择 xsgl，弹出快捷菜单，选择“属性”命令，其余操作与创建数据库的过程相似，请读者自学完成。

3.4.4　用 T-SQL 命令修改数据库配置

可以使用 T-SQL 命令修改数据库，其语法格式如下。

```
ALTER  DATABASE database_name
{ADD FILE <filespec> [,…n]
     [TO FILEGROUP filegroup_name]
|ADD LOG FILE < filespec >[,…n]
|REMOVE FILE logical_file_name
|ADD FILEGROUP filegroup_name
|REMOVE FILEGROUP filegroup_name
|MODIFY FILE < filespec >
|MODIFY NAME=new_database_name
|MODIFYFILEGROUP
filegroup_name{filegroup_property|NAME=new_filegroup_name}
}
```

对各子句说明如下。

(1) ADD FILE <filespec> [,...n][TO FILEGROUP filegroup_name]：向指定的文件组添加新的数据文件。

(2) ADD LOG FILE < filespec >[,...n]：增加新的日志文件。

(3) REMOVE FILE logical_file_name：从数据库系统表中删除文件描述和物理文件。

(4) ADD FILEGROUP filegroup_name：增加一个文件组。

(5) REMOVE FILEGROUP filegroup_name：删除指定的文件组。

(6) MODIFY FILE < filespec >：修改物理文件。

(7) MODIFY NAME=new_database_name：重命名数据库。

(8) MODIFYFILEGROUP filegroup_name：修改指定文件组的属性。

【例 3.3】 用 T-SQL 命令把 xsgl 重命名为“学生管理数据库”，可用如下命令。

```
ALTER DATABASE xsgl
MODIFY NAME=学生管理数据库
```

执行后会得到如图 3.8 所示的结果。

图 3.8 例 3.3 执行结果

【例 3.4】 为“学生管理数据库”增加一个数据库文件，可运用如下语句。

```
ALTER DATABASE 学生管理数据库
ADD FILE (NAME=新增的数据文件,
FILENAME='D:\Data\成绩数据库新增的数据文件.ndf')
```

3.4.5 删除数据库

如果数据库不再需要了，则应将其删除。用户只能根据自己的权限删除用户数据库，不能删除当前正在使用(正打开供用户读写)的数据库，更无法删除系统数据库(msdb、model、master、tempdb)。删除数据库意味着将删除数据库中所有的对象，包括表、视图、索引等。如果数据库没有备份，则不能恢复。

在 SQL Server 2005 中提供了两种删除方式：一种方式是在 SQL Server Management Studio 中删除数据库，另一种方式是通过执行 T-SQL 语句删除数据库。

1. 在 SQL Server Management Studio 中删除数据库

在 SQL Server 管理平台中，右击所要删除的数据库，从弹出的快捷菜单中选择“删除”命令即可删除数据库。系统会弹出确认是否要删除数据库对话框，如图 3.9 所示，单击“确定”按钮则删除该数据库。

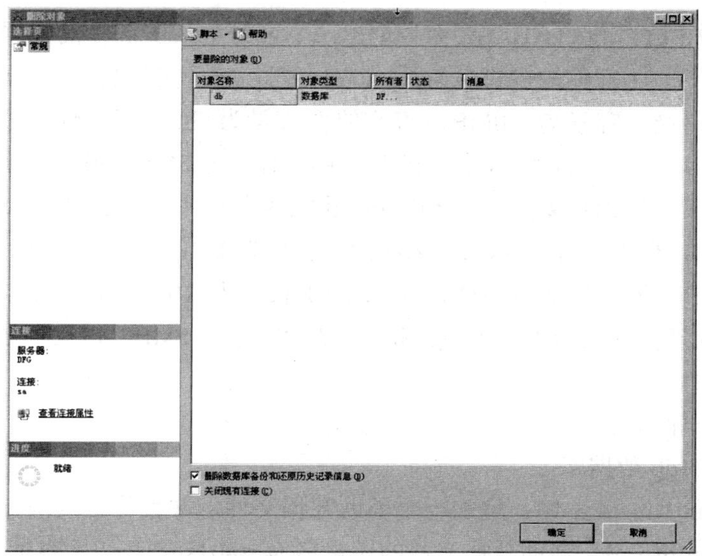

图 3.9 “删除对象”对话框

2．用 T-SQL 语句删除数据库

T-SQL 中提供了数据库删除语句 DROP DATABASE。其语法格式如下。

```
DROP DATABASE database [...n]
```

【例 3.5】 删除已经创建的“学生管理数据库”。

```
DROP DATABASE 学生管理数据库
GO
```

本 章 实 训

1．实训目的

(1) 掌握数据库的创建及使用方法。
(2) 掌握管理数据库的方法。

2．实训内容

1) 按要求创建数据库

(1) 使用 CREATE DATABASE 命令创建一个名为“stu01db”的数据库，包含一个主文件和一个事务日志文件。主文件的逻辑名为“stu01data”，物理文件名为“stu01data.mdf”，初始容量为 5MB，最大容量为 10MB，每次的增长量为 20%。事务日志文件的逻辑名为“stu01log”，物理文件名为“stu01log.ldf”，初始容量为 5MB，最大容量不受限制，每次的增长量为 2MB。这两个文件都放在当前服务器实例的默认数据库文件夹中。

(2) 使用 CREATE DATABASE 命令创建一个名为“stu02db”的数据库，包含一个主文件和两个次文件。主文件的逻辑名为“stu02data”，物理文件名为“stu02data.mdf”，初始容量为 5MB，最大容量为 10MB，每次的增长量为 20%。事务日志文件的逻辑名为“stu02log”，物理文件名为“stu02log.ldf”，初始容量为 5MB，最大容量不受限制，每次的增长量为 2MB。次文件的组名为 stufgrp，建立两个文件。一个文件为 “stu02sf01”，初始容量为 1MB，最大容量为 5MB，每次的增长量为 10%。第二个文件为“stu02sf01”，初始容量为 1MB，最大容量为 5MB，每次的增长量为 10%。事务日志文件的逻辑名为“stu02log”，物理文件名为“stu02log.ldf”，初始容量为 5MB，最大容量不受限制，每次的增长量为 2MB。

2) 查看数据库信息

3) 修改 stu01db 数据库

(1) 修改 stu01db 数据库，增加一个辅助数据文件，并且将这两个辅助数据文件划归到新的文件组 stufgrp 中。辅助数据文件的逻辑名为 stu01sf01，初始容量为 1MB，按 10% 增长。

(2) 将数据库 stu01db 的数据文件 stu01sf01 的初始空间和最大空间分别由原来的 1MB 和 5MB 修改为 2MB 和 6MB。

4) 创建 marketing 数据库

请同学自己创建一个 marketing 数据库，并将其存放在 E 盘自己名字命名的文件夹中。该数据库有一个初始大小为 10MB、最大容量为 50MB、文件增量为 5MB 的主要数据文件“marketingdata.mdf”和一个初始大小为 5MB、最大容量为 25MB、文件增量为 5MB 的事务日志文件“marketinglog.ldf”。

3. 实训过程

1) 按要求创建数据库

(1) 使用 CREATE DATABASE 命令创建一个名为“stu01db”的数据库，包含一个主文件和一个事务日志文件。

```
CREATE DATABASE stu01db      /*数据库名为 stu01db*/
ON  PRIMARY                  /*主文件组上的主数据文件为 stu01data*/
(NAME=stu01data, FILENAME='D:\Data\stu01data.mdf ',
SIZE=5MB,                    /*初始容量为 5MB*/
MAXSIZE=10MB,                /*最大容量为 10MB*/
FILEGROWTH=20%)              /*容量增长率为 20%*/
LOG ON                       /*日志文件不分组*/
(NAME=stu01log,              /*日志文件名*/
FILENAME='D:\Data\stu01log.ldf ',
SIZE=5MB,                    /*初始容量为 5MB*/
MAXSIZE=UNLIMITED,           /*最大容量不受限*/
FILEGROWTH=2MB)              /*按容量增长每次 2MB*/
GO
```

(2) 使用 CREATE DATABASE 创建一个名为 Stu02db 的数据库，包含一个主数据文件和两个辅数据文件。

```
CREATE DATABASE stu02db      /*数据库名为 stu02db*/
ON  PRIMARY                  /*主文件组上的主数据文件为 stu02data*/
(NAME=stu02data,
FILENAME='D:\Data\\stu02data.mdf',
SIZE=5MB,                    /*初始容量为 5MB*/
MAXSIZE=10MB,                /*最大容量为 10MB*/
FILEGROWTH=20%),             /*容量增长率为 20%*/
FILEGROUP stufgrp            /*次文件的组名为 stufgrp，建立的文件为 stu02sf01*/
(NAME=stu02sf01,
FILENAME='D:\Data\stu02sf01.ndf',
SIZE=1MB,                    /*初始容量为 1MB*/
MAXSIZE=5MB,                 /*最大容量为 5MB*/
FILEGROWTH=10%),             /*按容量增长每次 10%*/
(NAME=stu02sf02,
FILENAME='D:\Data\stu02sf02.ndf',
SIZE=1MB,                    /*初始容量为 1MB*/
MAXSIZE=5MB,                 /*最大容量为 5MB*/
FILEGROWTH=10%)              /*按容量增长每次 10%*/
LOG ON                       /*日志文件不分组*/
(NAME=stu02log,              /*日志文件名*/
FILENAME='D:\Data\stu02log.ldf',
SIZE=5MB,                    /*初始容量为 5MB*/
MAXSIZE=UNLIMITED,           /*最大容量不受限*/
FILEGROWTH=2MB)              /*按容量增长每次 2MB*/
GO
```

2) 查看数据库信息

```
EXEC sp_helpdb stu01db
EXEC sp_helpdb
```

结果如图 3.10 所示。

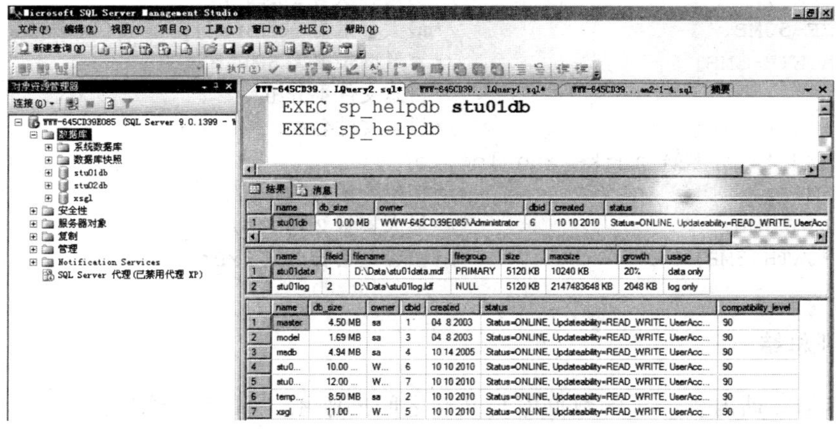

图 3.10　“查看数据库信息”执行结果

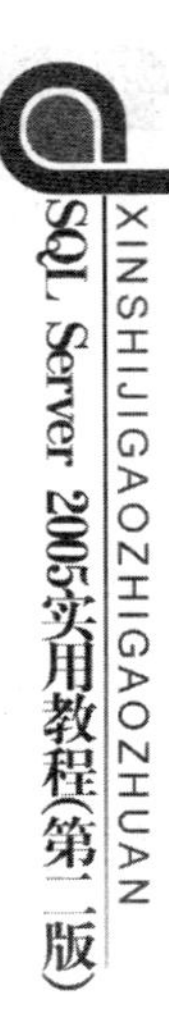

3) 按要求修改 stu01db 数据库

要求一：

```
ALTER DATABASE stu01db
ADD FILEGROUP stufgrp          /*增加一个文件组*/
GO
ALTER DATABASE stu01db         /*数据库名为 stu01db*/
ADD FILE
                               /*辅文件组名 stufgrp，文件为 stu01sf01*/
(NAME=stu01sf01,
FILENAME='e:\SQLSRV1_DATA\stu01sf01.ndf',
SIZE=1MB,                      /*初始空间为 1MB*/
MAXSIZE=5MB,                   /*最大空间为 5MB*/
FILEGROWTH=10%
TO FILEGROUP  stufgrp
)                              /*按空间增长每次%*/
GO
```

要求二：

```
ALTER DATABASE stu01db
MODIFY FILE
(NAME=stu01sf01,
SIZE=2,
MAXSIZE=6
)
GO
```

4) 创建 marketing 数据库

```
CREATE DATABASE marketing        /*数据库名为 marketing*/
ON  PRIMARY                      /*主文件组上的主数据文件为 marketingdata*/
(NAME=marketingdata,
FILENAME='E:\耿娇\marketingdata.mdf ',
SIZE=10MB,                       /*初始容量为 10MB*/
MAXSIZE=50MB,                    /*最大容量为 50MB*/
FILEGROWTH=5MB)                  /*容量增长率为 5MB */
LOG ON                           /*日志文件不分组*/
(NAME=marketinglog,              /*日志文件名*/
FILENAME='E:\ 耿娇\marketing log.ldf ',
SIZE=5MB,                        /*初始容量为 5MB*/
MAXSIZE=25MB,                    /*最大容量 25MB */
FILEGROWTH=5MB)                  /*按容量增长每次 5MB*/
GO
```

4. 实训总结

通过本章实训内容，了解数据库与文件之间的联系，掌握数据库的操作，重点掌握数据库的创建和管理数据库的方法。

本章小结

SQL Server 2005 中的数据库由多个文件组成。每一个文件对应着两个名称：逻辑文件名和物理文件名。当使用 T-SQL 语言管理这些文件时，使用它们的逻辑文件名；而在磁盘中存储文件时，使用物理文件名。

创建数据库的过程实际上就是为数据库设计名称、设计所占用的存储容量和文件存放位置的过程。

创建数据库的方法有以下两种：使用 SQL Server Management Studio 创建数据库和使用 T-SQL 语言创建数据库。

可以通过 SQL Server Management Studio 或 T-SQL 语言修改数据库，也可以设置为按给定的时间间隔自动收缩数据库。

删除数据库有两种方式，即使用 SQL Server Management Studio 和 T-SQL 语言中的 DROP DATABASE 语句。

习　题

1. 数据库文件包含哪几类？各自的作用是什么？
2. SQL Server 2005 的系统数据库有哪些，各自的功能是什么？
3. 简述事务日志的作用。
4. 通过 SQL 语句，使用______命令创建数据库，使用_______命令查看数据库定义信息，使用______命令设置数据库选项，使用______命令修改数据库结构，使用______命令删除数据库。
5. 使用 CREATE DATABASE 命令创建一个名为 stuDB 的数据库，包含一个主文件和一个事务日志文件。主文件的逻辑名为“stuDBdata”，物理文件名为“stuDBdata.mdf”，初始容量为 1MB，最大容量为 5MB，每次的增长量为 10%。事务日志文件的逻辑名为 stuDBlog，物理文件名为“stuDBlog.ldf”，初始容量为 1MB，最大容量为 5MB，每次的增长量为 1MB。
6. 将数据库 stuDB 的名称修改为 stuDB1。
7. 使用 DROP DATABASE 语句删除数据库 stuDB1。

第 4 章　数据库中的表

数据库中的表是 SQL Server 2005 基本的操作对象。数据库中的表的创建、查看、维护和删除是 SQL Server 2005 最基本的操作，是进行数据库管理与开发的基础。

通过学习本章，读者应掌握以下内容：

- 创建数据库表的方法
- 维护数据库表的方法
- 对表数据进行操作的方法

4.1 创　建　表

SQL Server 2005 中支持的表是关系模型中表的实现和具体化，是行和列的集合，是数据库中用来存储数据的重要的数据库对象。设计数据库时，要确定它包含哪些表，每个表中包含哪些列，以及每列的数据类型等。

4.1.1 数据类型

数据类型是指数据所代表信息的类型。SQL Server 中预定义了 24 种数据类型，而且也允许用户自己定义数据类型，如表 4.1 所示。

表 4.1　SQL 数据类型表

数据类型名称			性质说明	字节数
精确数字类型	整型	bigint	从-2^{63} 到 $2^{63}-1$(−9 223 372 036 854 775 808 到 9 223 372 036 854 775 807)的整型数据	8
		int	从-2^{31}到$2^{31}-1$(−2 147 483 648 到 2 147 483 647)的整型数据	4
		smallint	从-2^{15}到$2^{15}-1$(−32 768 到 32 767)的整型数据	2
		tinyint	从 0 到 255 的整型数据	1
	位型	bit	由 0 和 1 组成，用来表示真、假	1/8
	货币型	money	从-2^{63} 到 $2^{63}-1$(−922 337 203 685 477.580 8 到 922 337 203 685 477.580 7)的货币型数据，精确到千分之十货币单位	8
		smallmoney	存储从−214 748.364 8 到 214 748.364 7 的货币型数据，精确到千分之十	4
	十进制	decimal	$-10^{38}-1$ 到 $10^{38}-1$ 数字类型数据，最大位数 38 位	5、9、13 或 17
		numeric		

续表

数据类型名称			性质说明	字节数
近似数字		float	从-1.79E+308 到 1.79E+308 的浮点近似数字	4，8
		real	从-3.40E+38 到 3.40E+38 的浮点近似数字	4
日期时间		datetime	存储从 1753.1.1 到 9999.12.31 的日期型数据，精确到 3.33 毫秒	8
		smalldatetime	存储从 1900.1.1 到 2079.12.31 的日期型数据，精确到分钟	4
字符类	字符类型	char[(n)]	固定长度的单字节字符数据，最长 8000 个字符	N
		varchar[(n)]	可变长度的单字节字符数据，最长 8000 个字符	N
		text[(n)]	可变长度的单字节字符数据，最长 $2^{31}-1$ 个字符	N
	Unicode	nchar[(n)]	固定长度的双字节字符数据，最长 4000 个字符	N
		nvarchar[(n)]	可变长度的双字节字符数据，最长 4000 个字符	N
		ntext[(n)]	可变长度的双字节字符数据，最长 $2^{30}-1$ 个字符	N
二进制		binary[(n)]	固定长度的 n(默认 1)字节二进制数据(1<n<8000)	N
		varbinary[(n)]	可变长度的 n(默认 1)字节二进制数据(1<n<8000)	N
		image	可变长度的二进制数据	
特殊类型		timestamp	以二进制格式表示 SQL 活动的先后顺序	8
		uniqueidentifier	以十六字节二进制数字表示一个全局唯一的标识号	16

SQL 数据类型的具体说明如下。

(1) 表中 n 表示字符串长度。

(2) 位型数据存储格式：如果一个表中有 8 个以内的位型数据列，这些列用一个字节存储。如果表中有 9 到 16 个位型数据列，这些列用两个字节存储。更多列的情况依次类推。

(3) 十进制数据的宽度最高为 38 位。其中，当精度为 1～9 时，字节长度为 5；当精度为 10～19 时，字节长度为 9；当精度为 20～28 时，字节长度为 13；当精度为 29～38 时，字节长度为 17。

(4) 近似数字类型精度为 1～24 时，字节长度为 4；精度为 25～52 时，字节长度为 8。

(5) 日期时间类型：没有指定时间精度的数据，自动时间为 00:00:00。

(6) 单字节字符串数据类型如下。

① 定长 char：一个字符占一个字节，空间不足截断尾部，空间多余空格填充。

② 变长 varchar：一个字符占一个字节，空间不足截断尾部，多余空间不填空格。

③ 变长字符串(text)：存储大小是所输入字符的个数。

(7) 双字节字符串数据类型，unicode 字符类型(N 代表国际语言 National Language)如下。

① 定长字符串(nchar)：一个字符占两个字节，空间不足截断尾部，空间多余空格填充。

② 变长字符串(nvarchar)：一个字符占两个字节，空间不足截断尾部，多余空间不填空格。

③ 变长字符串(ntext)：存储大小是所输入字符个数的两倍(以字节为单位)。

(8) 二进制数据类型：存储 Word 文档、声音、图表、图像(包括 GIF、BMP 文件)等数据。

(9) xml类型：存储xml数据的数据类型。可以在列中或者xml类型的变量中存储xml实例。xml数据类型的方法有：query()，value()，exists()，modify()，nodes()。

在SQL Server中，除上述24种数据类型外，允许用户在系统数据类型的基础上建立自己定义的数据类型。但值得注意的是，每个数据库中所有用户定义的数据类型名称必须唯一。自己定义的数据类型需要使用系统存储过程sp_addtype来建立。

命令格式：

```
sp_addtype  [@typename=]类型名,
[@phystype=]系统数据类型
[, [@nulltype=]'null_type']
[,[@owner=]'所有者名称']
```

【例4.1】 创建允许为空的名为“address”、存储varchar类型的新数据类型。

```
sp_addtype address,'varchar(30)','null'
```

4.1.2 使用SQL Server Management Studio创建表

创建数据表主要有两种方法，分别是利用图形界面方式创建表和利用SQL命令方式创建表。使用SQL Server Management Studio的“对象资源管理器”创建表的方法如下。

(1) 启动SQL Server Management Studio，连接数据库引擎，在SQL Server Management Studio的“对象资源管理器”窗格中依次展开各节点到创建表的数据库，例如xsgl。

(2) 展开xsgl节点，在“表”节点上单击右键，在弹出的快捷菜单中选择“新建表”命令，如图4.1所示。

(3) 在出现的表设计器窗口中定义表结构，即逐个定义表中的列(字段)，确定各字段的名称(列名)、数据类型、长度、是否允许取空值等，如图4.2所示。

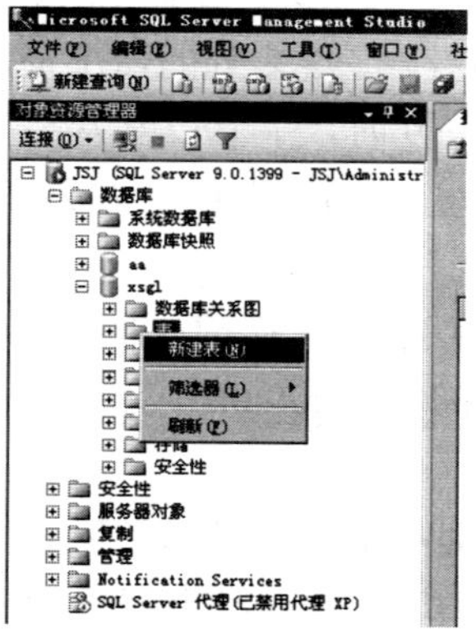

图4.1 在快捷菜单中选择“新建表”命令

列名	数据类型	允许空
学号	char(10)	☐
姓名	nchar(10)	☐
性别	char(2)	☑
出生时间	datetime	☑
专业	char(16)	☑
总学分	smallint	☑
照片	image	☑
备注	ntext	☑

图4.2 定义表中的列

(4) 可以在建表的同时为表创建主键，选择要创建主键的列(可以是多列)，单击右键，在弹出的快捷菜单中选择“设置主键”命令，回到表的创建窗口，在相应列前出现主键的钥匙标识，如图4.3所示。

(5) 单击工具栏上的“保存”图标，保存新建的数据表。

(6) 在出现的“选择名称”对话框中，输入数据表的名称，例如xs，单击“确定”按钮，如图 4.4 所示。这时可在右侧的“对象资源管理器”窗格中见到新建的 xs 数据表。

图 4.3　列操作菜单

图 4.4　“选择名称”对话框

4.1.3　使用 SQL 命令方式创建表

在 SQL Server 2005 中也可以使用 T-SQL 语句创建表，这是一种最强大、最灵活的创建表的方式，它的语法格式如下。

```
CREATE TABLE  表名
{( 列名  列属性  列约束)} [,…]
```

其中，列属性的格式为：

```
数据类型[(长度)] [NULL | NOT NULL] [IDENTITY(初始值,步长)]
```

各参数含义如下。

(1) 数据类型[(长度)]：表示 SQL Server 系统给出的任一数据类型或用户自定义的数据类型。

(2) [NULL | NOT NULL]：设置允许取空值或不允许取空值。

(3) [IDENTITY(初始值，步长)]：定义为标识列，并设置标识列的初始大小和增量大小。

列约束的格式为：

(1) [CONSTRAINT 约束名] PRIMARY KEY [(列名)]：指定列为主键。

(2) [CONSTRAINT 约束名] UNIQUE KEY [(列名)]：指定列为唯一键。

(3) [CONSTRAINT 约束名] FOREIGN KEY [(外键列)] REFERENCES 引用表名(引用列)：指定列为外键，并说明引用的源表及在该表中所用的列名。

(4) [CONSTRAINT 约束名] CHECK (检查表达式)：指定列的检查约束。

(5) [CONSTRAINT 约束名] DEFAULT 默认值：指定列的默认值。

【例 4.2】 使用命令方式在 xsgl 数据库中创建 kc 表，并将课程号定义为主键。

```
USE xsgl
GO
CREATE TABLE kc
(
    课程号 char(4)  not null  PRIMARY KEY,
    课程名 char(16)  not null,
    学分 smallint,
```

```
    学时数 smallint
)
GO
```

【例 4.3】 使用命令方式在 xsgl 数据库中创建 cj 表，并将学号和课程号定义为主键。

```
USE xsgl
GO
CREATE TABLE cj
(
学号 char(10)  not null,
课程号 char(4)  not null,
成绩 numeric
PRIMARY KEY(学号,课程号)
)
GO
```

执行上面语句，则在 xsgl 数据库中建立 kc 表和 cj 表，每一列的字段名、类型和长度都如上面语句所定义。

4.2 表的管理和维护

当表创建完成之后，可以查看、修改或删除已经存在的表。例如可以查看表的定义信息，修改表的结构、内容，以及与其他表的依赖关系等。

4.2.1 查看表的属性

在数据库中创建用户表后，SQL Server 就在系统表 sysobjects 中记录下表的名称、对象 ID、表类型、创建时间以及所有者等信息，并在系统表 syscolumns 中记录下字段 ID、字段的数据类型以及字段长度等信息。可以通过 SQL Server Management Studio 或 SQL Server 的系统存储过程 sp_helpdb 查看这些信息。

1. 使用 SQL Server Management Studio 查看表的属性

在 SQL Server Management Studio 的“对象资源管理器”窗格中，选中要查看的数据表，单击右键，在弹出的快捷菜单中选择“属性”命令，打开“表属性”对话框，如图 4.5 所示。在该对话框中选择左侧的“常规”选项，在右侧窗格中可以看到该表的相关属性信息，如表名、创建日期、存储所占空间、所属文件组、表中记录行数及是否已进行分区等。

2. 使用系统存储过程查看表结构信息

使用存储过程 sp_help 查看表结构的语法格式如下。

```
[EXECUTE] sp_help [表名]
```

如果省略“表名”，则显示该数据库中所有表对象的信息。EXECUTE 可以缩写为 EXEC。若该语句位于批处理的第一行时可省略 EXEC。

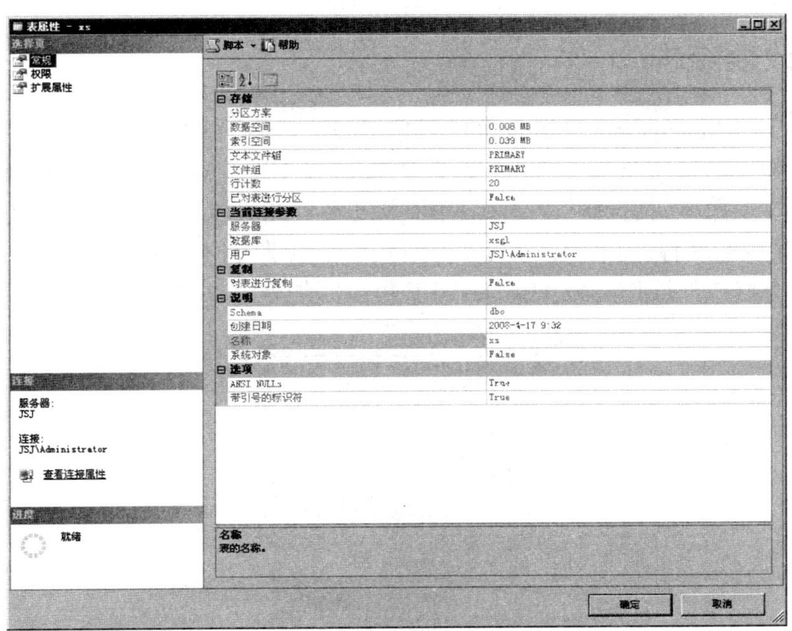

图 4.5 “表属性”对话框

【例 4.4】 查看 kc 表的结构。

```
EXEC sp_help kc
```

运行结果如图 4.6 所示。其中包含表的创建时间、表的所有者以及表中列的定义信息，还包含表中的主键、外键定义信息等内容。

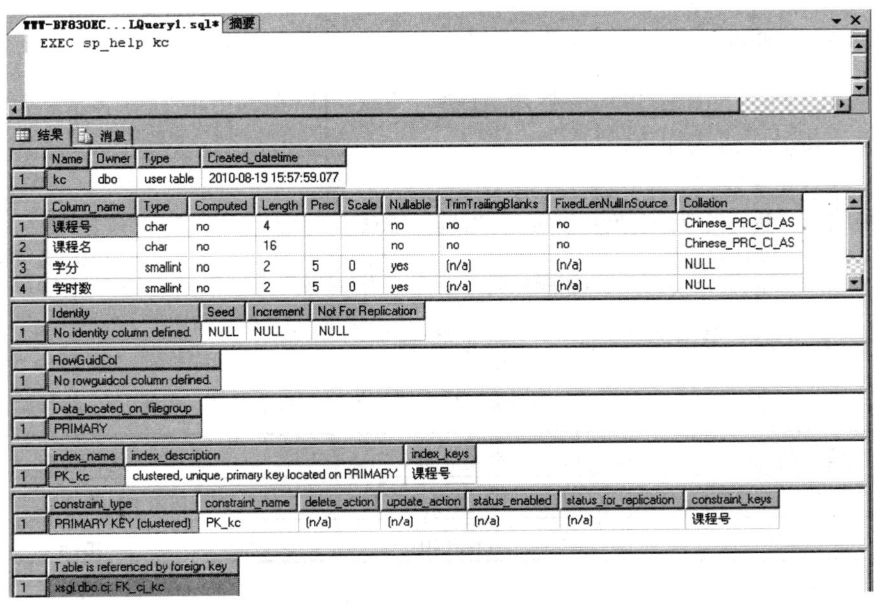

	Name	Owner	Type	Created_datetime
1	kc	dbo	user table	2010-08-19 15:57:59.077

	Column_name	Type	Computed	Length	Prec	Scale	Nullable	TrimTrailingBlanks	FixedLenNullInSource	Collation
1	课程号	char	no	4			no	no	no	Chinese_PRC_CI_AS
2	课程名	char	no	16			no	no	no	Chinese_PRC_CI_AS
3	学分	smallint	no	2	5	0	yes	(n/a)	(n/a)	NULL
4	学时数	smallint	no	2	5	0	yes	(n/a)	(n/a)	NULL

	Identity	Seed	Increment	Not For Replication
1	No identity column defined.	NULL	NULL	NULL

	RowGuidCol
1	No rowguidcol column defined.

	Data_located_on_filegroup
1	PRIMARY

	index_name	index_description	index_keys
1	PK_kc	clustered, unique, primary key located on PRIMARY	课程号

	constraint_type	constraint_name	delete_action	update_action	status_enabled	status_for_replication	constraint_keys
1	PRIMARY KEY (clustered)	PK_kc	(n/a)	(n/a)	(n/a)	(n/a)	课程号

	Table is referenced by foreign key
1	xsgl.dbo.cj: FK_cj_kc

图 4.6 利用 sp_help 存储过程显示表定义

4.2.2 修改表结构

在 SQL Server Management Studio 的“对象资源管理器”窗格中，选中要查看的数据表，单击右键，在弹出的快捷菜单中选择“修改”命令，可以打开表设计器。在图形界面下修改表的结构，其步骤与创建表时相同，这里不再重复。还可以在快捷菜单中选择“重命名”命令，可以更改表的名称，如图 4.7 所示。下面我们重点学习使用 SQL 命令 ALTER TABLE 的方式对表进行修改的操作，ALTER TABLE 可以添加列、修改列名及列属性、删除列等。

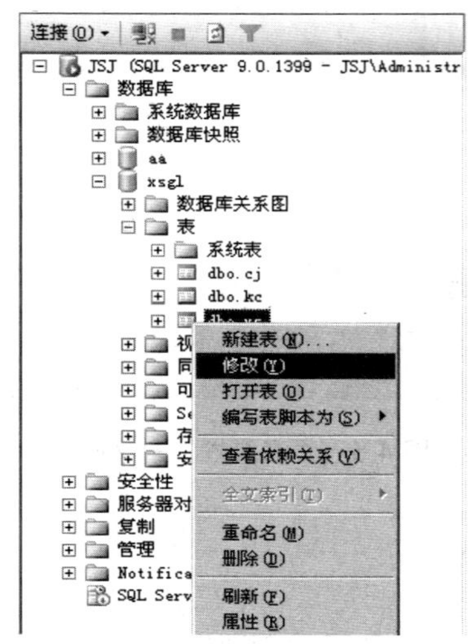

图 4.7 图形界面方式修改表结构

1. 向表中添加列

通过在 ALTER TABLE 语句中使用 ADD 子句，可以在表中增加一个或多个字段、修改或删除列。其语法格式如下：

```
ALTER TABLE 表名
    ADD 列名 数据类型[(长度)] [null |not null ]                /*增加列*/
    |ALTER COLUMN 列名 数据类型[(长度)] [null |not null ]     /*修改已有列的属性*/
    |DROP COLUMN 列名     /*删除列*/
```

【例 4.5】 向 xs 表中添加如表 4.2 所示的字段。

表 4.2 新字段定义

列　名	类　型	是否为空
电话	char(8)	允许
电子邮件	char(40)	允许

```
USE xsgl
GO
ALTER TABLE xs
ADD 电话 char(8)  null
```

```
GO
ALTER TABLE xs
        ADD 电子邮件 char(40)  null
GO
```

执行结果如图4.8所示。

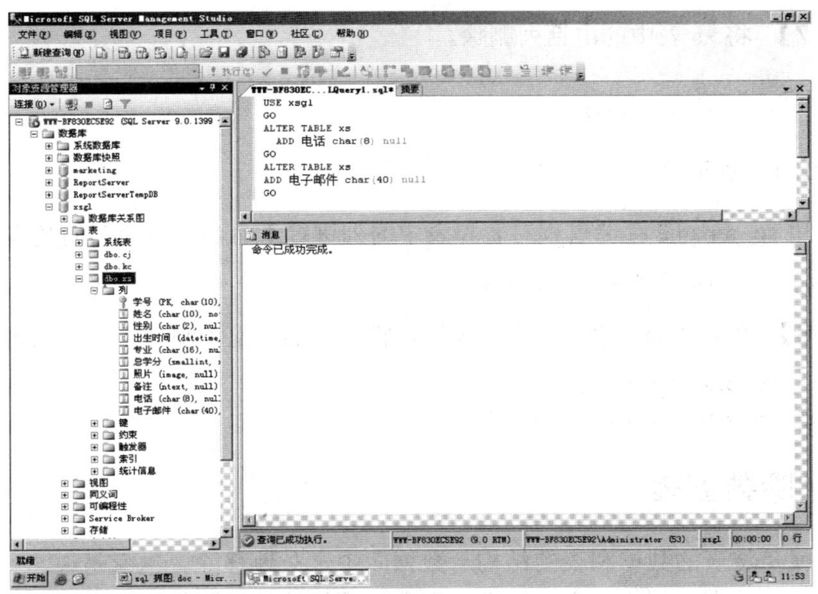

图4.8 命令方式修改表结构

注意：①向已有记录的表中添加列时，新添加字段通常设置为允许为空，否则必须为该列指定默认值。这样就将默认值传递给现有记录的新增字段，否则添加列的操作将失败。②一个ALTER TABLE命令一次只能对表进行一项修改操作。

2. 修改列属性

通过在ALTER TABLE 语句中使用ALTER COLUMN 子句，可以修改列的数据类型、长度等属性。其语法格式如下：

```
ALTER TABLE 表名
        ALTER COLUMN 新数据类型[(长度)][null |not null ] 新列属性
```

注意：将一个原来允许为空的列改为不允许为空时，必须满足列中没有存放空值的记录的条件，并且在该列上没有创建索引。

【例4.6】 将xs表中的电子邮件字段的长度修改为20。

```
ALTER TABLE xs
      ALTER COLUMN 电子邮件 char(20)  null
```

3. 删除列

通过在ALTER TABLE 语句中使用DROP COLUMN 子句，可以删除表中的字段。其

语法格式如下：

```
ALTER TABLE 表名
        DROP COLUMN 列名
```

注意：在删除列时，必须先删除基于该列的索引和约束。

【例 4.7】 将 xs 表中的电话列删除。

```
ALTER TABLE xs
        DROP COLUMN 电话
```

4. 修改列名和表名

可以使用 sp_rename 存储过程对表和表中的列进行重命名，重命名的基本语法为：

```
EXEC sp_rename  原对象名, 新对象名
```

【例 4.8】 将表“xs”改为“学生表”，将其中的“电子邮件”列改名为“E-mail”。

```
EXEC sp_rename 'xs','学生表'
EXEC sp_rename 'xs.电子邮件','E-mail'
```

4.2.3 删除数据表

删除表就是将表的数据和表的结构从数据库中永久地移除。也就是说，一个表一旦被删除，则该表的数据、结构定义、约束、索引等都将被永久删除，而且无法恢复，除非还原数据库。因此执行此操作时应该慎重。

在 SQL Server Management Studio 的“对象资源管理器”窗格中，选择要删除的数据表，单击右键，在弹出的快捷菜单中选择“删除”命令，将弹出“删除对象”对话框，如图 4.9 所示。单击“确定”按钮，选中的表就从数据库中删除了。

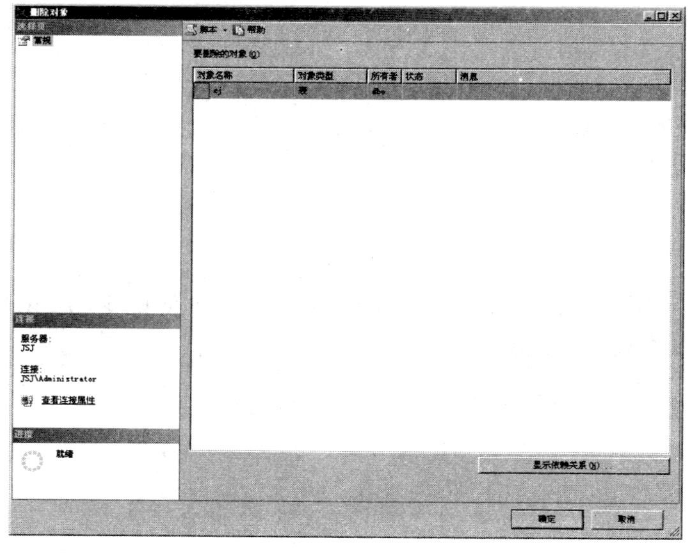

图 4.9 “删除对象”对话框

也可以使用 DROP TABLE 语句来删除数据表。其语法格式如下。

```
DROP TABLE 表名[,...n]
```

【例 4.9】 删除 xsgl 数据库中的 cj 表。

```
USE xsgl
GO
DROP TABLE cj
GO
```

在使用 DROP TABLE 语句删除数据库表时，需要注意以下几点。

(1) DROP TABLE 语句不能删除系统表。

(2) DROP TABLE 语句不能删除正被其他表中的外键约束参考的表。当需要删除这种有外键约束参考的表时，必须先删除外键约束，然后才能删除表。

(3) 当删除表时，属于该表的约束和触发器也会自动被删除。如果重新创建该表，必须注意创建相应的规则、约束和触发器等。

(4) 使用 DROP TABLE 命令一次可以删除多个表，多个表名之间用逗号隔开。

4.3　表数据的操作

表创建以后，往往只是一个没有数据的空表。因此，向表中输入数据应当是创建表之后首先要执行的操作。无论表中是否有数据，都可以根据需要向表中添加数据，如果表中的数据不再需要，则可以删除这些数据。本节将详细描述如何添加、更新、删除表中的数据。

4.3.1　图形界面方式操作表数据

在 SQL Server Management Studio 的“对象资源管理器”窗格中，选中要操作的数据表，单击右键，在弹出的快捷菜单中选择“打开表”命令，在右侧摘要窗格就打开了查询表数据的窗口，该窗口中显示了表中已经存储的数据，数据列表的最后是个空行，如图 4.10 所示。

插入数据时，将光标定位在空白行某个字段的编辑框中，就可以输入新的数据了，编辑完成后选中其他行就可以完成插入。

注意： 在编辑表中数据的过程中，输入的各列的内容一定要和所定义的数据类型一致，如果有其他定义或约束等要求，也一定要符合，否则将出现错误。

图 4.10　界面方式操作表数据

4.3.2　使用 INSERT 命令向表中添加数据

前面介绍了用图形界面的方式向表中添加数据，这种方式很直观，容易理解和操作，但是存在一定的缺陷。因此在数据库的使用过程中更多的是采用 INSERT 命令向表中添加数据。其基本的语法格式如下。

```
INSERT [INTO] 表名  [(列名 1, 列名 2,…)]
        VALUES (表达式 1, 表达式 2,…)
```

其中 INSERT 子句可以指定要插入数据的表名，并且可以同时给出想要插入数据表中的列名；VALUES 子句指定要插入的数据，应当注意的是，INSERT 子句所包含的列与 VALUES 子句所包含的数据应当严格地一一对应，否则数据插入将出错。当将数据添加到一行的所有列时，INSERT 语句中无须给出表中的列名，只需要在 VALUES 子名中给出要添加的数据，但所给数据的顺序要与表定义中列的顺序一致。

注意： VALUES 中给出的数据顺序和数据类型必须与表中列的顺序和数据类型一致。向表中插入一条记录时，可以给某些列赋空值，但这些列必须是可以为空的列。另外，插入字符型和日期型数据时，要用英文单引号引起来；一般情况下，一个 INSERT 命令只能向表中插入一条记录。

【例 4.10】 向 xs 表中插入记录。

① 插入包含空值的数据。

```
USE xsgl
GO
```

```
INSERT xs(学号,姓名,性别,出生时间,专业,总学分,照片,备注)
       VALUES(2009030101,'秦建兴','男','90/08/09',null,20,null,null)
```

② 插入表中所有列的数据。

```
INSERT xs
     VALUES(2009030102,'张吉哲','男','90/12/1',null,20,null,null)
```

③ 插入表中指定列的数据。

```
INSERT xs(学号,姓名,性别,出生时间,专业,总学分)
       VALUES(2009030106,'马艳玲','女','90/12/20',null,20)
GO
```

执行结果如图4.11所示。

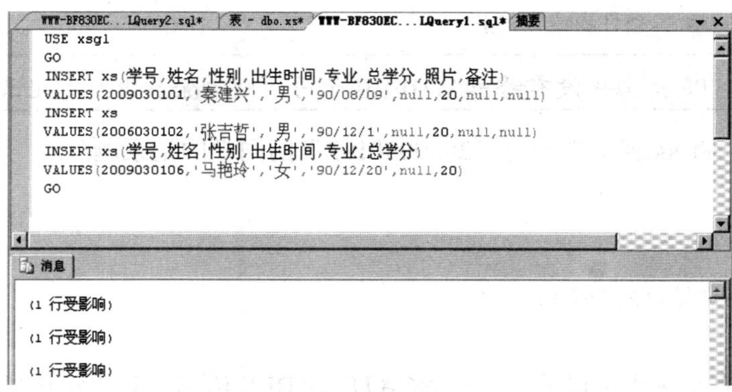

图4.11 命令方式插入表记录运行结果

4.3.3 使用UPDATE命令修改表中的数据

随着实际情况的变化，表中的数据可能会需要修改。要修改表中数据，可以使用UPDATE命令。其语法格式如下。

```
UPDATE 表名
      SET
      {
      列名 = { 表达式 | DEFAULT | NULL }[ ,…n ]}
      [FROM 另一表名 [ ,…n ]]
      [WHERE <条件表达式> ]
```

注意：在使用UPDATE语句时，如果没有使用WHERE子句，那么将对表中所有行的指定列进行修改。如果使用UPDATE语句修改数据时与数据完整性约束有冲突，修改将不会发生。

【例4.11】 将xs表中所有学生的专业改为“网络”。

```
UPDATE xs
       SET 专业='网络'
```

【例 4.12】 将 xs 表中秦建兴同学的专业改写为“网络工程”。

```
UPDATE xs
     SET 专业='网络工程'
     WHERE 姓名='秦建兴'
```

4.3.4 使用 DELETE 或 TRANCATE TABLE 命令删除表中的数据

随着实际情况的变化，表中的一些记录可能需要被删除，以提高数据查询的质量。删除表中数据用 DELETE 语句来完成。使用 T-SQL 中的 DELETE 语句可以删除数据表中的一行或多行记录。其基本语法格式如下。

```
DELETE  [FROM] 表名
       [WHERE {<条件表达式>}]
```

注意： *若在 DELETE 语句中没有给出 WHERE 子句，则删除表中所有记录。*

【例 4.13】 将 xs 表中学号为“2009030102”的同学的记录删除。

```
USE xsgl
GO
DELETE xs
     WHERE 学号='2009030102'
GO
```

删除表中所有记录也可以使用 TRUNCATE TABLE 语句。其语法格式如下。

```
TRUNCATE TABLE 表名
```

该语句的功能是删除表中的所有记录，与不带 WHERE 子句的“DELETE 表名”功能相似，不同的是 DELETE 语句在删除每一行时都要把删除操作记录到日志中，而 TRUNCATE TABLE 语句则是通过释放表数据页面的方法来删除表中的数据，它只将对数据页面的释放操作记录到日志中，所以 TRUNCATE TABLE 语句执行速度快，删除数据不可恢复，而 DELETE 语句操作可以通过事务回滚，恢复删除的操作。

注意： *在执行 TRUNCATE TABLE 语句之前应先对数据库做备份，否则被删除的数据将不能再恢复。*

4.3.5 常用系统数据表

系统表是特殊表，保存着 SQL Server 及其组件所用的信息。任何用户都不应直接修改(指使用 DELETE、UPDATE、INSERT 语句或用户定义的触发器)系统表，但允许用户使用 SELECT 语句查询系统表。其中 master 数据库中的系统表存储服务器级系统信息，每个数据库中的系统表存储数据库级系统信息。表 4.3 列出了常用的系统数据表，仅供参考。

表 4.3　常用的系统数据表

名　称	表　名	内　容
数据库 *	sysdatabases	对 SQL Server 中每个数据库有一行记录
登录帐户 *	syslogins	对 SQL Server 中每个登录帐户信息有一行记录
文件组	sysfilegroups	当前数据库中的每个文件组在表中占一行
文件	sysfiles	当前数据库中的每个文件在表中占一行
对象 **	sysobjects	对当前数据库中的每个数据库对象有一行记录
列	syscolumns	当前数据库中对基表或者视图的每个列和存储过程中的每个参数有一行记录
注释(文本)	syscomments	当前数据库中，每个视图、CHECK 约束、默认值、规则、DEFAULT 约束、触发器和存储过程的注释或文本
索引	sysindexes	当前数据库中对每个索引和没有聚簇索引的每个表有一行记录，它还对包括文本/图像数据的每个表有一行记录
外键	sysforeignkeys	关于表定义中的 FOREIGN KEY 约束的信息
依赖(相关性)	sysdepends	当前数据库中，对表、视图和存储过程之间的每个依赖关系有一行记录
用户	sysusers	当前数据库中，对每个 Windows NT 用户、Windows NT 用户组、SQL Server 用户或者 SQL Server 角色有一行记录
角色成员	sysmembers	当前数据库中，每个数据库角色成员在表中占一行
保护	sysprotects	当前数据库中，包含有关由 GRANT 和 DENY 语句应用于安全帐户的权限的信息
许可	syspermissions	当前数据库中有关对数据库用户、组和角色授予和拒绝的权限的信息

*只出现在 master 中，其余的出现在 master 和每个用户数据库中。

**数据库对象类型：系统表(S)、用户表(U)、视图(V)、PRIMARY KEY 约束(PK)、CHECK 约束(C)、默认值或 DEFAULT 约束(D)、UNIQUE 约束(UQ)、FOREIGN KEY 约束(F)、标量函数(FN)、内嵌表函数(IF)、表函数(TF)、存储过程(P)、扩展存储过程(X)、复制筛选存储过程(RF)、触发器(TR)和日志(L)。

本 章 实 训

1. 实训目的

(1) 掌握数据库中表的创建方法。
(2) 掌握对数据库表的修改方法。
(3) 掌握对数据库表中数据的各种维护操作。
(4) 掌握数据库表的删除方法。

2. 实训内容

(1) 练习使用图形界面方法创建数据库表。
(2) 练习使用命令方式创建表。
(3) 使用命令方式对数据库中的表结构进行修改。
(4) 使用命令方式对数据库中的表进行维护。
(5) 使用命令方式操作表数据。

3. 实训过程

(1) 在 marketing 数据库上利用 SQL Server Management Studio 的“对象资源管理器”创建“销售人员”数据表。表结构如图 4.12 所示。

列名	数据类型	允许空
工号	int	☐
部门号	int	☑
姓名	varchar(50)	☐
地址	varchar(50)	☑
电话	varchar(13)	☑

图 4.12 创建“销售人员”数据表结构

(2) 在 marketing 数据库上用命令创建其他数据表。

```
USE marketing
GO
--建立部门信息表
CREATE TABLE 部门信息
        (
        编号 int,                  --主键和标识
        名称 varchar(20),          --非空约束
        经理 int,                  --定义外键
        人数 int
        )
GO
-建立客户基本信息表
CREATE TABLE 客户信息
        (
        编号 int,                  --主键
        姓名 varchar(10),          --非空约束
        地址 varchar(50),
电话 varchar(13)                   --唯一键
)
GO
--建立货品基本信息表
CREATE TABLE 货品信息
   (
   编码 int,                       --主键
   名称 varchar(20),               --非空约束
   库存量 int,
```

```
    供应商编码 int,
    状态 bit,              --默认约束表示可出售
    售价 money,
    成本价  money)
GO
--建立订单信息表
CREATE TABLE 订单信息
    (
    订单号 int  primary key,
    销售工号 int,
    货品编码 int,          --命名外键
    客户编号 int,          --命名外键
    数量 int,              --检查约束
    总金额 money,
    订货日期 datetime,     --默认约束
    交货日期 datetime
    )
GO
--建立供应商信息表
CREATE TABLE 供应商信息
    (
    编码 int,              --主键
    名称 varchar(50),      --非空约束
    联系人 varchar(10),
    地址 varchar(50),
    电话 varchar(13)       --唯一键
    )
GO
```

(3) 在销售人员表中增加“性别”和“电子邮件”两个字段，其定义如表 4.4 所示，然后修改电子邮件字段的列长度为 40，将字段名改为“电邮”，然后删除“电邮”字段。

表 4.4 销售人员表新增字段

列　名	类型说明	是否允许为空
性别	CHAR(2)	允许
电子邮件	VARCHAR(50)	允许

```
--使用ALTER TABLE语句修改表
ALTER TABLE 销售人员      /*添加字段*/
   ADD 性别 char(2)  null
GO
ALTER TABLE 销售人员      /*添加字段*/
   ADD 电子邮件 varchar(50) null
GO
--修改电子邮件字段的列长度为 40，修改字段名“电子邮件”为“电邮”，删除“电邮”字段
ALTER TABLE 销售人员      /*修改字段*/
ALTER COLUMN 电子邮件 varchar(40)  null
GO
EXEC sp_rename  '销售人员.电子邮件', '电邮'      /*字段更名*/
GO
```

```
ALTER TABLE 销售人员       /*删除字段*/
        DROP COLUMN 电邮
GO
```

(4) 利用命令方式删除在 marketing 数据库上的“部门信息” 表。

```
DROP  TABLE 部门信息
```

(5) 向“销售人员”表中加入 3 条记录。

```
USE marketing
GO
INSERT 销售人员(工号,部门号, 姓名, 性别, 地址, 电话)
        VALUES (1,1,'王晓明','男','深圳罗湖','075525859203')
INSERT  销售人员
        VALUES (2,2,'吴小丽','广西南昌','13902017387','女')
INSERT 销售人员
        VALUES (3,2,'章明敏','深圳福田','075585859203','男')
GO
```

(6) 将“销售人员”表中工号为 2 的销售人员的“姓名”修改为“张明英”，“地址”修改为“北京市朝阳区”。

```
UPDATE 销售人员
      SET 姓名='张明英', 地址='北京市朝阳区'
      WHERE 工号=2
GO
```

4．实训总结

通过本章上机实训，应当掌握数据库表的创建及修改方法，掌握维护数据表中数据的方法，重点掌握使用命令对表进行各种操作的方法。

本 章 小 结

数据库中的表是 SQL Server 2005 最基本的操作对象。对数据库中的表的基本操作包括创建、查看、维护等内容。表 4.5 对这些内容做了一个总结。

表 4.5　对数据库中的表进行操作的 T-SQL 语句总结

<table>
<tr><th></th><th colspan="2">语　句</th><th>语法格式</th></tr>
<tr><td rowspan="5">数据表</td><td colspan="2">创建表</td><td>CREATE TABLE 数据表名
(列名 数据类型 | 列名 AS 计算列表达式[,…n])</td></tr>
<tr><td rowspan="3">修改表</td><td>添加列</td><td>ALTER TABLE 表名 ADD 列名 列的描述</td></tr>
<tr><td>修改列</td><td>ALTER TABLE 表名 ALTER COLUMN 列名 列的描述</td></tr>
<tr><td>删除列</td><td>ALTER TABLE 表名 DROP COLUMN 列名,…</td></tr>
<tr><td colspan="2">删除表</td><td>DROP TABLE 表名</td></tr>
</table>

续表

	语　句	语法格式
数据操作	插入数据	INSERT [INTO] 表名[(列名 1,…)] VALUES(表达式 1,…)
	修改数据	UPDATE 表名 SET 列名=表达式 [WHERE 条件]
	删除数据	DELETE 表名[WHERE 条件]

习　题

1. 如何理解表中记录和实体的对应关系？为什么说关系也是实体？在表中如何表示？
2. 利用 T-SQL 语句创建结构如图 4.2 所示的 xs 表。
3. 利用 T-SQL 语句向 xs 表中添加“生源地”字段。
4. 利用 T-SQL 语句修改姓名字段，允许为空。
5. 利用 T-SQL 语句向 xs 表中插入多条记录。
6. 利用 T-SQL 语句将所有男生的专业改为“电子商务”。
7. 利用 T-SQL 语句删除年龄最大的同学的记录。
8. 利用 T-SQL 语句删除“生源地”的字段。
9. 利用 T-SQL 语句删除表中所有的记录。
10. 利用 T-SQL 语句删除 xs 表。

第 5 章　数据完整性

SQL Server 2005 在关系数据库的实现上提供了具体的保证数据完整性的方法，以确保数据库中数据的安全性和有效性。本章主要介绍 SQL Server 数据库的完整性技术。

通过学习本章，读者应掌握以下内容：

- 使用各种约束保证数据库的完整性
- 使用规则、默认值来保证数据完整性
- 对实现数据完整性的各种方法进行分析

5.1　数据完整性的基本概念

数据的完整性可以表明数据库的存在状态是否合理，是通过数据库内容的完整性约束来实现的。数据完整性用于保证数据库中数据的正确性、一致性和可靠性。强制数据完整性可确保数据库中的数据质量。数据完整性包括实体完整性、域完整性、参照完整性和用户定义的完整性。

1．实体完整性

实体完整性(Entity Integrity)用于保证数据库中数据表的每一个特定实体都是唯一的。它可以通过主键约束(PRIMARY KEY)、唯一键约束(UNIQUE)、索引或标识属性(IDENTITY)来实现。

2．域完整性

域完整性(Domain Integrity)就是保证数据库中数据取值的合理性，即保证指定列的数据具有正确的数据类型、格式和有效的数据范围。通过为表的列定义数据类型以及检查约束(CHECK)、默认定义(DEFAULT)、非空(NOT NULL)和规则实现限制数据范围，可以保证只有在有效范围内的值才能存储到列中。

3．参照完整性

参照完整性(Referential Integrity)定义了一个关系数据库中，不同的表中列之间的关系(父键与外键)。要求一个表中(子表)的一列或列组合的值必须与另一个表(父表)中的相关一列或列组合的值相匹配。被引用的列或列组合称为父键，父键必须是主键或唯一键，通常父键为主键，主键表是主表。

引用父键的一列或列组合称为外键，外键表是子表。如果父键和外键属于同一个表，则称为自参照完整性。子表的外键必须与主表的主键相匹配，只要依赖某一主键的外键存在，主表中包含该主键的行就不能被删除。

当增加、修改或删除数据库表中的记录时，可以借助参照完整性来保证相关联表之间数据的一致性。

4．用户定义的完整性

用户定义的完整性(User-defined Integrity)是指用户可以根据自己的业务规则定义不属于任何完整性分类的完整性。由于每个用户的数据库都有自己独特的业务规则，所以系统必须有一种方式来实现定制的业务规则，即定制的数据完整性约束。

用户定义的完整性可以通过自定义数据类型、规则、存储过程和触发器来实现。

5.2　约　　束

约束是通过限制列中数据、行中数据以及表之间数据取值从而保证数据完整性的非常有效和简便的方法。约束是保证数据完整性的 ANSI 标准方法。每一种数据完整性类型都由不同的约束类型来保障。约束可以在创建表的时候定义，也可以在已有表中通过修改表操作来添加约束。定义约束时，既可以把约束放在一列(称为列级约束)，也可以把约束放在若干列上(称为表级约束)。

5.2.1　主键约束

主键(PRIMARY KEY)约束在表中定义一个主键，唯一地标识表中的行。一个表有且只能有一个 PRIMARY KEY 约束。

如果已有 PRIMARY KEY 约束，也可以对其进行修改或删除。但要修改 PRIMARY KEY，必须先删除现有的 PRIMARY KEY 约束，然后再重新创建。

当向表中的现有列添加 PRIMARY KEY 约束时，SQL Server 将检查列中现有的数据以确保现有数据遵从主键的规则，即无空值、无重复值。

如果 PRIMARY KEY 约束添加到具有空值或重复值的列上，SQL Server 不执行该操作并返回错误信息。

当 PRIMARY KEY 约束由另一表的 FOREIGN KEY 约束引用时，不能删除被引用的 PRIMARY KEY 约束，要删除它，必须先删除引用的 FOREIGN KEY 约束。

每个表都应有一个主键。主键可以是一个列或几个列的组合。

创建主键主要有两种方法，一种是图形界面的方法，另一种是利用 T-SQL 语句的方法。

1．利用 Management Studio 定义和删除主键

启动 SQL Server Management Studio 工具，在“对象资源管理器”窗格中依次展开各节点至要修改的表，例如 xs 表，单击鼠标右键，在弹出的快捷菜单中选择“修改”命令，打开表设计窗口。再选择指定的列，在列名的左侧出现三角符号，如果设置的主键为多个，则按住 Ctrl 键再单击相应的列，如果列是连续的也可以按住 Shift 键进行选择。在选中的列上单击鼠标右键，在弹出的快捷菜单中选择“设置主键”命令，这时选定列的左侧则显示出一个钥匙符号，表示主键。如图 5.1 所示，为 xs 表设置学号列为主键。取消主键与设置

主键的方法相同，这时在快捷菜单中相同位置出现的是“移除主键”，选择“移除主键”命令。

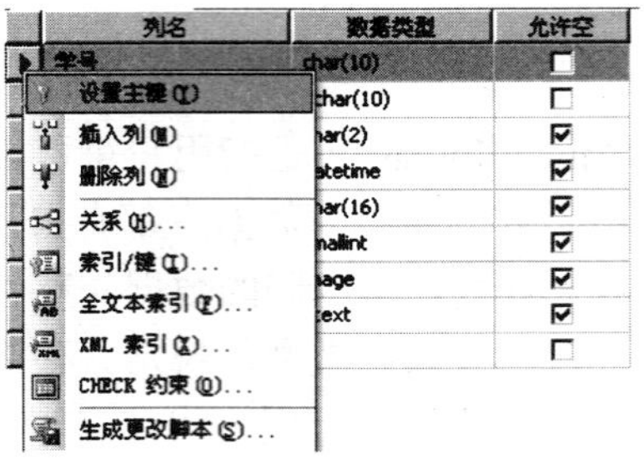

图 5.1　为 xs 表设置学号列为主键

2．利用 T-SQL 语句定义和删除主键

1) 在创建表时创建主键约束

在创建表时创建主键约束的语法格式如下。

语法格式 1：

```
CREATE TABLE 数据表名
        (列名 数据类型 [CONSTRAINT 约束名] PRIMARY KEY [CLUSTERED |
NONCLUSTERD][,…])
```

语法格式 2：

```
CREATE TABLE 数据表名
        ([CONSTRAINT 约束名] PRIMARY KEY [CLUSTERED | NONCLUSTERD] (列名 1[,…n])
[,…])
```

说明：语法格式 1 定义单列主键；语法格式 2 定义多列组合主键；CLUSTERED 和 NONCLUSTERED 分别代表聚集索引和非聚集索引。

【例 5.1】 删除原有 kc 表，重新创建 kc 表，字段定义不变，同时将课程号设置为主键。

```
USE xsgl
DROP TABLE kc
GO
CREATE TABLE kc
    (
          课程号 char(4) not null CONSTRAINT pk_kch PRIMARY KEY,
          课程名 char(16)  not null,
          学分 smallint,
          学时数 smallint
)
```

2) 向已有表中添加主键约束

向已有表中添加主键约束的语法格式如下。

```
ALTER TABLE 表名
          ADD [CONSTRAINT 约束名] PRIMARY KEY(列名 1[,…n])
```

【例 5.2】 将已有 cj 表中的学号和课程号设置为主键。

```
USE xsgl
GO
--查看原表中是否有主键
EXEC sp_help cj
GO
--添加主键
ALTER TABLE cj
     ADD CONSTRAINT pk_xhkch PRIMARY KEY(学号,课程号)
GO
--查看现表中主键名称
EXEC sp_help cj
GO
```

查询结果如图 5.2 所示。

	index_name	index_description	index_keys
1	PK_cj	clustered, unique, primary key located on PRIMARY	学号,课程号

	constraint_type	constrai...	delete_...	update...	status_...	status_for_r...	constraint_keys
1	FOREIGN KEY	FK_cj_kc	No Acti...	No Acti...	Enabled	Is_For_Repl...	课程号
2							REFERENCE...
3	FOREIGN KEY	FK_cj_xs	No Acti...	No Acti...	Enabled	Is_For_Repl...	学号
4							REFERENCE...
5	PRIMARY KEY (clustered)	PK_cj	(n/a)	(n/a)	(n/a)	(n/a)	学号,课程号

图 5.2 利用 sp_help 查询 cj 表结果

3) 删除主键约束

删除主键约束的语法格式如下。

```
ALTER TABLE 表名
       DROP CONSTRAINT 约束名
```

例如要删除 cj 表中的主键约束，可以利用如下语句：

```
ALTER TABLE cj
     DROP CONSTRAINT pk_xhkch
```

注意：向表中添加主键约束时，SQL Server 将检查现有记录的列值，以确保现有数据符合主键的规则，所以在添加主键之前要保证主键的列没有空值和重复值。

5.2.2 唯一键约束

使用 UNIQUE 约束可以确保在非主键列中不输入重复值。在允许空值的列上保证唯一性时，应使用 UNIQUE 约束而不是 PRIMARY KEY 约束，不过在该列中只允许有一个 NULL 值。一个表可以定义多个 UNIQUE 约束，但只能定义一个 PRIMARY KEY 约束。FOREIGN KEY 约束也可引用 UNIQUE 约束。

1. 利用 Management Studio 定义和删除唯一性约束

(1) 启动 SQL Server Management Studio 工具，在“对象资源管理器”窗格中依次展开各节点，选择表，单击鼠标右键，在弹出的快捷菜单中选择“修改”命令，打开表设计窗

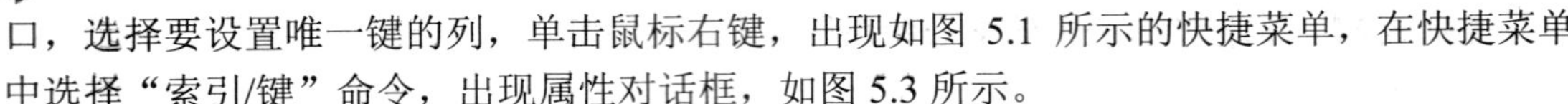

口，选择要设置唯一键的列，单击鼠标右键，出现如图 5.1 所示的快捷菜单，在快捷菜单中选择“索引/键”命令，出现属性对话框，如图 5.3 所示。

(2) 单击“添加”按钮，选择“唯一键”类型，选择“课程名”列，如图 5.4 所示，单击“确定”按钮，返回“索引/键”对话框，然后单击“关闭”按钮，则完成了指定列的唯一约束设置。

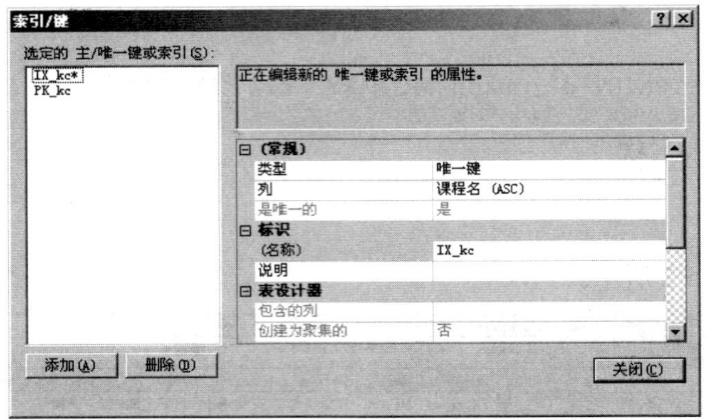

图 5.3　在表设计中设置 UNIQUE 约束

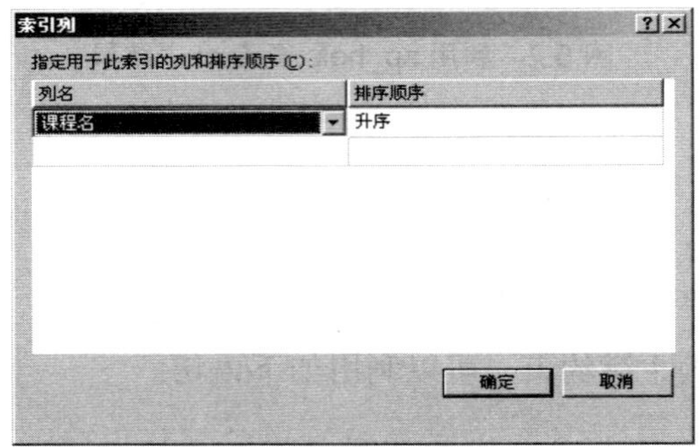

图 5.4　指定建立 UNIQUE 索引的列

2. 利用 T-SQL 语句定义和删除唯一性约束

1) 在创建表时创建唯一性约束

在创建表时创建唯一性约束的语法格式如下。

语法格式 1：

```
CREATE TABLE 数据表名
      (列名 数据类型 [CONSTRAINT 约束名] UNIQUE [CLUSTERED | NONCLUSTERD][,…])
```

语法格式 2：

```
CREATE TABLE 数据表名
    ( [CONSTRAINT 约束名] UNIQUE [CLUSTERED | NONCLUSTERD] (列名 1[,…n]) [,…])
```

说明：语法格式 1 定义单列唯一约束，语法格式 2 定义多列组合唯一约束。

【例 5.3】 创建和 kc 表结构相同的 kc_new 表。

```
USE xsgl
GO
CREATE TABLE kc_new
    (课程号 char(4) not null CONSTRAINT pk_kch1 PRIMARY KEY,
    课程名 char(16) not null CONSTRAINT ix_kcm1 UNIQUE,
    学分 smallint,
    学时数 smallint)
```

注意：如果在创建 kc_new 的主键时名称仍为 pk_kch，系统就会出现错误信息，因为在 kc 表中已有同名的主键定义存在。

2) 向已有表中添加唯一约束

向已有表中添加唯一约束的语法格式如下。

```
ALTER TABLE 表名
    ADD [CONSTRAINT 约束名] UNIQUE (列名1[,…n])
```

3) 删除唯一约束

删除唯一约束的语法格式如下。

```
ALTER TABLE 表名
     DROP CONSTRAINT 约束名
```

注意：与添加主键约束一样，向表中添加唯一键约束时，SQL Server 将检查现有记录的列值，所以在添加唯一键约束之前要确保唯一键所包含的列没有重复值，但可以有一个空值。

【例 5.4】 给 kc 表中课程名字段添加唯一约束。

```
USE xsgl
GO
ALTER TABLE kc
    ADD CONSTRAINT ix_kcm UNIQUE(课程名)
GO
```

【例 5.5】 删除 kc_new 中的唯一约束。

```
USE xsgl
GO
ALTER TABLE kc_new
    DROP CONSTRAINT ix_kcm1
GO
```

5.2.3 检查约束

检查(CHECK)约束是限制用户输入某一列的数据取值，即该列只能输入一定范围的数据。

CHECK 约束可以作为表定义的一部分在创建表时创建，也可以添加到现有表中。一个表可以包含多个 CHECK 约束。同样地，也允许修改或删除现有的 CHECK 约束。

在现有表中添加 CHECK 约束时，该约束可以仅作用于新数据，也可以同时作用于已

有的数据。默认设置为 CHECK 约束同时作用于已有数据和新数据。当希望现有数据维持不变时，则可以使约束仅作用于新数据选项。

1. 利用 SQL Server Management Studio 定义和删除检查约束

(1) 启动 SQL Server Management Studio 工具，在“对象资源管理器”窗口中依次展开各节点到指定表，单击鼠标右键，在弹出的快捷菜单中选择“修改”命令打开表设计窗口，选择指定列，单击鼠标右键，在弹出的快捷菜单中选择“CHECK 约束”命令，出现属性窗口。

(2) 单击“添加”按钮，在选定的约束框显示由系统分配的新约束名。名称以“CK_”开始，后跟表名，可以修改此约束名。

(3) 在“约束表达式”框中，可以直接输入约束表达式。例如，若要将 cj 表的成绩列的数据限制在 0～100 之间，输入表达式“([成绩]>=(0) AND [成绩]<=(100))”，如图 5.5 所示。也可单击“表达式”框右侧的“浏览”按钮，弹出如图 5.6 所示的“CHECK 约束表达式”对话框，可以在其中编辑表达式。

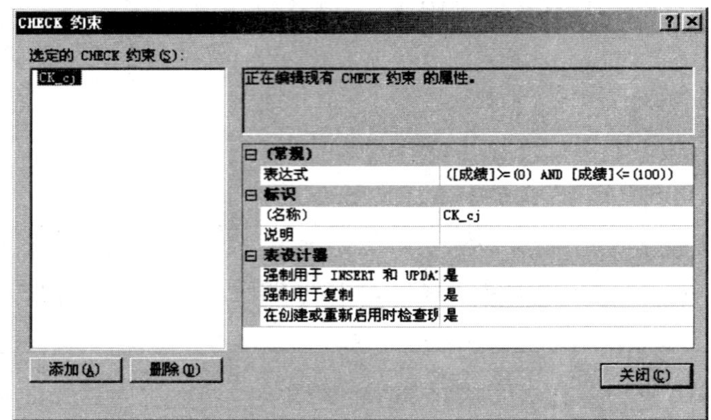

图 5.5　在表设计中设置 CHECK 约束

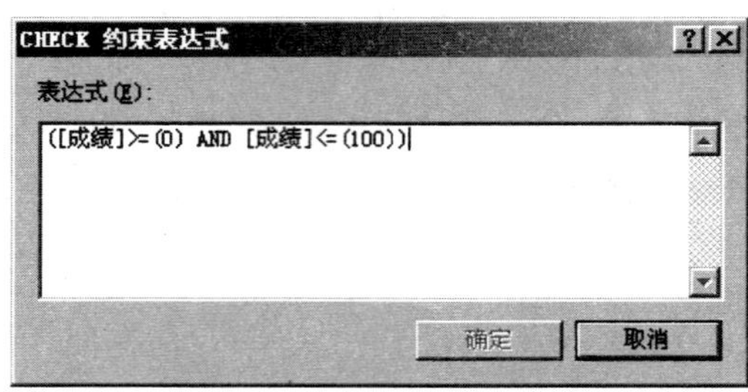

图 5.6　编辑约束表达式

(4) 如果想允许创建的约束用于强制 INSERT 和 UPDATE 以及检查原有数据等情况，可以在相应选项中选择“是”命令，再单击“关闭”按钮，则完成了检查约束设置。

2. 利用 T-SQL 语句定义和删除检查约束

1) 在创建表时创建检查约束

在创建表时创建检查约束的语法格式如下。

```
CREATE TABLE 数据表名
      (列名 数据类型 [CONSTRAINT 约束名] CHECK (逻辑表达式) [,…])
```

2) 向已有表中添加检查约束

向已有表中添加检查约束的语法格式如下。

```
ALTER TABLE 表名
     [WITH NOCHECK]
     ADD [CONSTRAINT 约束名] CHECK (逻辑表达式) [,…])
```

【例 5.6】 在 xs 表中增加一个字段“电话(CHAR(8)”，为电话列添加检查约束，要求每个新加入或修改的电话号码为 8 位数字，但对表中现有的记录不进行检查。

```
USE xsgl
GO
ALTER TABLE xs
     ADD 电话 char(8)  null
--向学生表中插入一条电话号码为 7 位数字的记录
INSERT xs(学号,姓名,性别,出生时间,专业,总学分,电话)
     VALUES(2009030108,'耿娇','女','91/6/6','电子商务',19, '4501310')
GO
--创建不检查现有数据的检查约束
ALTER TABLE xs
     WITH NOCHECK
     ADD CONSTRAINT ck_dh
     CHECK ([电话] LIKE '[0-9][0-9][0-9][0-9][0-9][0-9][0-9][0-9]')
GO
```

这样就成功地为 xs 表电话列添加了检查约束，以后再输入的内容应该满足约束的要求。但由于使用了 WITH NOCHECK，即对已有数据不进行检查，所以原表中有不满足条件的数据依然可以执行；如果不选 WITH NOCHECK，则原有数据中如果有不符合要求的，将出现错误信息，检查约束将无法创建。

3) 删除检查约束

删除检查约束的语法格式如下。

```
ALTER TABLE 表名
     DROP CONSTRAINT 约束名
```

【例 5.7】 删除 xs 中的电话列的检查约束。

```
ALTER TABLE xs
     DROP CONSTRAINT ck_dh
GO
```

【例 5.8】 重新加入对现有记录进行检查的电话约束，要求每个新加入或修改的电话号码为 8 位数字。

```
--检查现有数据
ALTER TABLE xs
     ADD CONSTRAINT ck_dh
     CHECK ([电话] LIKE '[0-9][0-9][0-9][0-9][0-9][0-9][0-9][0-9]')
```

本例在运行时会出现错误，原因在于xs表中的电话字段有不符合要求的数据，所以在向表中加入CHECK约束并对表中已有数据进行检查时，要把不符合检查约束的记录修改成符合检查约束的记录才能实现此操作。

注意： 在默认情况下，检查约束同时作用于新数据和表中已有的数据，可以通过关键字WITH NOCHECK禁止CHECK约束检查表中已有的数据，否则如果表中若有不符合检查约束要求的数据，则检查约束无法正确建立。

与其他约束不同的是，CHECK约束可以通过NOCHECK和CHECK关键字设置为无效或重新有效。

其语法格式如下。

```
ALTER TABLE 表名
     NOCHECK CONSTRAINT 约束名 | CHECK CONSTRAINT 约束名
```

【例5.9】 将xs表中电话列的检查约束失效，然后插入一条具有6位数字的电话号码字段，之后再重新使其生效。

```
--使CHECK检查失效
ALTER TABLE xs
     NOCHECK CONSTRAINT ck_dh
--插入测试数据
INSERT xs(学号,姓名,性别,出生时间,专业,总学分,电话)
     VALUES(2009030105,'牛学文','男','89/09/20','电子商务',21, '123456')
--使CHECK检查生效
ALTER TABLE xs
     CHECK CONSTRAINT ck_dh
```

在添加或修改数据时，只要数据不满足CHECK约束则不能完成相应的操作，数据库系统将指出错误原因。

5.2.4 默认值约束

默认值约束是指在用户未提供某些列的数据时，数据库系统为用户提供的默认值。从而简化应用程序代码和提高系统性能。

表中的每一列都可包含一个DEFAULT定义。可以修改或删除现有的DEFAULT定义，但必须首先删除已有的DEFAULT定义，然后通过新定义重新创建。利用T-SQL语句定义默认值约束的语法如下。

1) 在创建表时创建默认值约束

在创建表时创建默认值约束的语法格式如下。

语法格式1：

```
CREATE TABLE 数据表名
        (列名 数据类型 [CONSTRAINT 约束名] DEFAULT 默认值 [,…])
```

语法格式2：

```
CREATE TABLE 数据表名
```

```
( [CONSTRAINT 约束名] DEFAULT 默认值 FOR 列 [,…])
```

2) 向已有表中添加默认值约束

向已有表中添加默认值约束的语法格式如下。

```
ALTER TABLE 表名
      ADD [CONSTRAINT 约束名] 默认值 FOR 列 [,…])
```

【例 5.10】 在 xs 表的专业列添加一个默认约束，默认值为“电子商务”，然后添加一条新记录。

```
--添加默认值约束
ALTER TABLE xs
     ADD CONSTRAINT df_zy DEFAULT '电子商务' FOR 专业
--插入测试记录
INSERT xs(学号,姓名,出生时间,总学分)
     VALUES('2009030107','张玉莹','90/06/28',20)
```

查看表记录会发现该记录中的“专业”字段为“电子商务”。

3) 删除默认值约束

删除默认值约束的语法格式如下。

```
ALTER TABLE 表名
      DROP CONSTRAINT 约束名
```

【例 5.11】 删除 xs 表中专业列的默认约束。

--查看 xs 表中专业列的默认约束名，如图 5.7 所示。

```
EXECUTE sp_help xs
GO
--删除 xs 表中专业列的默认约束
ALTER TABLE xs
     DROP CONSTRAINT df_zy
GO
```

	constraint_type	constraint_name	delete_action	update_action	status_enabled	status_for_replication	constraint_keys
1	CHECK on column 电话	ck_dh	(n/a)	(n/a)	Enabled	Is_For_Replication	([电话] like '[0-9][0-9][0-9][0-9
2	DEFAULT on column ...	df_zy	(n/a)	(n/a)	(n/a)	(n/a)	('电子商务')
3	PRIMARY KEY (cluste...	PK_xs_1	(n/a)	(n/a)	(n/a)	(n/a)	学号

图 5.7　查看 xs 表中专业列默认值约束

注意： 与检查约束一样，默认值约束也是强制实现域完整性的一种手段。DEFAULT 约束不能添加到时间戳 TIMESTAMP 数据类型的列或标识列上；也不能添加到已经具有默认值设置的列上，不论该默认值是通过约束还是绑定实现的，即每一列只能定义一个默认值。

5.2.5　外键约束

外键(FOREIGN KEY)约束用于强制实现表之间的参照完整性，外键必须和主表的主键

或唯一键对应，外键约束不允许为空值，但是，如果是多列组合的外键，允许其中某列含有空值。如果组合外键的某列含有空值，则将跳过该外键约束的检验。

1．利用 Management Studio 定义和删除外键约束

在 SQL Server Management Studio 工具的“对象资源管理器”窗格中依次展开各节点到表，选定要定义外键的表，单击鼠标右键，在弹出的快捷菜单中选择“修改”命令，打开表设计窗口，选择要创建外键的列，单击鼠标右键，在弹出的快捷菜单中选择“关系”命令，弹出“外键关系”对话框，单击“添加”按钮，出现如图 5.8 所示的对话框，单击“表和列规范”右侧的“浏览”按钮，弹出设定“表和列”对话框，如图 5.9 所示，从“主键表”的下拉列表框中选择将作为关系主键方的表，再从候选键中选定相关联的列，在“外键表”下面的相应网格内选定外键列，回到“外键关系”对话框，单击“关闭”按钮则关系创建完毕。

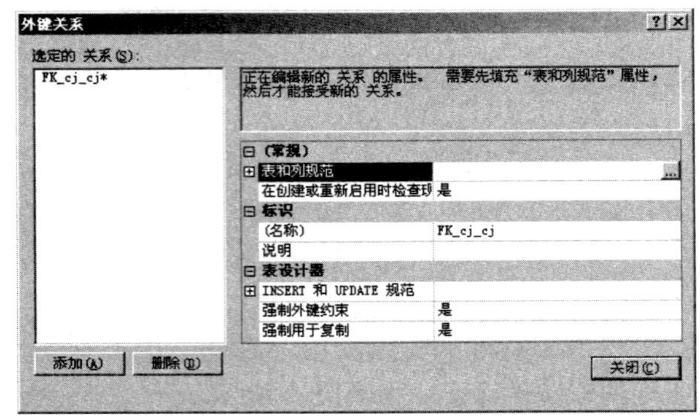

图 5.8　在表设计中设置外键约束

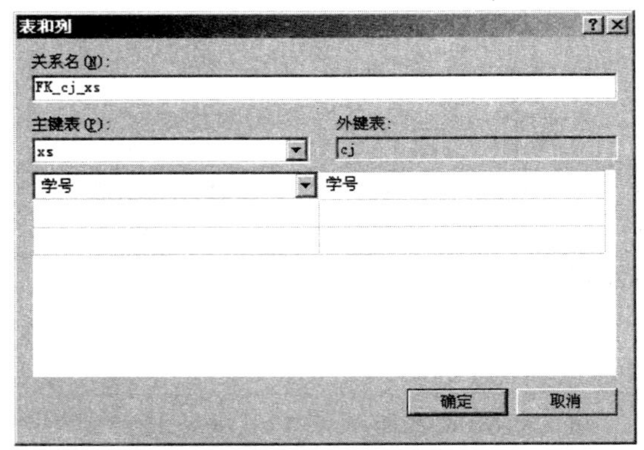

图 5.9　选择主键与外键表及列

若要删除外键，在如图 5.8 所示的对话框中选择要删除的关系名，然后单击“删除”按钮。

2．利用 T-SQL 语句定义和删除外键约束

1) 创建表时创建外键约束

创建表时创建外键约束的语法格式如下。

语法格式 1：

```
CREATE TABLE 数据表名
        (列名 数据类型 [CONSTRAINT 约束名] [FOREIGN KEY] REFERENCES 参照主键表
[(参照列)] [ON DELETE CASCADE|ON UPDATE CASCADE] [,…])
```

语法格式 2：

```
CREATE TABLE 数据表名
        ( [CONSTRAINT 约束名] [FOREIGN KEY] [(列 [,…n] ) ] REFERENCES 参照
主键表[(参照列[,…n])] [ON DELETE CASCADE|ON UPDATE CASCADE] [,…])
```

说明：语法格式 1 定义单列外键约束，语法格式 2 定义多列组合外键约束。

其中，ON DELETE CASCADE 表示级联删除， ON UPDATE CASCADE 表示级联更新，它们也称为级联参照完整性约束。级联参照完整性约束用于保证外键数据的关联性。当删除外键引用的主键记录时，为了防止孤立外键的产生，会同时删除引用它的外键记录。

2) 向已有表中添加外键约束

向已有表中添加外键约束的语法格式如下。

```
ALTER TABLE 表名
ADD [CONSTRAINT 约束名] [FOREIGN KEY] [(列 [, …n] ) ] REFERENCES 参照主键表
[(参照列[, …n])] [ON DELETE CASCADE|ON UPDATE CASCADE] [,…])
```

【例 5.12】 把 cj 表中的学号创建为外键，其主键为 xs 表中的学号；课程号创建为外键，其主键为 kc 表中的课程号。

```
ALTER TABLE cj
     ADD CONSTRAINT fk_cj_xs  FOREIGN  KEY(学号)
     REFERENCES xs(学号)
GO
ALTER TABLE cj
     ADD CONSTRAINT fk_cj_kc  FOREIGN  KEY(课程号)
     REFERENCES kc(课程号)
GO
```

3) 删除外键约束

删除外键约束的语法格式如下。

```
ALTER TABLE 表名
     DROP CONSTRAINT 约束名
GO
```

【例 5.13】 删除外键约束。

```
ALTER TABLE cj
      DROP CONSTRAINT fk_cj_xs
GO
ALTER TABLE cj
      DROP CONSTRAINT fk_cj_kc
GO
```

【例 5.14】 级联参照完整性约束。

```
ALTER TABLE cj
     ADD CONSTRAINT fk_cj_xs  FOREIGN KEY(学号)
     REFERENCES xs(学号) ON  DELETE CASCADE
GO
ALTER TABLE cj
     ADD CONSTRAINT fk_cj_kc  FOREIGN KEY(课程号)
     REFERENCES kc(课程号)  ON UPDATE CASCADE
GO
```

5.3 默 认 值

默认值是一种数据库对象，可以绑定到一个或多个列上，还可以绑定到用户自定义类型上。当某个默认值创建后，可以反复使用。当向表中插入数据时，如果绑定有默认值的列或者数据类型没有明确提供值，那么就将以默认值指定的数据插入。定义的默认值必须与所绑定列的数据类型一致，不能违背列的相关规则。

默认值的执行与前面所讲的 DEFAULT 约束功能相同，DEFAULT 约束定义和表存储在一起，删除表时，将自动删除 DEFAULT 约束。DEFAULT 约束是限制列数据的首选并且是标准的方法。然而，当在多个列中，特别是不同表中的多个列中多次使用相同的默认值时，适合采用默认值技术。要使用默认值，首先要创建默认值，然后将其绑定到指定的列或数据类型上。当取消默认值时，必须解除绑定，如果默认值不再使用时，可以将其删除。

5.3.1 创建默认值

利用 T-SQL 语句创建默认的语法格式如下。

```
CREATE DEFAULT 默认值名称 AS 常量表达式
```

【例 5.15】 创建名为“df_学时数”值为 60 的默认值。

```
USE xsgl
GO
CREATE DEFAULT df_学时数 AS 60
GO
```

5.3.2 绑定和解绑默认值

一个创建好的默认值，只有绑定到表的列上或用户自定义的数据类型上之后才能起作用，如果不再需要该默认值，则要将该默认值从相应的列或自定义数据类型上解除绑定。绑定和解绑操作既可以通过系统存储过程来实现，也可以用图形界面方式来完成。这里只介绍利用命令的方式来绑定默认值和解除绑定默认值。

其语法格式如下。

```
[EXECUTE] sp_bindefault  '默认值名称' , '表名.字段名'|'用户自定义数据类型'
```

```
[EXECUTE] sp_unbindefault  '表名.字段名'|'用户自定义数据类型'
```

【例 5.16】 将默认值“df_学时数”绑定到 kc 表的“学时数”列上。

```
USE xsgl
GO
EXEC sp_bindefault 'df_学时数','kc.学时数'
GO
```

【例 5.17】 解除例 5.16 中的绑定。

```
USE xsgl
GO
EXEC sp_unbindefault 'kc.学时数'
GO
```

注意： 不能将默认值绑定到标识 IDENTITY 属性的字段或已经有默认值约束的字段上，也不能绑定在系统数据类型上。默认值对象的绑定存在着覆盖关系，即原来的默认值对象虽然没有解绑，但仍然可以继续绑定新的默认值，并且新的默认值将覆盖原有的默认值对象。

5.3.3 删除默认值

可以用 DROP DEFAULT 语句删除默认值对象。

其语法格式如下。

```
DROP DEFAULT 默认值名称 [,…]
```

注意： 在删除一个默认值之前，必须首先将它从所绑定的列或自定义数据类型上解绑，否则系统会报错。

【例 5.18】 删除默认值“df_学时数”。

```
USE xsgl
GO
EXEC sp_unbindefault 'kc.学时数'
GO
DROP DEFAULT df_学时数
GO
```

5.4 规　　则

规则是保证域完整性的主要手段，与 CHECK 约束的执行功能相同。CHECK 约束是使用 ALTER TABLE 或 CREATE TABLE 的 CHECK 关键字创建的，是对列中的值进行限制的首选标准方法(可以对一列或多列定义多个约束)。规则是一种数据库对象，可以绑定到一列或多个列上，还可以绑定到用户自定义数据类型上，规则定义之后可以反复使用。

列或用户自定义数据类型只能有一个绑定的规则。但是，列可以同时具有规则和多个CHECK约束。

规则和默认值一样都是作为独立的对象，使用它要首先定义，然后绑定到列或用户自定义数据类型上，不需要时可以解除绑定以及删除。规则和默认值的使用方法相似。

5.4.1 创建规则

利用T-SQL语句创建规则的语法格式如下。

```
CREATE RULE 规则名称 AS 条件表达式
```

【例5.19】 创建名为“总学分”的规则，要求其取值范围在0～50之间。

```
USE xsgl
GO
CREATE RULE 总学分 AS @score>=0 and @score<=50
GO
```

【例5.20】 创建名为“rl_电话”的规则，要求电话字段的取值必须是由0～9的8位数字组成。

```
USE xsgl
GO
CREATE RULE rl_电话
AS
@dh LIKE '[0-9][0-9][0-9][0-9][0-9][0-9][0-9][0-9]'
GO
```

5.4.2 绑定和解绑规则

绑定和解绑规则可以使用图形界面方法，也可以利用T-SQL语句。其语法格式如下。

```
sp_bindrule '规则名称', '表名.字段名'|'用户自定义数据类型'
sp_unbindrule '表名.字段名'|'用户自定义数据类型'
```

【例5.21】 将总学分规则绑定到xs表的总学分列上。

```
EXECUTE sp_bindrule '总学分','xs.总学分'
```

【例5.22】 解除例5.21的绑定。

```
EXECUTE sp_unbindrule 'xs.总学分'
```

5.4.3 删除规则

由于规则是数据库对象，因此同默认值一样，可以利用Management Studio的“对象资源管理器”窗格展开节点到规则，单击鼠标右键，在快捷菜单中选择“删除”命令，这里主要介绍利用T-SQL语句删除规则的方法。其语法格式如下。

```
DROP RULE 规则名称 [,…]
```

【例5.23】 删除规则 “总学分”。

```
EXECUTE sp_unbindrule 'xs.总学分'
GO
DROP RULE 成绩,总学分
GO
```

注意： 删除规则和默认值相同，在删除之前，应首先将它从所绑定的列或自定义数据类型上解绑，否则系统会报错。

5.5 标　识　列

表中的主键和唯一键都可以起到标识表中记录的作用，有时为了方便可以让计算机为表中的记录按照要求自动生成标识字段的值，通常该标识字段的值在现实生活中并没有直接的意义。这样的字段可以用表的标识列来实现它的定义。

IDENTITY 列即自动编号列。若在表中创建一个 IDENTITY(标识符)列，则当用户向表中插入新的数据行时，系统自动为该行的 IDENTITY 列赋值，并保证其值在表中的唯一性。每个表中只能有一个 IDENTITY 列，其列值不能由用户更新，不允许为空值，也不允许绑定默认值或建立 DEFAULT 约束。IDENTITY 列经常与 PRIMARY KEY 约束一起使用，即将标识列定义为 PRIMARY KEY，从而保证表中各行具有唯一标识。

标识列的有效数据类型可以是任何整数数据类型分类的数据类型(bit 数据类型除外)，也可以是 decimal 数据类型，但不允许出现小数。

1. 利用 Management Studio 定义 DENTITY 列

启动 Management Studio 工具，打开“对象资源管理器”窗格，依次展开各节点到表，打开表设计器，选定标识列，在表设计器的下面设置“标识规范”值为“是”，相应地则可以设置“标识种子”和“标识增量”，如图 5.10 所示。

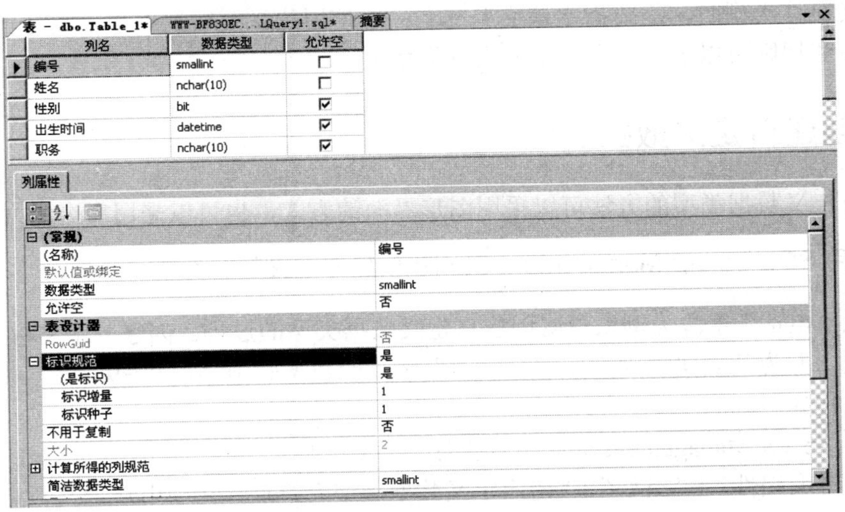

图 5.10　使用表设计器生成标识列

标识种子为标识列的起始值，标识增量为每次增加的数值，二者的默认值均为 1，例如设置标识种子值为 10，标识增量为 2，则该列的值依次为 10、12、14，…

2. 利用 T-SQL 语句创建 IDENTITY 列

其语法格式如下。

```
CREATE TABLE 数据表名
(列名 数据类型 IDENTITY [(种子,增量)] [,…])
```

【例 5.24】 在 cj 表中添加名称为“编号”的列，利用 IDENTITY 使其成为初值为 1，依次递增 1 的标识列。

```
USE xsgl
GO
ALTER TABLE cj
     ADD 编号 int IDENTITY(1,1) NOT NULL
GO
```

5.6 自定义数据类型

在创建和修改表时，要对表的字段指定或修改数据类型，在进行域完整性控制中，用户经常需要在系统数据类型的基础上加上适当的限制，例如前面所讲的在“电话”字段上，如果有多个表中均有此字段，并且对数据的约束要求是相同的，就要创建相应的规则，并将规则绑定到每个“电话”字段上，实际上对于多个表中多个字段具有相同限制的情况，用自定义数据类型的方式来实现更为简洁。用户自定义数据类型的使用可以在更大程度上保证数据定义的一致性，如果是多个开发人员共同完成一个系统的开发设计，自定义数据类型是保证数据定义一致性的有利工具。

在定义数据类型时，需要指定该类型的名称、使用的系统数据类型以及是否为空等，同时默认值和规则可以绑定在自定义的数据类型上。

5.6.1 创建自定义数据类型

创建自定义数据类型的方法可以采用图形界面的方式，也可以采用命令的方式。

1. 利用 SQL Server Management Studio 创建自定义数据类型

这里以“电话”字段为例来说明创建自定义数据类型的过程。创建一个名称为“电话”的数据类型，并为其创建规则，要求“电话”字段的数据必须是由 0～9 的 8 位数字组成。具体操作过程如下。

在 SQL Server Management Studio 工具的“对象资源管理器”窗格中的 xsgl 数据库上，依次展开“可编程性”|“类型”|“用户定义数据类型”节点，在“用户定义数据类型”节点上单击鼠标右键，在弹出的快捷菜单中选择“新建用户定义数据类型”命令，弹出“新建用户定义数据类型”对话框，如图 5.11 所示，依次给出数据类型名称，如“电话”，选

择所依赖的系统数据类型，这里定义“电话”的系统数据类型为 varchar(8)，允许取空值，无默认值，要求满足规则“rl_电话”的要求。单击“规则”后面的“浏览”按钮，弹出“查找对象”对话框，查找要绑定的规则对象，如图 5.12 所示，选中要绑定的规则，将规则“rl_电话”绑定到用户定义的数据类型上。后面在创建表时如果有用到“电话”字段时，即可以同使用系统数据类型一样，在数据类型列表中直接选择“电话”数据类型使用。

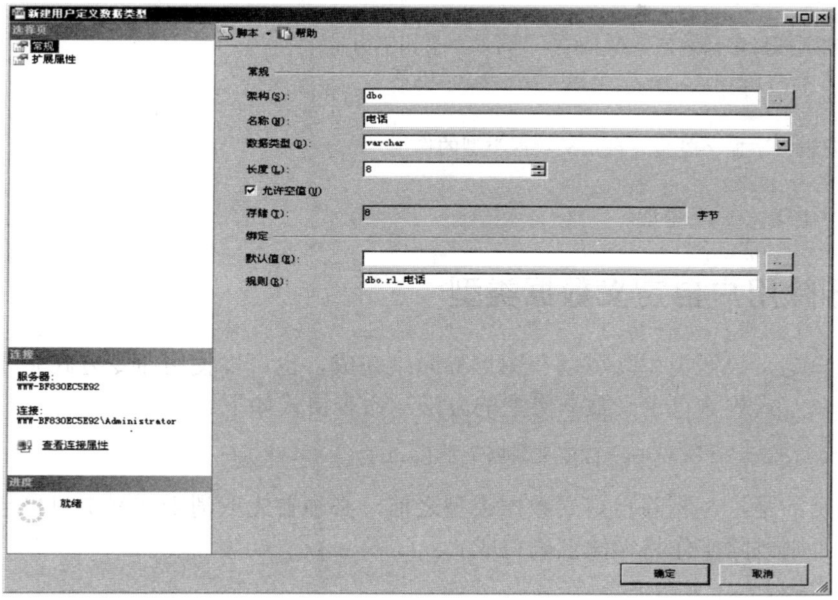

图 5.11　“新建用户定义数据类型”对话框

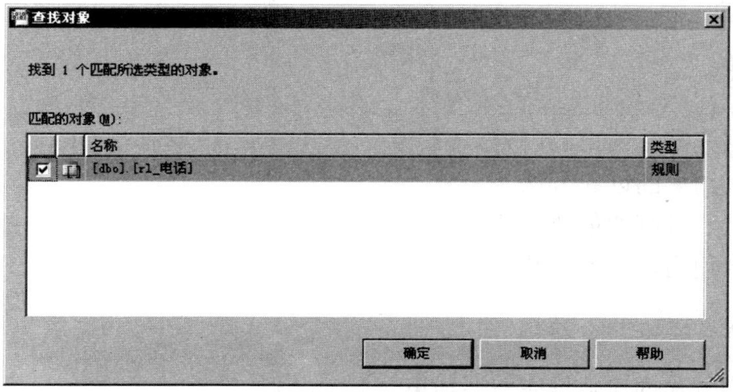

图 5.12　“查找对象”对话框

2．利用 T-SQL 语句创建自定义数据类型

利用 T-SQL 命令创建自定义数据类型实际上是使用系统存储过程的方法来建立，语法格式如下。

```
[EXECUTE]sp_addtype 自定义数据类型名称,系统数据类型名称[,'NULL'|'NOT NULL']
```

【例 5.25】 用命令方式定义一个名为“type_电话”的数据类型，要求所使用的系统数据类型为 varchar(8)，允许为空值，无默认值，将电话号码的规则“rl_电话”绑定到该类型上。完成命令如下。

```
--创建自定义数据类型
EXECUTE sp_addtype type_电话,'varchar(8)','NULL'
GO
--绑定规则到自定义数据类型(注意：这里不要加单引号)
EXECUTE sp_bindrule  rl_电话，type_电话
GO
--通过向表中添加字段验证自定义数据类型的作用
ALTER TABLE xs
   ADD 电话 type_电话
```

5.6.2　删除用户自定义数据类型

删除用户定义数据类型既可以在图形界面中完成，也可以使用命令方式完成。这里只介绍使用命令方式删除自定义数据类型的方法。命令格式如下。

```
[EXECUTE] sp_droptype 自定义数据类型[,…n]
```

需要说明的是，在删除自定义数据类型之前，必须首先取消表定义中对自定义数据类型的使用，否则删除操作将无法正确完成。

本 章 实 训

1．实训目的

(1) 掌握数据完整性约束的内容。
(2) 掌握各种约束的创建方法。
(3) 掌握默认和规则的创建方法。
(4) 学会综合使用数据的完整性约束。

2．实训内容

(1) 使用命令方式创建数据完整性约束。
(2) 使用命令创建和使用默认值及规则。
(3) 综合利用各种约束。

3．实训过程

(1) 请按照本书第 4 章实训的实训过程中所标注的主键、外键、唯一键要求，将各个表中的主键、外键等定义添加上。

(2) 将“销售人员”表中的“电话”列定义为唯一键。

```
ALTER TABLE 销售人员
ADD CONSTRAINT ix_销售人员 UNIQUE(电话)
```

(3) 为“销售人员”表中的“电话”列添加检查约束，要求每个新加入或修改的电话号码为 8 位数字，但对表中现有数据不进行检查。

```
ALTER TABLE 销售人员      --不检查现有数据
  WITH NOCHECK
    ADD CONSTRAINT xk_销售人员
      CHECK ([电话] LIKE '[0-9][0-9][0-9][0-9][0-9][0-9][0-9][0-9]')
GO
```

(4) 将“客户信息”表中的“地址”列添加一个 DEFAULT 约束，默认值为“深圳市”，然后添加一个新客户。

```
ALTER TABLE 客户信息
      ADD CONSTRAINT df_客户信息_地址 DEFAULT '深圳市' FOR 地址
INSERT 客户信息 VALUES(10,'黎国力',DEFAULT,'81273456')
```

(5) “销售人员”和“部门信息”两表之间是存在相互参照关系的，在“部门信息”表中，经理字段存放的是经理在“销售人员”表中的“工号”，也就是说，部门经理同时也是销售人员，所以要在“部门信息”表中建立一个外键，其主键为“销售人员”表中的工号。

```
ALTER TABLE 部门信息      --建立外键
    ADD CONSTRAINT fk_部门信息_销售人员
    FOREIGN KEY (经理) REFERENCES 销售人员(工号)
GO
```

(6) 在 marketing 数据库中创建一个地址的默认值对象，其值为“深圳市”。将其绑定到“客户信息”表和“销售人员”表的“地址”列。

```
CREATE DEFAULT df_addr AS '深圳市'
GO
--执行绑定
EXECUTE SP_BINDEFAULT 'df_addr', '客户信息.地址'
GO
EXECUTE SP_BINDEFAULT 'df_addr', '销售人员.地址'
GO
```

(7) 在 marketing 数据库中创建一个 E-mail 的规则对象，其值为包含@的字符串。然后将其删除。

```
CREATE RULE rl_email AS @x LIKE '%@%'
GO
--删除规则
EXECUTE SP_UNBINDRULE '客户信息.电话'
GO
DROP RULE rl_ email
GO
```

4. 实训总结

通过本章上机实训，应当掌握使用约束及规则的目的。掌握使用命令创建、添加和删除各种约束的方法。掌握创建、绑定和删除默认值及规则的方法。这些方法是保证数据库完整性非常重要的手段。

本 章 小 结

本章介绍了数据完整性技术，内容包括数据完整性的概念、约束管理、默认管理、规则管理以及使用标识列。数据完整性技术既是衡量数据库功能高低的指标，也是提高数据库中数据质量的重要手段，在应用程序开发中，具体使用哪一种方法，一定要根据系统的具体要求来选择。表 5.1 对这些技术做了一个总结。

表 5.1 完整性技术

类 型	技 术	语法格式	功能描述
域完整性	非空	NULL/NOT NULL	允许/不允许 null
	默认值	DEFAULT 默认值	输入数据时如果某个列没有明确提供值，则将该默认值插入到列中
	默认技术	(1)CREATE DEFAULT 默认名称 as 常数表达式 (2)sp_bindefault'默认名称', '对象名' (3)sp_unbindefault'对象名' (4)DROP DEFAULT 默认值名[,…n]	
	检查	CHECK(逻辑表达式)	指定某列可接受值的范围或模式
	规则技术	(1)CREATE RULE 规则名 as 条件表达式 (2)sp_bindrule'规则名', '对象名' (3)sp_unbindrule'对象名' (4)DROP RULE 规则名[,…n]	
实体完整性	主键	(1)PRIMARY KEY (2)PRIMARY KEY(列名 1[,…n])	唯一标识符，不允许空值
	唯一键	(1)UNIQUE (2)UNIQUE(列名 1[,…n])	防止出现冗余值，允许空值
	标识列	(1)IDENTITY[(种子,增量)] (2)IDENTITY(数据类型[,种子,递增量])AS 列名	确保值的唯一性，不允许空值，不允许用户更新
参照完整性	外键	[FOREIGN KEY]REFERENCES 参照主键表[(参照列)]	保证列与参照列的一致性

习 题

1. 简述数据完整性的用途。完整性有哪些类型？

2. 什么是规则？它与CHECK约束的区别在哪里？

3. 为表中数据提供默认值有几种方法？分别是什么？

4. 主键约束与唯一键约束的区别是什么？

5. 在marketing数据库中利用T-SQL语句将“客户信息”表中的“电话”列定义为唯一键。

6. 创建地址的默认对象df_addr为“北京市海淀区”，并将它绑定到“供应商信息”表和“销售人员”表的“地址”列。

7. 创建电话列的规则rl_dh，要求“电话”的定义为0～9组成的8位字符，并将其绑定到各个表的“电话”列。

8. 在“货品信息”表中为“供应商编码”字段建立了一个带有级联删除功能的外键，其主键为“供应商信息”表中的“编码”字段。

第6章 数据查询

数据查询是数据库系统应用的主要内容，保存数据就是为了使用，要使用数据首先要查找到需要的数据。在 T-SQL 中使用 SELECT 语句来实现数据查询。用户通过 SELECT 语句可以从数据库中搜寻用户所需要的数据，也可进行数据的统计汇总并返回给用户。SELECT 语句是数据库操作中使用频率最高的语句，是 SQL 语言的灵魂。

通过学习本章，读者应掌握以下内容：

- 利用 SELECT 语句进行单表查询的方法
- 利用 SELECT 语句进行多表连接查询的方法
- 嵌套查询的方法

本章将以 xsgl 数据库为例，在 xs、kc、cj 表的基础上介绍有关数据查询的技术，包括基本查询和高级查询。在进行查询之前，各表中应当已输入相应记录，各表中的记录分别如图 6.1～图 6.3 所示。

学号	姓名	性别	出生时间	专业	总学分	照片
2009030101	秦建兴	男	1990-8-9 0:00:00	电子商务	20	NULL
2009030102	张吉哲	男	1990-12-1 0:00:00	电子商务	20	NULL
2009030103	刘鑫	男	1990-3-23 0:00:00	电子商务	24	NULL
2009030104	王兆伟	男	1991-5-18 0:00:00	电子商务	24	NULL
2009030105	牛学文	男	1989-9-20 0:00:00	电子商务	19	NULL
2009030106	马艳玲	女	1990-12-20 0:0...	电子商务	20	NULL
2009030107	张玉莹	女	1990-6-28 0:00:00	电子商务	24	NULL
2009030108	耿娇	女	1991-6-6 0:00:00	电子商务	17	NULL
2009030109	王丹	女	1990-11-23 0:0...	电子商务	17	NULL
2009030110	朱丹	女	1989-9-28 0:00:00	电子商务	17	NULL
2009030301	尹相桔	女	1990-1-1 0:00:00	网络工程	17	NULL
2009030302	李楠楠	女	1990-12-31 0:0...	网络工程	12	NULL
2009030303	王东冬	男	1990-6-29 0:00:00	网络工程	12	NULL
2009030304	徐朝海	男	1990-10-28 0:0...	网络工程	17	NULL
2009030305	王小男	男	1991-12-3 0:00:00	网络工程	17	NULL
2009030306	贾志儒	男	1990-4-8 0:00:00	网络工程	17	NULL
2009030307	孙美娜	女	1990-9-3 0:00:00	网络工程	17	NULL
2009030312	沈柯辛	女	1990-7-27 0:00:00	网络工程	13	NULL
2009030313	王祥俊	女	1989-9-3 0:00:00	网络工程	17	NULL
2009030315	么芳芳	女	1990-4-28 0:00:00	网络工程	17	NULL

图 6.1 xs 表中记录

课程号	课程名	学分	学时数
J001	计算机基础	4	60
J002	数据结构	5	60
J003	操作系统	5	72
J005	数据库SQL Serve	4	72
A001	英语	4	50
A002	数学	4	50
A005	哲学	2	40

图 6.2 kc 表中记录

学号	课程号	成绩
2009030101	A001	97
2009030101	A002	93
2009030101	A005	94
2009030101	J001	99
2009030101	J002	77
2009030101	J003	86
2009030102	A001	61
2009030102	A002	62
2009030102	A005	78
2009030102	J001	44
2009030102	J002	76
2009030102	J003	74
2009030103	A001	96
2009030103	A002	90
2009030103	A005	87
2009030103	J001	88
2009030103	J002	85
2009030103	J003	89
2009030104	A001	85
2009030104	A002	83
2009030104	A005	71
2009030104	J001	88
2009030104	J002	77
2009030104	J003	66

学号	课程号	成绩
2009030105	A001	64
2009030105	A002	61
2009030105	A005	86
2009030105	J001	74
2009030105	J002	45
2009030105	J003	78
2009030106	A001	82
2009030106	A002	90
2009030106	A005	67
2009030106	J001	77
2009030106	J002	78
2009030106	J003	85
2009030107	A001	91
2009030107	A002	89
2009030107	A005	81
2009030107	J001	90
2009030107	J002	96
2009030107	J003	94
2009030108	A001	66
2009030108	A002	63
2009030108	J001	76
2009030108	J002	77

学号	课程号	成绩
2009030109	A001	78
2009030109	A002	86
2009030109	J001	81
2009030109	J002	84
2009030110	A001	63
2009030110	A002	63
2009030110	J001	75
2009030110	J002	78
2009030301	A001	85
2009030301	A002	78
2009030301	J001	84
2009030301	J002	90
2009030302	A001	86
2009030302	A002	67
2009030302	J001	74
2009030302	J002	55
2009030303	A001	74
2009030303	A002	73
2009030303	J001	86
2009030304	A001	83
2009030304	A002	85
2009030304	J001	77
2009030304	J002	67

学号	课程号	成绩
2009030304	J002	67
2009030305	A001	61
2009030305	A002	85
2009030305	J001	83
2009030305	J002	68
2009030306	A001	77
2009030306	A002	79
2009030306	J001	93
2009030306	J002	85
2009030307	A001	86
2009030307	A002	98
2009030307	J001	77
2009030307	J002	81
2009030312	A001	33
2009030312	A002	89
2009030312	J001	74
2009030312	J002	71
2009030313	A001	73
2009030313	A002	85
2009030313	J001	90
2009030313	J002	91
2009030315	A001	88
2009030315	A002	97
2009030315	J001	92
2009030315	J002	90

图 6.3　cj 表中记录

6.1　简单 SELECT 语句

简单查询是按照一定的条件在单表上查询数据，还包括汇总查询以及查询结果的排序与保存。

6.1.1　SELECT 的语法格式

SELECT 语句的基本语法格式如下：

```
SELECT <字段列表>
    [INTO 新表名]
    FROM <表名/视图名列表>
    [WHERE 条件表达式]
    [GROUP BY 列名列表]
    [HAVING 条件表达式]
    [ORDER BY 列名 1[ASC|DESC]，列名 2[ASC|DESC]，…，列名 n[ASC|DESC]]
    [COMPUTE 行聚合函数名(统计表达式)[,…n] [BY 分类表达式[,…n]]]
```

其中各子句说明如下：

(1) 字段列表用于指出要查询的字段，也就是查询结果中包含的字段的名称。

(2) INTO 子句用于创建一个新表，并将查询结果保存到这个新表中。

(3) FROM 子句用于指出所要进行查询的数据来源，即来源于哪些表或视图的名称。

(4) WHERE 子句用于指出查询数据时要满足的检索条件。

(5) GROUP BY 子句用于对查询结果分组。

(6) ORDER BY 子句用于对查询结果排序。

SELECT 语句的功能为：从 FROM 列出的数据源表中，找出满足 WHERE 检索条件的记录，按 SELECT 子句的字段列表输出查询结果表，在查询结果表中可进行分组与排序。

说明：在 SELECT 语句中，SELECT 子句与 FROM 子句是不可缺少的，其余的是可选的。

6.1.2 基本的 SELECT 语句

SELECT 语句的基本形式如下：

```
SELECT <字段列表>
    FROM <表名列表>
    [WHERE 查询条件]
```

简单地可以说明为，按照指定的条件由指定的表中查询出指定的字段。

1. 查询表中若干列

在很多情况下，用户只对表中的一部分属性感兴趣，这时可以通过在 SELECT 子句的<字段列表>中指定要查询的属性。

【例 6.1】 在 xs 表中查询学生的学号及姓名。

```
USE xsgl
GO
SELECT 学号,姓名
    FROM xs
GO
```

查询结果如图 6.4 所示。

2. 查询表中全部列

将表中所有属性都选出来，可以有两种方法。一种方法是在 SELECT 命令后面列出所有列名。另一种方法是如果列的显示顺序与其在基表中的顺序相同，也可以简单地将<字段列表>简写为“*”。

【例 6.2】 查询 kc 表的所有信息。

```
USE xsgl
GO
SELECT *
    FROM kc
GO
```

查询结果如图 6.5 所示。

3. 设置字段别名

T-SQL 提供了在 SELECT 语句中操作别名的方法。用户可以根据实际需要对查询数据的列标题进行修改，或者为没有标题的列加上临时标题。其语法格式为：

```
列表达式 [as] 别名
```

或：

```
别名=列表达式
```

	学号	姓名
1	2009030101	秦建兴
2	2009030102	张吉哲
3	2009030103	刘鑫
4	2009030104	王兆伟
5	2009030105	牛学文
6	2009030106	马艳玲
7	2009030107	张玉莹
8	2009030108	耿娇
9	2009030109	王丹
10	2009030110	朱丹
11	2009030301	尹相桔
12	2009030302	李楠楠
13	2009030303	王东冬
14	2009030304	徐朝海
15	2009030305	王小男
16	2009030306	贾志儒
17	2009030307	孙美娜
18	2009030312	沈柯辛
19	2009030313	王祥俊
20	2009030315	么芳芳

图 6.4　查询指定列的结果

	课程号	课程名	学...	学时数
1	A001	英语	4	50
2	A002	数学	4	50
3	A005	体育	2	30
4	J001	计算机基础	4	60
5	J002	数据结构	5	60
6	J003	操作系统	5	72
7	J005	数据库SQL Server	4	72

图 6.5　查询 kc 表全部列

【例 6.3】 查询 xsgl 数据库的 kc 表，列出表中的所有记录，每个记录名称依次为课程编号，课程名称，课程学分及课程时数。

```
USE xsgl
GO
SELECT 课程号 AS 课程编号,课程名 AS 课程名称,学分 AS 课程学分,学时数 AS 课程时数
    FROM kc
```

或：

```
SELECT 课程编号=课程号,课程名称=课程名,课程学分=学分,课程时数=学时数
    FROM kc
```

查询结果如图 6.6 所示。

	课程编号	课程名称	课程学...	课程时数
1	A001	英语	4	50
2	A002	数学	4	50
3	A005	体育	2	30
4	J001	计算机基础	4	60
5	J002	数据结构	5	60
6	J003	操作系统	5	72
7	J005	数据库SQL Server	4	72

图 6.6　显示字段别名

4．查询经过计算的值

SELECT 子句的<字段列表>不仅可以是表中的属性列，也可以是表达式，包括字符串常量、函数等。其语法格式为：

```
计算字段名=表达式
```

【例 6.4】 查询所有学生的学号、姓名及年龄。

在本例的查询操作中应该使用 xs 表中的“出生时间”字段值来计算得到，这里需要用到两个函数，一个是取得当前系统日期的函数 GETDATE()，另一个是计算两个日期型量之差的函数 DATEDIFF，这里是计算当前日期与学生出生时间之间年份的差值，通过这种方式得到学生的年龄。

```
USE xsgl
GO
SELECT 学号,姓名,年龄=DATEDIFF(YY,出生时间,GETDATE())
    FROM xs
GO
```

查询结果如图 6.7 所示。

5．返回全部记录

要返回所有记录可在 SELECT 后使用 ALL，ALL 是默认设置，因此也可以省略。

【例 6.5】 查询 xs 表中所有学生的专业。

```
USE xsgl
GO
SELECT 专业
    FROM xs
GO
```

查询部分结果如图 6.8 所示。

	学号	姓名	年龄
1	2009030101	秦建兴	20
2	2009030102	张吉哲	20
3	2009030103	刘鑫	20
4	2009030104	王兆伟	19
5	2009030105	牛学文	21
6	2009030106	马艳玲	20
7	2009030107	张玉莹	20
8	2009030108	耿娇	19
9	2009030109	王丹	20
10	2009030110	朱丹	21
11	2009030301	尹相桔	20
12	2009030302	李楠楠	20
13	2009030303	王东冬	20
14	2009030304	徐朝海	20
15	2009030305	王小男	19
16	2009030306	贾志儒	20
17	2009030307	孙美娜	20
18	2009030312	沈柯辛	20
19	2009030313	王祥俊	21
20	2009030315	么芳芳	20

图 6.7 显示经过计算的年龄字段

	专业
6	电子商务
7	电子商务
8	电子商务
9	电子商务
10	电子商务
11	网络工程
12	网络工程
13	网络工程
14	网络工程

图 6.8 显示所有学生的专业

6．过滤重复记录

在例 6.5 的执行结果集中显示了重复行。如果让重复行只显示一次，需在 SELECT 子句中用过滤重复记录(DISTINCT)指定在结果集中只能显示唯一行。

【例 6.6】　查询 xs 表中的学生所在专业有哪些(重复专业只显示一次)。

```
USE xsgl
GO
SELECT DISTINCT 专业
    FROM xs
GO
```

	专业
1	电子商务
2	网络工程

图 6.9　去掉重复值后的显示结果

查询结果如图 6.9 所示。

注意：在使用 DISTINCT 关键字后，如果表中有多个为 NULL 的数据，服务器会把这些数据视为相同。

7．仅返回前面若干条记录

其语法格式如下：

```
SELECT [TOP n |TOP n PERCENT] 列名 1 [,…n]
    FROM 表名
```

其中：

TOP n 表示返回最前面的 n 行，n 表示返回的行数。

TOP n PERCENT 表示返回的最前面的 n%行。

【例 6.7】　查询 xs 表中前 5 条记录。

```
USE xsgl
GO
SELECT TOP 5 *
    FROM xs
GO
```

【例 6.8】　查询 xs 表中前面 10%行记录。

```
USE xsgl
GO
SELECT TOP 10 PERCENT *
    FROM xs
GO
```

经过运行例 6.7 将返回 5 条记录，而例 6.8 会返回 xs 表的前 10%，即前 2 条记录。

注意：TOP 子句不能和 DISTINCT 关键字同时使用。

6.1.3　INTO 子句

使用 INTO 子句允许用户定义一个新表，并且把 SELECT 子句的数据插入新表中，其语法格式如下。

```
SELECT <字段列表>
    INTO 新表名
    FROM <表名列表>
    WHERE 查询条件
```

使用 INTO 子句插入数据时，应注意以下 4 点：

(1) 新表不能存在，否则会产生错误信息。

(2) 新表中的列和行是基于查询结果集的。

(3) 使用该子句必须在目的数据库中具有 CREATE TABLE 权限。

(4) 如果新表名称的开头为“#”，则生成的是临时表。

注意：使用 INTO 子句，通过在 WHERE 子句中设置 FALSE 条件，可以创建一个和源表结构相同的空表。

【例 6.9】 创建一个和 xs 表结构相同的 xs_new 表。

```
USE xsgl
GO
SELECT * INTO xs_new
    FROM xs
    WHERE 6>8
```

设置“WHERE 6>8”这样一个明显为逻辑否的条件的目的是为了只保留 xs 表的结构，而不返回任何记录。

【例 6.10】 查询所有女生的信息并将结果保存在名为“女生表”的数据表中。

```
USE xsgl
GO
SELECT * INTO 女生表
FROM xs
WHERE 性别='女'
```

【例 6.11】 查询所有男生的信息并将结果存入临时表中。

```
USE xsgl
SELECT *
    INTO #TEMPDB
    FROM xs
    WHERE 性别='男'
```

要查看临时表的内容可用下面的语句：

```
SELECT * FROM #TEMPDB
```

查询结果如图 6.10 所示。

	学号	姓名	性...	出生时间	专业	总学...	照片	备注	电话
1	2009030101	秦建兴	男	1990-08-09 00:00:00.000	电子商务	20	NULL	NULL	NULL
2	2009030102	张吉哲	男	1990-12-01 00:00:00.000	电子商务	20	NULL	NULL	NULL
3	2009030103	刘鑫	男	1990-03-23 00:00:00.000	电子商务	24	NULL	NULL	NULL
4	2009030104	王兆伟	男	1991-05-18 00:00:00.000	电子商务	24	NULL	NULL	NULL
5	2009030105	牛学文	男	1989-09-20 00:00:00.000	电子商务	19	NULL	NULL	NULL
6	2009030303	王东冬	男	1990-06-29 00:00:00.000	网络工程	12	NULL	NULL	NULL
7	2009030304	徐朝海	男	1990-10-28 00:00:00.000	网络工程	17	NULL	NULL	NULL
8	2009030305	王小男	男	1991-12-03 00:00:00.000	网络工程	17	NULL	NULL	NULL
9	2009030306	贾志儒	男	1990-04-08 00:00:00.000	网络工程	17	NULL	NULL	NULL

图 6.10　查询临时表的结果

6.1.4 WHERE 子句

WHERE 子句获取 FROM 子句返回的值(在虚拟表中)，并且应用 WHERE 子句中定义的搜索条件。WHERE 子句相当于从 FROM 子句返回结果的筛选器，每一行都要根据搜索条件进行评估，评估为真的那些行，作为查询结果的一部分返回；评估为未知或假的那些行，将不出现在结果中。条件查询就是关系运算的选择运算，就是对数据源进行水平分割。

其语法格式如下：

```
SELECT 列名 1[,…列名 n]
    FROM 表名
    WHERE 条件表达式
```

使用 WHERE 子句可以限制查询的记录范围。在使用时，WHERE 子句必须紧跟在 FROM 子句后面。WHERE 子句中的条件是一个逻辑表达式，其中可以包含的运算符如表 6.1 所示。

表 6.1 查询条件中常用的运算符

运 算 符	用 途
=，<>，>，>=，<，<=，!=	比较大小
AND、OR、NOT	设置多重条件
BETWEEN …AND…	确定范围
IN、NOT IN、ANY | SOME、ALL	确定集合
LIKE	字符匹配，用于模糊查询
IS [NOT]NULL	测试空值

1. 比较表达式作为查询条件

比较表达式是逻辑表达式的一种，使用比较表达式作为查询条件的一般表达形式是：

```
表达式 1 比较运算符 表达式 2
```

其中，表达式为常量、变量和列表达式的任意有效组合。比较运算符包括=(等于)、<(小于)、>(大于)、<>(不等于)、!>(不大于)、!<(不小于)、>=(大于等于)、<=(小于等于)、!=(不等于)。

【例 6.12】 查询年龄在 23 岁以下的学生。

```
USE xsgl
GO
SELECT 姓名,性别,年龄=DATEDIFF(YEAR,出生时间,
GETDATE())
    FROM xs
    WHERE DATEDIFF(YEAR,出生时间,GETDATE())<20
GO
```

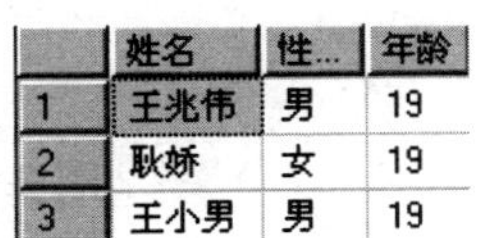

	姓名	性...	年龄
1	王兆伟	男	19
2	耿娇	女	19
3	王小男	男	19

图 6.11 带有比较表达式的查询结果

查询结果如图 6.11 所示。

2. 逻辑表达式作为查询条件

使用逻辑表达式作为查询条件的一般表达形式如下。

```
表达式 1 AND|OR 表达式 2,或 NOT 表达式
```

【例 6.13】 查询年龄为 23 岁且性别为“女”的学生。

```
USE xsgl
GO
SELECT 姓名,性别,年龄=DATEDIFF(YEAR,出生时间,
GETDATE())
    FROM xs
    WHERE DATEDIFF(YEAR,出生时间,GETDATE())<20
AND 性别='女'
```

查询结果如图 6.12 所示。

	姓名	性别	年龄
1	耿娇	女	19

图 6.12 带有逻辑表达式的查询结果

3. (NOT)BETWEEN…AND…关键字

其语法格式如下。

```
表达式 [NOT] BETWEEN 表达式 1  AND 表达式 2
```

谓词可以用来查找属性值在(或不在)指定范围内的元组，其中 BETWEEN 后是范围的下限(即低值)，AND 后是范围的上限(即高值)。使用 BETWEEN 限制查询数据范围时同时包括了边界值，而使用 NOT BETWEEN 进行查询时不包括边界值。

【例 6.14】 查询年龄在 20～22 岁之间的女学生的学号、姓名和年龄。

```
USE xsgl
GO
SELECT 姓名,性别,年龄=DATEDIFF(YEAR,出生时间,GETDATE())
    FROM xs
   WHERE DATEDIFF(YEAR,出生时间,GETDATE())BETWEEN 19 AND 20 AND 性别='女'
```

查询结果如图 6.13 所示。

	姓名	性别	年龄
1	马艳玲	女	20
2	张玉莹	女	20
3	耿娇	女	19
4	王丹	女	20
5	尹相桔	女	20
6	李楠楠	女	20
7	孙美娜	女	20
8	沈柯辛	女	20
9	么芳芳	女	20

图 6.13 使用 BETWEEN…AND…关键字的查询结果

4. IN 关键字

同 BETWEEN 关键字一样，IN 的引入也是为了更方便地限制检索数据的范围，灵活使用 IN 关键字，可以用简洁的语句实现结构复杂的查询。语法格式如下。

```
表达式 [NOT] IN (表达式 1,表达式 2[,…表达式 n])
```

如果表达式的值是谓词 IN 后面括号中列出的表达式 1，表达式 2，……，表达式 n 中的一个值，则条件为真。

【例 6.15】 查询选修了 A003 和 J003 的学生的学号。

```
USE xsgl
GO
SELECT DISTINCT 学号
    FROM cj
    WHERE 课程号 IN ('A003', 'J003')
GO
```

查询结果如图 6.14 所示。

	学号
1	2009030101
2	2009030102
3	2009030103
4	2009030104
5	2009030105
6	2009030106
7	2009030107

图 6.14　使用 IN 关键字的查询结果

5. LIKE 关键字

在实际的应用中，用户不会总是能够给出精确的查询条件。因此，经常需要根据一些并不确切的线索来搜索信息，这就是所谓的模糊查询。T-SQL 提供了 LIKE 子句来进行模糊查询。

语法格式：

```
表达式 [NOT] LIKE <匹配串>
```

LIKE 子句的含义是查找指定的属性列值与“匹配串”相匹配的元组。“匹配串”可以是一个完整的字符串，也可以含有通配符。SQL Server 提供了以下 4 种通配符供用户灵活实现复杂的查询条件。

(1) %(百分号)：表示从 0～n 个任意字符。

(2) _(下划线)：表示单个任意字符。

(3) [](封闭方括号)：表示方括号里列出的任意一个字符。

(4) [^]：任意一个没有在方括号里列出的字符。

需要注意的是，以上所有通配符都只有在 LIKE 子句中才有意义，否则通配符会被当作普通字符处理。

【例 6.16】 查询“张”姓学生的学号及姓名。

```
USE xsgl
GO
SELECT 学号,姓名
    FROM xs
    WHERE 姓名 LIKE '张%'
GO
```

查询结果如图 6.15 所示。

	学号	姓名
1	2006030102	张吉哲
2	2009030107	张玉莹

图 6.15　使用 LIKE 关键字的查询结果

注意：通配符和字符串必须括在单引号中。要查找通配符本身时，需将它们用方括号括起来。例如：LIKE '[[]'表示要匹配“[”。

6. 涉及空值的查询

对于空值(NULL)要用 IS 进行连接，不能用“=”代替。

【例 6.17】 查询选修了课程却没有成绩的学生的学号。

```
USE xsgl
GO
SELECT *
    FROM cj
    WHERE 成绩 IS NULL
GO
```

查询结果如图 6.16 所示。

	学号	课程号	成绩
1	2009030110	A005	NULL
2	2009030110	J003	NULL
3	2009030110	J005	NULL
4	2009030113	J003	NULL
5	2009030113	J005	NULL
6	2009030115	J005	NULL

图 6.16　涉及空值的查询结果

6.1.5　ORDER BY 子句

查询结果集中记录的顺序是按它们在表中的顺序进行排列的，可以使用 ORDER BY 子句对查询结果重新进行排序，可以规定升序(从低到高或从小到大)或降序(从高到低或从大到小)。其语法格式如下。

```
ORDER BY 表达式1 [ASC | DESC][,…n]]
```

其中，表达式给出排序依据，即按照表达式的值升序(ASC)或降序(DESC)排列查询结果。默认情况下，ORDER BY 按升序进行排列，即默认使用的是 ASC 关键字。如果用户特别要求按降序进行排列，必须使用 DESC 关键字。可以在 ORDER BY 子句中指定多个列，检索结果首先按第 1 列进行排序，第 1 列值相同的那些数据行，再按照第 2 列排序。ORDER BY 要写在 WHERE 子句的后面。

不能按 ntext、text 或 image 类型的列排序，因此 ntext、text 或 image 类型的列不允许出现在 ORDER BY 子句中。

【例 6.18】 按年龄从小到大的顺序显示女学生的姓名、性别及出生时间。

```
USE xsgl
GO
SELECT 姓名,性别,出生时间
    FROM xs
```

```
WHERE 性别='女'
ORDER BY 出生时间 DESC
GO
```

查询结果如图6.17所示。

	姓名	性别	出生时间
1	耿娇	女	1991-06-06 00:00:00.000
2	李楠楠	女	1990-12-31 00:00:00.000
3	马艳玲	女	1990-12-20 00:00:00.000
4	王丹	女	1990-11-23 00:00:00.000
5	孙美娜	女	1990-09-03 00:00:00.000
6	沈柯辛	女	1990-07-27 00:00:00.000
7	张玉莹	女	1990-06-28 00:00:00.000
8	么芳芳	女	1990-04-28 00:00:00.000
9	尹相桔	女	1990-01-01 00:00:00.000
10	朱丹	女	1989-09-28 00:00:00.000
11	王祥俊	女	1989-09-03 00:00:00.000

图6.17 使用ORDER BY子句的查询结果

注意：对于空值，若按升序排，含空值的元组将最后显示。若按降序排，空值的元组将最先显示。

6.2 SELECT语句的统计功能

为了进一步方便用户，增强检索功能，SELECT 语句中的统计功能可以对查询结果集进行求和、求平均值、求最大最小值等操作。统计的方法是通过集合函数和GROUP BY子句、COMPUTE子句进行组合来实现。

6.2.1 集合函数

汇总查询是把存储在数据库中的数据作为一个整体，对查询结果得到的数据集合进行汇总或求平均值等各种运算。SQL Server提供了一系列统计函数，用于实现汇总查询。常用的统计函数如表6.2所示。

表6.2 SQL Server的统计函数

函数名	功能
SUM()	对数值型列或计算列求总和
AVG()	对数值型列或计算列求平均值
MIN()	返回一个数值列或数值表达式的最小值
MAX()	返回一个数值列或数值表达式的最大值
COUNT()	返回满足SELECT语句中指定条件的记录的个数
COUNT(*)	返回找到的行数

【例 6.19】 查询学生总人数。

```
USE xsgl
GO
SELECT 学生总人数=COUNT(*)
    FROM xs
GO
```

	学生总人数
1	20

图 6.18 求学生总人数的查询结果

查询结果如图 6.18 所示。

如果指定 DISTINCT 短语，则表示在计算时要取消指定列中的重复值。如果不指定 DISTINCT 短语或指定 ALL 短语(ALL 为缺省值)，则表示不取消重复值。

【例 6.20】 查询选修 A005 课程的学生人数。

```
USE xsgl
GO
SELECT 选课人数=COUNT(DISTINCT 学号)
    FROM cj
    WHERE 课程号='A005'
GO
```

	选课人数
1	8

图 6.19 求选课人数的查询结果

查询结果如图 6.19 所示。

【例 6.21】 查询选修 A001 课程的学生的最高分数。

```
USE xsgl
GO
SELECT A001课程最高分=MAX(成绩)
    FROM cj
    WHERE 课程号='A001'
GO
```

	A001课程最高分
1	97

图 6.20 求最高分的查询结果

查询结果如图 6.20 所示。

6.2.2 GROUP BY 子句

前面进行的统计都是针对整个查询结果集的，通常也会要求按照一定的条件对数据进行分组统计，例如对每科考试成绩统计其平均分等。GROUP BY 子句就能够实现这种统计，它按照指定的列，对查询结果进行分组统计，该子句写在 WHERE 子句的后面。注意：SELECT 子句中的选择列表中出现的列，或者包含在集合函数中，或者包含在 GROUP BY 子句中，否则，SQL Server 将返回错误信息。其语法格式如下。

```
GROUP BY 列名
[HAVING 条件表达式]
```

HAVING 条件表达式选项是对生成的组进行筛选。

【例 6.22】 在 xs 表中分专业统计出男生和女生的平均年龄及人数，结果按性别排序。

```
USE xsgl
GO
SELECT 专业,性别,
  AVG(DATEDIFF(YEAR,出生时间,GETDATE())) AS 平均年龄,
```

```
COUNT(*) AS 人数
   FROM xs
   GROUP BY 专业,性别
   ORDER BY 性别
GO
```

查询结果如图 6.21 所示。

	专业	性别	平均年龄	人数
1	电子商务	男	20	5
2	网络工程	男	19	4
3	电子商务	女	20	5
4	网络工程	女	20	6

图 6.21 使用 GROUP BY 子句的查询结果

若要输出满足一定条件的分组，则需要使用 HAVING 关键字。即当完成数据结果的查询和统计后，可以使用 HAVING 关键字对查询和统计的结果进行进一步的筛选。

【例 6.23】 查询 cj 表中平均成绩大于等于 80 分的学生的学号、平均分，并按分数由高到低排序。

```
USE xsgl
GO
SELECT 学号, AVG(成绩) AS  平均成绩
    FROM cj
    GROUP BY 学号
    HAVING AVG(成绩)>=80
    ORDER BY AVG(成绩) DESC
GO
```

查询结果如图 6.22 所示。

	学号	平均成绩
1	2009030315	91.750000
2	2009030101	91.000000
3	2009030107	90.166666
4	2009030103	89.166666
5	2009030307	85.500000
6	2009030313	84.750000
7	2009030301	84.250000
8	2009030306	83.500000
9	2009030109	82.250000

图 6.22 使用 HAVING 关键字的查询结果

注意： WHERE 子句是对表中的记录进行筛选，而 HAVING 子句是对组内的记录进行筛选，在 HAVING 子句中可以使用集合函数，并且其统计运算的集合是组内的所有列值，而 WHERE 子句中不能使用集合函数。

6.2.3 COMPUTE 子句

使用 COMPUTE BY 子句可以对 BY 后面给出的列进行分组显示，并计算该列的分组小计。其语法格式如下。

```
COMPUTE 集合函数 [BY 分类表达式]
```

注意：(1) COMPUTE 或 COMPUTE BY 子句中的表达式，必须出现在选择列表中，并且必须将其指定为与选择列表中的某个表达式完全一样，不能使用在选择列表中指定的列的别名。

(2) 在 COMPUTE 或 COMPUTE BY 子句中，不能指定为 ntext、text 和 image 数据类型。

(3) 如果使用 COMPUTE BY，则必须也使用 ORDER BY 子句。表达式必须与在 ORDER BY 后列出的子句相同或是其子集，并且必须按相同的序列。例如，如果 ORDER BY 子句是 ORDER BY a,b,c，则 COMPUTE 子句可以是下面的任意一个(或全部)：

```
COMPUTE BY a,b,c
COMPUTE BY a,b
COMPUTE BY a
```

(4) 在 SELECT INTO 语句中不能使用 COMPUTE。因此，任何由 COMPUTE 生成的计算结果不出现在用 SELECT INTO 语句创建的新表内。

【例 6.24】 在 cj 表中求每门课程的成绩大于等于 90 分的人数，并显示统计的明细。

```
USE xsgl
GO
SELECT *
FROM cj
WHERE 成绩>=90
ORDER BY 课程号
COMPUTE COUNT(课程号) BY 课程号
GO
```

查询结果如图 6.23 所示。

	学号	课程号	成绩
1	2009030101	A001	97
2	2009030107	A001	91
3	2009030103	A001	96

	cnt
1	3

	学号	课程号	成绩
1	2009030103	A002	90
2	2009030106	A002	90
3	2009030307	A002	98
4	2009030315	A002	97
5	2009030101	A002	93

	cnt
1	5

	学号	课程号	成绩
1	2009030101	A005	94

	cnt
1	1

	学号	课程号	成绩
1	2009030101	J001	99
2	2009030107	J001	90
3	2009030315	J001	92
4	2009030313	J001	90
5	2009030306	J001	93

图 6.23 使用 COMPUTE 子句的查询结果

6.3 SELECT语句中的多表连接

连接查询是关系数据库中最主要的查询方式。前面所介绍的查询都是针对一张表进行的，但在实际工作中，所查询的内容往往涉及多张表。连接查询的目的是通过加载连接字段条件将多个表连接起来，以便从多个表中检索用户所需要的数据。在SQL Server中连接查询类型分为交叉连接、内连接、外连接和自连接。连接查询就是关系运算的连接运算，它是从多个数据源间(FROM)查询满足一定条件的记录。

为了说明多表连接，在下面例题中建立了学生会名单(xsh)和人员分工(ryfg)两个表，并向表中添加数据。

【例6.25】 建立学生会名单(xsh)和人员分工(ryfg)两个表。

```
USE xsgl
GO
--创建表
CREATE TABLE xsh
(
编号 CHAR(2)NOT NULL CONSTRAINT XSHMD_BH PRIMARY KEY,
姓名 CHAR(8)
)
CREATE TABLE ryfg
(
编号 CHAR(2)NOT NULL CONSTRAINT RYFG_BH PRIMARY KEY,
职务 CHAR(20)
)
GO
--插入数据
INSERT xsh VALUES(1, '张吉哲')
INSERT xsh VALUES(2, '朱丹')
INSERT xsh VALUES(3, '王东冬')
INSERT xsh VALUES(4, '么芳芳')

INSERT ryfg VALUES(1, '学习部')
INSERT ryfg VALUES(2, '女生部')
INSERT ryfg VALUES(5, '体育部')
INSERT ryfg VALUES(6, '纪检部')
```

6.3.1 交叉连接

交叉连接也称非限制连接，它是将两个表不加任何约束地组合起来。也就是将第一个表的所有行分别与第二个表的每一行形成一条新的记录，连接后该结果集的行数等于两个表的行数积，列数等于两个表列数的和。在数学上，就是两个表的笛卡儿积，在实际应用中一般是没有意义的，但在数据库的数学模型上有重要的作用。其语法结构如下。

```
SELECT 列名列表 FROM 表名1 CROSS JOIN 表名2
```

或

```
SELECT  列名列表 FROM  表名 1,  表名 2
```

【例 6.26】 对 xsh 和 ryfg 表进行交叉连接。

```
USE xsgl
GO
SELECT xsh.编号 AS 编号 1,xsh.姓名,ryfg.编号 AS 编号 2,ryfg.职务
FROM xsh CROSS JOIN ryfg
GO
```

查询结果如图 6.24 所示。

	编号1	姓名	编...	职务
1	1	张吉哲	1	学习部
2	2	朱丹	1	学习部
3	3	王东冬	1	学习部
4	4	么芳芳	1	学习部
5	1	张吉哲	2	女生部
6	2	朱丹	2	女生部
7	3	王东冬	2	女生部
8	4	么芳芳	2	女生部
9	1	张吉哲	5	体育部
10	2	朱丹	5	体育部
11	3	王东冬	5	体育部
12	4	么芳芳	5	体育部
13	1	张吉哲	6	纪检部
14	2	朱丹	6	纪检部
15	3	王东冬	6	纪检部
16	4	么芳芳	6	纪检部

图 6.24　交叉连接的查询结果

6.3.2　内连接

内连接也称自然连接，它是组合两个表的常用方法。内连接就是只包含满足连接条件的数据行，是将交叉连接结果集按照连接条件进行过滤的结果。连接条件通常采用“主键=外键”的形式。内连接有以下两种语法格式。

```
SELECT 列名列表 FROM 表名 1 [INNER] JOIN 表名 2  ON 表名 1.列名=表名 2.列名
```

或

```
SELECT 列名列表 FROM 表名 1, 表名 2 WHERE 表名 1.列名=表名 2.列名
```

【例 6.27】 由 xsh 和 ryfg 表得到是学生会成员并且有职务的每个人的职务情况。

```
USE xsgl
GO
SELECT A.编号 AS 编号 1,A.姓名,B.编号 AS 编号 2,B.职务
    FROM xsh A INNER JOIN ryfg B ON A.编号=B.编号
GO
```

或

```
SELECT A.编号 AS 编号 1,A.姓名,B.编号 AS 编号 2,B.职务
    FROM xsh A , ryfg B
    WHERE A.编号=B.编号
```

查询结果如图 6.25 所示。

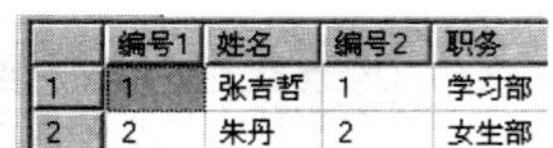

	编号1	姓名	编号2	职务
1	1	张吉哲	1	学习部
2	2	朱丹	2	女生部

图 6.25　内连接查询结果

【例 6.28】 查询所有学生会学生的基本情况及其担任的职务。

```
USE xsgl
GO
SELECT 学号,xs.姓名,性别,出生时间,专业,职务
    FROM xs JOIN xsh ON xs.姓名=xsh.姓名
            JOIN ryfg ON xsh.编号=ryfg.编号
GO
```

查询结果如图 6.26 所示。

	学号	姓名	性别	出生时间	专业	职务
1	2009030102	张吉哲	男	1990-12-01 00:00:00.000	电子商务	学习部
2	2009030110	朱丹	女	1989-09-28 00:00:00.000	电子商务	女生部

图 6.26　内连接查询结果

6.3.3　外连接

在自然连接中，只有在两个表中匹配的才能在结果集中出现。而在外连接中可以只限制一个表，而对另一个表不加限制(即另一个表中的所有行都出现在结果集中)。

外连接分为左外连接、右外连接和全外连接。左外连接是对连接条件中左边的表不加限制；右外连接是对右边的表不加限制；全外连接则对两个表都不加限制，两个表中的所有行都会包含在结果集中。

1. 左外连接

将左表中的所有记录分别与右表中的每条记录进行组合，结果集中除返回内部连接的记录以外，还在查询结果中返回左表中不符合条件的记录，并在右表的相应列中填上 NULL，由于 BIT 类型不允许为 NULL，就以 0 值填充。左外连接的语法格式如下。

```
SELECT  列名列表 FROM  表名 1 AS A LEFT [OUTER] JOIN  表名 2 AS B ON A. 列名=B.
列名
```

例 6.27 给出是学生会成员并且有职务的学生及其职务，如果要求对学生会的学生不论其是否有职务，即不管学生职务是否为空都列出来则必须使用外连接，更确切地讲是左外连接。

【例 6.29】 列出所有 xsh 表中学生姓名并对已有职务的学生给出其职务。

```
USE xsgl
GO
SELECT A.编号 AS 编号 1,A.姓名,B.编号 AS 编号 2,B.职务
    FROM xsh A LEFT JOIN ryfg B ON A.编号=B.编号
GO
```

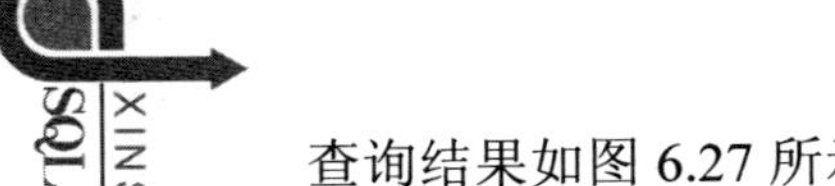

查询结果如图 6.27 所示。

	编号1	姓名	编号2	职务
1	1	张吉哲	1	学习部
2	2	朱丹	2	女生部
3	3	王东冬	NULL	NULL
4	4	么芳芳	NULL	NULL

图 6.27　外连接查询结果

2. 右外连接

和左外连接类似，右外连接是将左表中的所有记录分别与右表中的每条记录进行组合，结果集中除返回内部连接的记录以外，还在查询结果中返回右表中不符合条件的记录，并在左表的相应列中填上 NULL，同样地，由于 BIT 类型不允许为 NULL，就以 0 值填充。其语法格式如下。

```
SELECT  列名列表
   FROM  表名1 AS A RIGHT [OUTER] JOIN  表名2 AS B ON A.列名=B.列名
```

【例 6.30】 列出所有学生会学生的情况，有职务的同学列出其所担任的职务。

```
USE xsgl
GO
SELECT 学号,xs.姓名,性别,出生时间,专业,职务
   FROM ryfg RIGHT JOIN xsh ON xsh.编号=ryfg.编号
   JOIN xs ON xs.姓名=xsh.姓名
GO
```

查询结果如图 6.28 所示。

	学号	姓名	性...	出生时间	专业	职务
1	2009030102	张吉哲	男	1990-12-01 00:00:00.000	电子商务	学习部
2	2009030110	朱丹	女	1989-09-28 00:00:00.000	电子商务	女生部
3	2009030303	王东冬	男	1990-06-29 00:00:00.000	网络工程	NULL
4	2009030315	么芳芳	女	1990-04-28 00:00:00.000	网络工程	NULL

图 6.28　右外连接查询结果

3. 全外连接

全外连接结果集中除返回左表和右表内部连接的记录以外，还在查询结果中返回两个表中不符合条件的记录，并在左表或右表的相应列中填上 NULL，BIT 类型以 0 值填充。其语法格式如下。

```
SELECT  列名列表
   FROM  表名1 AS A FULL [OUTER] JOIN  表名2 AS B ON A.列名=B.列名
```

【例 6.31】 列出所有学生的姓名和职务，姓名与职务对应的则对应给出，无对应的则在对应的列值填充为空值。

```
USE xsgl
GO
```

```
SELECT A.编号 AS 编号1,A.姓名,B.编号 AS 编号2,B.职务
    FROM xsh A FULL JOIN ryfg B ON A.编号=B.编号
GO
```

查询结果如图 6.29 所示。

	编号1	姓名	编号2	职务
1	1	张吉哲	1	学习部
2	2	朱丹	2	女生部
3	3	王东冬	NULL	NULL
4	4	么芳芳	NULL	NULL
5	NULL	NULL	5	体育部
6	NULL	NULL	6	纪检部

图 6.29　全外连接的查询结果

6.3.4　自连接

不仅可以在不同的表上进行连接操作，也可以在同一张表内进行自身连接，即将同一个表的不同行连接起来。自连接可以看作一张表的两个副本之间的连接。表名在 FROM 子句中出现两次，必须对表指定不同的别名，在 SELECT 子句中引用的列名也要使用表的别名进行限定，使之在逻辑上成为两张表。

【例 6.32】 在 xs 表中查询和“刘鑫”在同一专业的所有男同学的信息。

```
USE xsgl
GO
SELECT B.*
    FROM xs A,xs B
    WHERE A.姓名='刘鑫' AND B.专业=A.专业 AND B.性别='男' AND B.姓名<>'刘鑫'
GO
```

查询结果如图 6.30 所示。

	学号	姓名	性...	出生时间	专业	总学...	照片	备注	电话
1	2009030101	秦建兴	男	1990-08-09 00:00:00.000	电子商务	20	NULL	NULL	NULL
2	2009030102	张吉哲	男	1990-12-01 00:00:00.000	电子商务	20	NULL	NULL	NULL
3	2009030104	王兆伟	男	1991-05-18 00:00:00.000	电子商务	24	NULL	NULL	NULL
4	2009030105	牛学文	男	1989-09-20 00:00:00.000	电子商务	19	NULL	NULL	NULL

图 6.30　自连接的查询结果

6.3.5　合并查询

合并查询也称联合查询，是将两个或两个以上的查询结果合并，形成一个具有综合信息的查询结果。使用 UNION 语句可以把两个或两个以上的查询结果集合并为一个结果集。

其语法格式如下：

```
查询语句1
UNION [ALL]
查询语句2
```

注意：(1) 联合查询是将两个表(结果集)顺序连接。

(2) UNION 中的每个查询所涉及的列必须具有相同的数目、相同位置的列的数据类型也要相同。若长度不同，以最长的字段作为输出字段的长度。

(3) 最后结果集中的列名来自第一个 SELECT 语句。

(4) 最后一个 SELECT 查询可以带 ORDER BY 子句，对整个 UNION 操作结果集起作用。且只能用第一个 SELECT 查询中的字段作排序列。

(5) 系统自动删除结果集中重复的记录，除非使用 ALL 关键字。

【例 6.33】 由 xs 表创建男生表；合并女生表和男生表，显示学号、姓名和性别。

```
USE xsgl
GO
SELECT *
    INTO 男生表 FROM xs WHERE 性别= '男'
GO
SELECT 学号,姓名,性别 FROM 女生表
UNION
SELECT 学号,姓名,性别 FROM 男生表
GO
```

6.4 子 查 询

在 SQL 语言中，一个 SELECT…FROM…WHERE 语句称为一个查询块。将一个查询块嵌套在另一个查询块的 WHERE 子句或 HAVING 子句的条件中的查询称为子查询。子查询总是写在圆括号中，可以用在使用表达式的任何地方。上层的查询块称为外层查询或父查询，下层的查询块称为内查询或子查询。SQL 语言允许多层嵌套查询。即子查询中还可以嵌套其他子查询。

注意：子查询的 SELECT 语句中不能使用 ORDER BY 子句，ORDER BY 子句只能对最终查询结果排序。

6.4.1 嵌套子查询

嵌套子查询的执行不依赖于外部嵌套。其一般的求解方法是由里向外处理。即每个子查询在上一级查询处理之前求解，子查询的结果用于建立其父查询的查找条件。

1. 比较测试中的子查询

比较测试中的子查询是指父查询与子查询之间用比较运算符进行连接。但是用户必须确切地知道子查询返回的是一个单值，否则数据库服务器将报错。返回的单个值被外部查询的比较操作(如=、!=、<、<=、>、>=)使用，该值可以是子查询中使用集合函数得到的值。

【例 6.34】 求选修了"操作系统"课程的学生的学号及姓名。

```
USE xsgl
GO
SELECT xs.学号,姓名,专业
    FROM xs,cj
    WHERE xs.学号=cj.学号 AND cj.课程号=
    (SELECT 课程号
        FROM kc
        WHERE 课程名='操作系统')
GO
```

查询结果如图 6.31 所示。

	学号	姓名	专业
1	2009030101	秦建兴	电子商务
2	2009030103	刘鑫	电子商务
3	2009030104	王兆伟	电子商务
4	2009030105	牛学文	电子商务
5	2009030106	马艳玲	电子商务
6	2009030107	张玉莹	电子商务
7	2009030110	朱丹	电子商务

图 6.31　比较测试中的子查询结果

在例 6.32 中既可以用自连接查询方式进行查询，也可以用子查询的方式进行查询，见例 6.35。

【例 6.35】 在 xs 表中查询和"刘鑫"在同一专业的所有男同学的信息。

```
USE xsgl
GO
SELECT *
    FROM xs
    WHERE 性别='男' AND 专业=
        (SELECT 专业
          FROM xs
          WHERE 姓名='刘鑫')
          AND 姓名<>'刘鑫'
GO
```

2. 集合成员测试中的子查询

集合成员测试中的子查询是指将父查询与子查询之间用 IN 或 NOT IN 进行连接，用于判断某个属性列值是否在子查询的结果中，通常子查询的结果是一个集合。IN 表示属于，即外部查询中用于判断的表达式的值与子查询返回的值列表中的一个值相等；NOT IN 表示不属于。

【例 6.36】 求选修了学分为 5 分的课程的学生的学号及姓名。

```
USE xsgl
GO
SELECT DISTINCT xs.学号,姓名,专业
    FROM xs,cj
```

```
    WHERE xs.学号=cj.学号 AND cj.课程号 IN
    (SELECT 课程号 FROM kc WHERE 学分=5)
GO
```

3. 批量比较测试中的子查询

1) 使用 ANY 关键字的比较测试

用比较运算符将一个表达式的值或列值与子查询返回的一列值中的每个值进行比较，只要有一次比较的结果为 TRUE，则 ANY 测试返回 TRUE。

2) 使用 ALL 关键字的比较测试

用比较运算符将一个表达式的值或列值与子查询返回的一列值中的每个值进行比较，只要有一次比较的结果为 FALSE， 则 ALL 测试返回 FALSE。

ANY 和 ALL 都用于一个值与一组值的比较，以“>”为例，ANY 表示大于一组值中的任意一个值，ALL 表示大于一组值中的每个值。比如，>ANY(1,2,3)表示大于 1；而>ALL(1,2,3)表示大于 3。

【例 6.37】 查询所有同学中年龄最大的学生的姓名和性别。

```
USE xsgl
GO
SELECT 姓名,性别
    FROM xs
    WHERE 出生时间<=ALL
        (SELECT 出生时间 FROM xs)
GO
```

	姓名	性别
1	王祥俊	女

图 6.32 批量比较测试中的子查询结果

查询结果如图 6.32 所示。

6.4.2 相关子查询

所谓相关子查询，是指在子查询中，子查询的查询条件中引用了外层查询表中的字段值。相关子查询的结果集取决于外部查询当前的数据行，这一点与嵌套子查询不同。嵌套子查询和相关子查询在执行方式上也有不同。嵌套子查询的执行顺序是先内后外，即先执行子查询，然后将子查询的结果作为外层查询的查询条件的值。而在相关子查询中，首先选取外层查询表中的第一行记录，内层的子查询则利用此行中相关的字段值进行查询，然后外层查询根据子查询返回的结果判断此行是否满足查询条件。如果满足条件，则把该行放入外层查询结果集中。重复这一过程，直到处理完外层查询表中的每一行数据。通过对相关子查询执行过程的分析可知，相关子查询的执行次数是由外层查询的行数决定的。

相关子查询的执行过程如下。

(1) 外部查询每查询一行，子查询即引用外部查询的当前值完整地执行一遍。

(2) 如果子查询有结果行存在，则外部查询结果集中返回当前查询的记录行。

(3) 再回到第一步(1)，直到处理完外部表的每一行。

【例 6.38】 查询所有没选修 A005 课程的学生的学号及姓名。

```
USE xsgl
GO
```

```
SELECT 学号,姓名
    FROM xs
    WHERE NOT EXISTS
        (SELECT *
            FROM cj
            WHERE xs.学号=cj.学号 AND 课程号='A005'
    )
GO
```

查询结果如图 6.33 所示。

	学号	姓名
1	2009030108	耿娇
2	2009030109	王丹
3	2009030301	尹相桔
4	2009030302	李楠楠
5	2009030303	王东冬
6	2009030304	徐朝海
7	2009030305	王小男
8	2009030306	贾志偶
9	2009030307	孙美娜
10	2009030312	沈柯辛
11	2009030313	王祥俊
12	2009030315	么芳芳

图 6.33　相关子查询的查询结果(1)

由 EXISTS 引出的子查询，其目标列表达式通常都用*表示，因为带 EXISTS 的子查询只返回真值或假值，给出列名无实际意义。

一些带 EXISTS 或 NOT EXISTS 谓词的子查询不能被其他形式的子查询等价替换，但所有带 IN 谓词、比较运算符、ANY 和 ALL 谓词的子查询都能用带 EXISTS 谓词的子查询等价替换。

【例 6.39】 查询所有学生会的学生的情况。

```
USE xsgl
GO
SELECT * FROM xs
WHERE EXISTS (SELECT * FROM xsh)
GO
```

查询结果如图 6.34 所示。

	学号	姓名	性别	出生时间	专业	总学分	照片	备注	电话
1	2009030102	张吉哲	男	1990-12-01 00:00:00.000	电子商务	20	NULL	NULL	NULL
2	2009030110	朱丹	女	1989-09-28 00:00:00.000	电子商务	17	NULL	NULL	NULL
3	2009030303	王东冬	男	1990-06-29 00:00:00.000	网络工程	12	NULL	NULL	NULL
4	2009030315	么芳芳	女	1990-04-28 00:00:00.000	网络工程	17	NULL	NULL	NULL

图 6.34　相关子查询的查询结果(2)

6.4.3　使用子查询向表中添加多条记录

使用 INSERT…SELECT 语句可以一次向表中添加多条记录。

其语法格式如下：

```
INSERT  表名[( 字段列表)]
SELECT  字段列表 FROM  表名 WHERE  条件表达式
```

【例 6.40】 通过子查询语句将男生表的记录一次添加到 xs_new 表中。

```
--查看原表中的内容
SELECT * FROM 男生表
GO
--向其他表中插入数据
INSERT xs_new
SELECT * FROM 男生表
GO
--插入后查看表中内容
SELECT * FROM xs_new
GO
```

以上介绍了使用 SELECT 语句进行数据查询的命令和操作，这些命令需要读者认真练习并加以理解和掌握。更多命令信息请参阅联机丛书。

本 章 实 训

1. 实训目的

(1) 掌握基本 SELECT 语句的使用方法。
(2) 掌握 SELECT 语句的统计功能。
(3) 掌握 SELECT 语句的多表连接。
(4) 掌握 SELECT 嵌套查询语句。

2. 实训内容

(1) 练习基本 SELECT 语句的使用方法。
(2) 练习使用 SELECT 统计功能进行查询的方法。
(3) 练习使用 SELECT 语句进行多表连接查询的方法。
(4) 练习使用 SELECT 语句进行嵌套查询的方法。

3. 实训过程

(1) 建立订单管理系统的基本数据。

```
USE marketing
GO
--向"供应商信息"表中插入数据为查询做准备
delete 供应商信息      /*删除表中已有数据，为添加新数据做准备*/
INSERT 供应商信息 (供应商编码, 名称, 联系人, 地址, 电话)
    VALUES (1, '朝阳文具实业公司','郑敏敏', '哈尔滨市开发区','25152454')
INSERT 供应商信息 (供应商编码, 名称, 联系人, 地址, 电话)
```

```
    VALUES (2,'狂想电脑公司', '赵明英', '上海市浦东开发区','85475825')
INSERT 供应商信息 (供应商编码, 名称, 联系人, 地址, 电话)
    VALUES (3,'翱飞信息公司', '章程东', '深圳市龙岗区','3567288')
INSERT 供应商信息 (供应商编码, 名称, 联系人, 地址, 电话)
    VALUES (4,'神力电脑', '王提新', '重庆市长安路','95865241')
INSERT 供应商信息 (供应商编码, 名称, 联系人, 地址, 电话)
    VALUES (5,'飞翔汽车销售集团', '许守国', '天津市南开区','4567282')
INSERT 供应商信息 (供应商编码, 名称, 联系人, 地址, 电话)
    VALUES (6,'导向打印机销售公司', '王打印', '深圳市福田区','8596325')
--向"货品信息"表中插入数据为查询做准备
DELETE 货品信息    /*删除表中已有数据，为添加新数据做准备*/
INSERT 货品信息 (编码, 名称, 库存量, 供应商编码, 状态, 售价, 成本价)
    VALUES (01, '电脑台',80,01,1,1500,1100)
INSERT 货品信息 (编码, 名称, 库存量, 供应商编码, 状态, 售价, 成本价)
    VALUES (02, '打印机',900,06,1,800,600)
INSERT 货品信息 (编码, 名称, 库存量, 供应商编码, 状态, 售价, 成本价)
    VALUES (03, '移动办公软件',100, 03,1,8000,6000)
INSERT 货品信息 (编码, 名称, 库存量, 供应商编码, 状态, 售价, 成本价)
    VALUES (04, '计算机',368,02,1,3000,2100)
INSERT 货品信息 (编码, 名称, 库存量, 供应商编码, 状态, 售价, 成本价)
    VALUES (05, '威驰轿车', 20,05,1,140000,90000)
INSERT 货品信息 (编码, 名称, 库存量, 供应商编码, 状态, 售价, 成本价)
    VALUES (06, '电脑', 20,4,1,140000, 90000)
--先向"部门信息"表中插入数据为查询做准备
DELETE 部门信息    /*删除表中已有数据，为添加新数据做准备*/
INSERT 部门信息 (编号, 名称, 经理, 人数)
    VALUES (1, '计算机销售部', 1,10)
INSERT 部门信息 (编号, 名称, 经理, 人数)
    VALUES (2, '手机销售部', 2,200)
INSERT 部门信息 (编号, 名称, 经理, 人数)
    VALUES (3, '打印机销售部', 3,30)
--先向"销售人员"表中插入数据为查询做准备
DELETE 销售人员    /*删除表中已有数据，为添加新数据做准备*/
INSERT 销售人员 (工号, 部门号, 姓名, 地址, 电话, 性别)
    VALUES (1, 1, '李求一', '北京市朝阳区','25152454', '男')
INSERT 销售人员 (工号, 部门号, 姓名, 地址, 电话, 性别)
    VALUES (2, 2, '王巧敏', '北京市海淀区','25345656', '女')
INSERT 销售人员 (工号, 部门号, 姓名, 地址, 电话, 性别)
    VALUES (3, 3, '张零七', '深圳市南山区','25152342', '男')
INSERT 销售人员 (工号, 部门号, 姓名, 地址, 电话, 性别)
    VALUES (4, 2, '钱守空', '深圳市罗湖区','25152454', '男')
INSERT 销售人员 (工号, 部门号, 姓名, 地址, 电话, 性别)
    VALUES (5, 3, '周运', '北京市魏公村','25152454', '男')
INSERT 销售人员 (工号, 部门号, 姓名, 地址, 电话, 性别)
    VALUES (6, 1, '鹏迎夏', '北京市天坛','25152454', '女')
--先向"客户信息"表中插入数据为查询做准备
DELETE 客户信息    /*删除表中已有数据，为添加新数据做准备*/
INSERT 客户信息 (编号, 姓名, 地址, 电话)
    VALUES (1, '李红', '重庆电子学院','25152454')
```

```
INSERT 客户信息 (编号, 姓名, 地址, 电话)
    VALUES (2, '赵英', '上海大众','85475825')
INSERT 客户信息 (编号, 姓名, 地址, 电话)
    VALUES (3, '王兰', '重庆长安厂','95865241')
INSERT 客户信息 (编号, 姓名, 地址, 电话)
    VALUES (4, '李华', '深圳信息学院软件 4 班','3567288')
INSERT 客户信息 (编号, 姓名, 地址, 电话)
    VALUES (5, '任燕', '深圳信息学院软件 3 班','4567282')
INSERT 客户信息 (编号, 姓名, 地址, 电话)
    VALUES (6, '李晓娟', '北京机车厂','8596325')
--先向"订单信息"表中插入数据为查询做准备
DELETE 订单信息    /*删除表中已有数据，为添加新数据做准备*/
INSERT 订单信息 (订单号, 销售工号, 货品编码, 客户编号, 数量, 订货日期)
    VALUES (1, 1, 1, 1,20, '2003-05-05')
INSERT 订单信息 (订单号, 销售工号, 货品编码, 客户编号, 数量, 订货日期)
    VALUES (2, 2, 6, 2,10, '2003-02-15')
INSERT 订单信息 (订单号, 销售工号, 货品编码, 客户编号, 数量, 订货日期)
    VALUES (3, 3, 2, 4,10, '2002-11-14')
INSERT 订单信息 (订单号, 销售工号, 货品编码, 客户编号, 数量, 订货日期)
    VALUES (4, 2, 4, 3,5, '2002-12-26')
INSERT 订单信息 (订单号, 销售工号, 货品编码, 客户编号, 数量, 订货日期)
    VALUES (5, 4, 5, 6,2, '2004-01-08')
INSERT 订单信息 (订单号, 销售工号, 货品编码, 客户编号, 数量, 订货日期)
    VALUES (6, 5, 3, 5,2, '2004-02-08')
```

(2) 查询 marketing 数据库的“货品信息”表，列出表中的所有记录，每个记录包含货品的编码、货品名称和库存量，显示的字段名分别为货品编码、货品名称和货品库存量。

```
SELECT 编码 AS 货品编码, 名称 AS 货品名称, 库存量 AS 货品库存量
FROM 货品信息
--或采用如下的形式
SELECT 货品编码 = 编码,货品名称 = 名称,货品库存量 = 库存量
    FROM 货品信息
```

(3) 将“客户信息”表中深圳地区的客户信息插入“深圳客户”表中。

```
SELECT * INTO 深圳客户 FROM 客户信息 WHERE 地址 LIKE '深圳%'
```

(4) 由“销售人员”表中找出下列人员的信息：周运，张零七，李求一。

```
SELECT * FROM 销售人员
    WHERE 姓名 IN ('周运','张零七','李求一')
```

(5) 由“客户信息”表中找出所有深圳区域的客户信息。

```
SELECT * FROM 客户信息
    WHERE 地址 LIKE '深圳%'
```

(6) 由“订单信息”表中找出订货量在 10～20 之间的订单信息。

```
SELECT * FROM 订单信息
    WHERE 数量 >= 10 AND 数量 <= 20
```

(7) 求出2003年以来，每种货品的销售数量，统计的结果按照货品编码进行排序。

```
SELECT 货品编码, 订货数量=SUM(数量) FROM 订单信息
    WHERE 订货日期 >= '2003/01/01'
    GROUP BY 货品编码
    ORDER BY 货品编码
```

(8) 求出2003年以来，每种货品的销售数量，统计的结果按照货品编码进行排序，并显示统计的明细。

```
SELECT * FROM 订单信息 WHERE 订货日期 >= '2003/01/01'
    ORDER BY 货品编码
    COMPUTE  SUM(数量) BY 货品编码
GO
```

(9) 给出“货品信息”表中货品的销售情况，所谓销售情况就是给出每个货品的销售数量、订货日期等相关信息。

```
SELECT a.编码, a.名称, a.库存量, b.数量 AS 订货数量, b.订货日期
    FROM 货品信息 AS a LEFT JOIN 订单信息 AS b ON a.编码 = b.货品编码
    ORDER BY 编码 COMPUTE SUM(数量) BY 编码   --求出每个货品的订货总数量
GO
```

(10) 找出订货数量大于10的货品信息。

```
SELECT * FROM 货品信息 WHERE 编码 IN
(SELECT 货品编码 FROM 订单信息 as a WHERE
SELECT SUM(数量) FROM 订单信息 as b WHERE a.货品编码=b.货品编码)>10)
GO
```

(11) 找出有销售业绩的销售人员。

```
SELECT * FROM 销售人员 AS a WHERE EXISTS
(SELECT 工号 FROM 订单信息 AS b WHERE a.工号=b.销售工号)
GO
```

(12) 查询每种货品订货量最大的订单信息。

```
SELECT * FROM 订单信息 AS a WHERE 数量>= ALL
(SELECT 数量 FROM 订单信息 AS b WHERE a.货品编码=b.货品编码)
GO
```

4. 实训总结

通过本章上机实训，应当掌握使用SELECT语句进行数据库查询的各种方法。掌握简单SELECT查询和复杂SELECT查询，从而能够自如地对数据库中的表进行查询访问。

本 章 小 结

本章主要介绍数据查询，包括单表查询和多表连接查询。本章内容为本课程教学的重点内容，也是必须熟练掌握的内容。表6.3列出了本章介绍的T-SQL语句。

表 6.3 SELECT 语句总结

	语　句	语法格式
查询语句	SELECT	SELECT 字段列表 [INTO 目标数据表] FROM 源数据或视图列表 [WHERE 条件表达式] [GROUP BY 分组表达式[HAVING 搜索表达式]] [ORDER BY 排序表达式[ASC] | [DESC]] [COMPUTE 行聚合函数名 1(表达式 1)[,…n][BY 表达式[,…n]]]
子句	SELECT 子句	SELECT[ALL | DISTINCT][TOP n [PERCENT]] 列 1[,…n] (1) * //所有列 (2) [{表名 | 视图名 | 表别名}.]列名 //指定列 (3) 列表达式[as]别名 | 计算字段名=表达式 //列别名 (4) [ALL | DISTINC] //所有结果或去掉重复的结果 (5) [TOP n [PERCENT]] //前 n 条(n%)的结果
	FROM 子句	(1) FROM 表 1[[AS]表别名 1] | 视图 1[[AS]视图别名 1][,…n] (2) FROM 表 1[inner] JOIN 表 2 ON 条件表达式 (3) FROM 表 1 LEFT [OUTER] JOIN 表 2 ON 条件表达式 (4) FROM 表 1 RIGHT[OUTER] JOIN 表 2 ON 条件表达式 (5) FROM 表 1 FULL[OUTER] JOIN 表 2 ON 条件表达式 (6) FROM 表 1 CROSS JOIN 表 2 或 FROM 表 1，表 2
	WHERE 子句	WHERE 条件表达式： (1) 表达式 比较运算符 表达式 (2) 表达式 AND | OR 表达式 或：NOT 表达式 (3) 表达式 [NOT] BETWEEN 表达式 1 AND 表达式 2 (4) 表达式 [NOT] IN (表达式 1,[,..表达式 n]) (5) 表达式 [NOT] LIKE 格式串 通配符：% [] [^]
	ORDER BY 子句	ORDER BY 表达式 1[[ASC | DESC][,…N]]
	INTO 子句	INTO 目标数据表
	GROUP BY 子句	[GROUP BY 分组表达式[,…n][HAVING 搜索表达式]]
	COMPUTE 子句	COMPUTE 行聚合函数名 1(统计表达式 1)[,…n] [BY 分类表达式[,…n]]
	UNION 运算符	查询语句 1 UNION [ALL] 查询语句 2

习　　题

1. SELECT 语句由哪些子句构成？其作用是什么？
2. 在 SELECT 语句中 DISTINCT、TOP 各起什么作用？
3. 什么是子查询？与多表查询有何区别？与相关子查询有何区别？
4. 什么是连接查询？分为几类？
5. 查询 xsgl 数据库的 xs 表，列出学生的学号、姓名及性别。
6. 在 xs 表中查询所有“刘”姓同学的信息。
7. 在 xs 表中查询既不姓“张”也不姓“王”的学生的信息。
8. 查询年龄在 20～22 岁之间男同学的信息。
9. 由 cj 表生成“A001 成绩表”。
10. 查询所有选修了“数据结构”课程的学生的学号、姓名及成绩。
11. 查询与学号为 2009030102 的学生在 A001 课程中得分相同的学生的学号及姓名。
12. 查询各门课程的平均成绩，结果按平均成绩排序。
13. 在 cj 表中找出选课门数大于 4 门课程的学生的学号及姓名。
14. 查询选修 A001 课程的学生的情况。
15. 查询未选修 A001 课程的学生的情况。

第 7 章　视图及其应用

视图作为一种基本的数据库对象，是查询一个表或多个表的方法。通过将预先定义好的查询作为一个视图对象存储在数据库中，就可以像使用表一样在查询语句中使用了。

通过学习本章，读者应掌握以下内容：

- 视图的作用及基本概念
- 创建视图的方法
- 修改视图的方法
- 使用视图实现数据库的安全管理

7.1 视 图 概 述

视图是根据用户观点所定义的数据结构，是关系数据库系统提供给用户以多种角度观察数据库中数据的重要机制。本节先介绍视图的概念，然后介绍视图的创建、查询、修改、使用和删除。

7.1.1 视图的基本概念

视图是由一个或多个数据表(基本表)或视图导出的虚拟表或查询表，是关系数据库系统提供给用户以多种角度观察数据库中数据的重要机制。例如，cj 表中为了数据的一致性只保存学生的学号及课程号，没有保存学生的姓名及课程名称；而面对用户，必须提供学号对应的学生姓名及课程号对应的课程名称。

视图是虚表。因为视图只储存了它的定义(SELECT 语句)，而没有存储视图对应的数据，这些数据仍存放在原来的数据表(基表)中，即对视图的数据进行操作时，系统根据视图的定义操作与视图相关联的基本表。视图一旦定义好，就可以像基本表一样进行数据操作，包括查询、修改、删除和更新数据。

7.1.2 视图的优点及注意事项

1. 视图的优点

1) 隐蔽数据库的复杂性

视图隐蔽了数据库设计的复杂性，这使得开发者可以在不影响用户使用数据库的情况下改变数据库内容，即使在基表发生变化的情况下，用户还能够通过视图获得与基表一致的数据。

2) 控制用户提取数据

通过将某些不需要的、敏感的或是不适当的数据控制在视图之外，可以实现为用户定制其个人所使用的表。此外，视图还可以隐蔽复杂的查询，包括对异构数据的分别查询，用户只需查询视图而不用编写复杂的查询或执行命令，对用户来说，这一点可能更重要。

3) 简化数据库用户管理

建立视图以后，还可以起到保护数据库基表的作用，如通过使用 GRANT 和 REVOKE 命令为各种用户授予在视图上的操作权限，同时取消其在数据表上的操作权限，这样，用户就只能查询和修改他们所能见到的数据，从而实现了对底层基表设计结构的保护。

4) 改进性能

通过在视图中存储复杂查询的运算结果并为其他查询提供这些摘要性的结果使数据库的性能得到提高，视图还具备分割数据的功能，而且可以把分割后独立的数据放置在不同的计算机上。

2. 注意事项

使用视图时，要注意以下事项。

(1) 只有在当前数据库中才能创建视图。

(2) 视图的命名必须遵循标识符命名规则，不能与表同名，且对每个用户视图名必须是唯一的，即对不同用户，即使是定义相同的视图，也必须使用不同的名字。

(3) 不能把规则、默认值或触发器与视图相关联。

(4) 使用视图查询时，若其关联的基本表中添加了新字段，则必须重新创建视图才能查询到新字段。

(5) 如果与视图相关联的表或视图被删除，则该视图将不能再使用。

7.2 视图的创建和查询

既可以通过 SQL Server Management Studio 创建视图，也可以使用 T-SQL 的 CREATE VIEW 语句创建视图。

默认状态下，视图中的列名继承基表中的相应列名，对于下列情况则需要重新指定列的别名。

(1) 视图中的某些列来自表达式、函数或常量时。

(2) 当视图引用不同基表的列中有相同列名时。

(3) 希望给视图中的列指定新的列名时。

7.2.1 在 SQL Server Management Studio 中创建视图

以在 xsgl 数据库中创建“学生成绩视图”为例，用 SQL Server Management Studio 创建视图的步骤如下。

(1) 打开 SQL Server Management Studio 的对象资源管理器，依次展开各节点到数据库 xsgl 中的“视图”，在“视图”节点上单击鼠标右键，在弹出的快捷菜单中选择“新建”命令，弹出“新建视图”窗口并同时弹出“添加表”对话框，如图 7.1 所示。

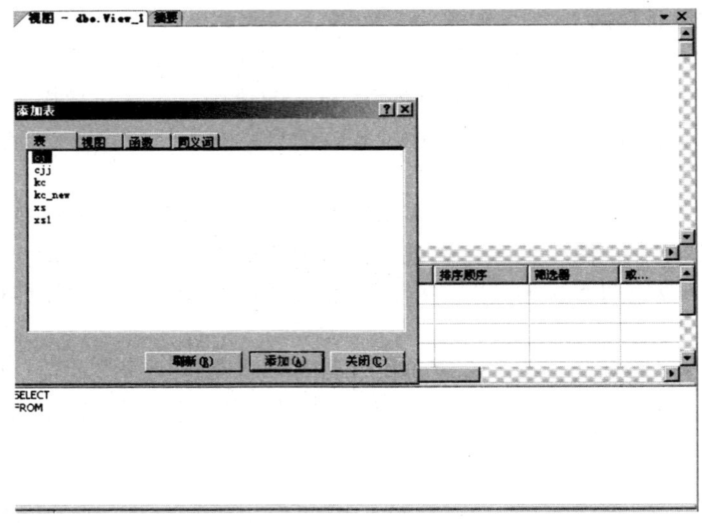

图 7.1　创建新视图

(2) 在如图 7.1 所示的“添加表”对话框中，选择与视图相关联的表、视图或函数，可以使用 Ctrl 或 Shift 键进行多选，选择完毕后，单击“添加”按钮，返回“新建视图”窗口。

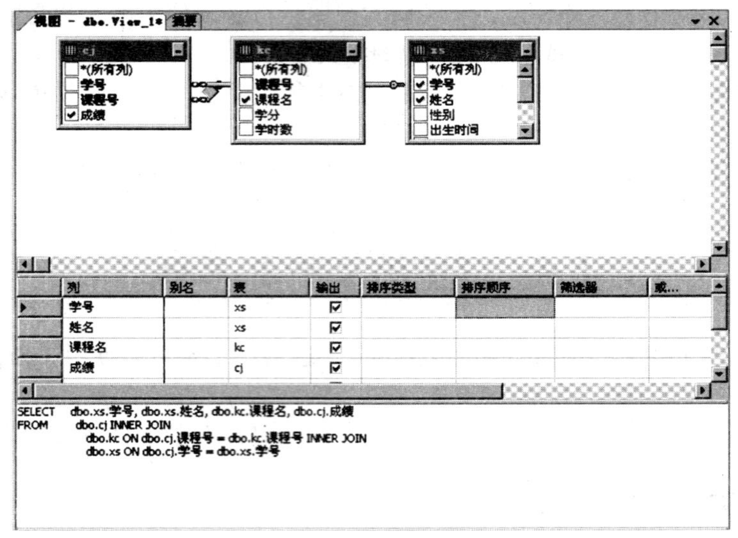

图 7.2　“新建视图”窗口

(3) 在如图 7.2 所示的“新建视图”窗口的中间列表框中选择创建视图所需的字段，在选择字段时可以指定别名、排序方式和规则等。

这一步所选择的字段、规则等情况与其相对应的 SELECT 语句将会自动显示在下面的窗格中，也可以直接在该窗格中输入 SELECT 语句。

(4) 单击“保存”按钮，在出现的保存视图对话框中输入视图名，并单击“确定”按钮，如图 7.3 所示。

至此，就完成了图形界面下视图的创建。

图 7.3 “选择名称”对话框

7.2.2 使用 CREATE VIEW 命令创建视图

创建视图的基本语法格式如下。

```
CREATE VIEW 视图名[(视图列名 1,视图列名 2,……,视图列名 n)]
[WITH ENCRYPTION]
AS
SELECT 语句
[WITH CHECK OPTION]
```

其中，WITH ENCRYPTION 子句对视图进行加密，WITH CHECK OPTION 表示对视图进行 UPDATE、INSERT 和 DELETE 操作时，要保证所操作的行满足视图定义中的条件，即只有满足视图定义条件的操作才能执行。

如果 CREATE VIEW 语句没有指定视图列名，则该视图的列名默认为 SELECT 语句目标列中各字段的列名。

【例 7.1】 创建“电子商务专业学生成绩视图”。

```
USE xsgl
GO
CREATE VIEW 电子商务专业学生成绩视图
AS
SELECT cj.学号,xs.姓名,cj.课程号,kc.课程名,cj.成绩
FROM xs,cj,kc
WHERE xs.学号=cj.学号 AND cj.课程号=kc.课程号
AND xs.专业='电子商务'
GO
```

7.2.3 使用视图查询数据

创建视图后，就可以像查询基本表那样对视图进行查询。

【例 7.2】 在电子商务专业学生成绩视图中查询姓名为“王丹”同学的成绩。

```
SELECT * FROM 电子商务专业学生成绩视图
WHERE 姓名='王丹'
GO
```

查询结果如图 7.4 所示。

	学号	姓名	课程号	课程名	成绩
1	2009030109	王丹	A001	英语	78
2	2009030109	王丹	A002	数学	86
3	2009030109	王丹	J001	计算机基础	81
4	2009030109	王丹	J002	数据结构	84

图 7.4 使用视图的查询结果

7.3 视图的管理和维护

7.3.1 查看视图的定义信息

可以使用 SQL Server Management Studio 的“对象资源管理器”查看和维护视图。其基本方法是，在“对象资源管理器”窗格中依次展开各节点到“视图”，在要进行管理的视图上单击右键，在弹出的快捷菜单中选择相应的命令进行操作，如图 7.5 所示。

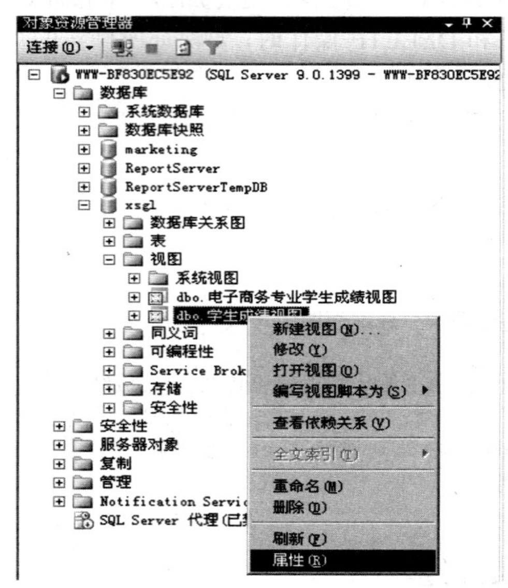

图 7.5 查看和修改视图

除此以外，经常使用系统存储过程 sp_helptext 查看视图定义信息，其语法格式如下。

```
[EXECUTE] sp_helptext 视图名
```

【例 7.3】 查看“电子商务专业学生成绩视图”的定义信息。

```
EXEC sp_helptext 电子商务专业学生成绩视图
GO
```

查询结果如图 7.6 所示。

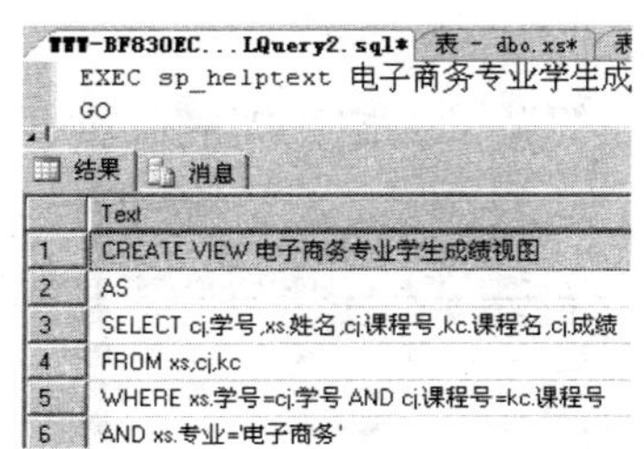

图 7.6　查询视图定义信息

7.3.2　查看视图与其他对象的依赖关系

如果想知道视图的数据来源，或需要了解该视图依赖于哪些数据库对象，则需要查看视图与其他数据库对象之间的依赖关系。

如图 7.5 所示，在视图的右键快捷菜单中选择“查看依赖关系”命令，在弹出的“对象依赖关系”窗口中选择不同的选项，可以看到依赖当前视图的数据库对象，也可以看到当前视图所依赖的数据库对象，如图 7.7 所示。

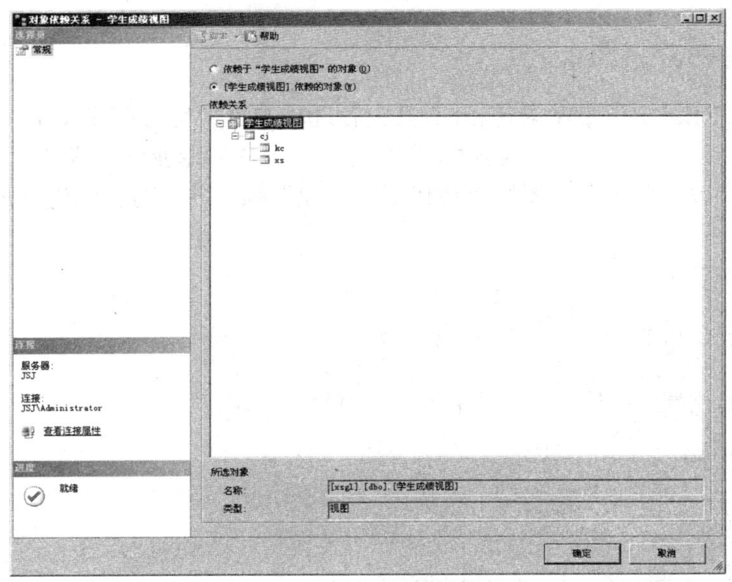

图 7.7　“对象依赖关系”对话框

还可以使用系统存储过程 sp_depends 查看视图与其他数据库对象之间的依赖关系，语法格式如下。

```
[EXECUTE] sp_depends 视图名
```

【例 7.4】 查看“电子商务专业学生成绩视图”与其他数据对象之间的依赖关系。

```
EXECUTE sp_depends 电子商务专业学生成绩视图
GO
```

查询结果如图 7.8 所示。

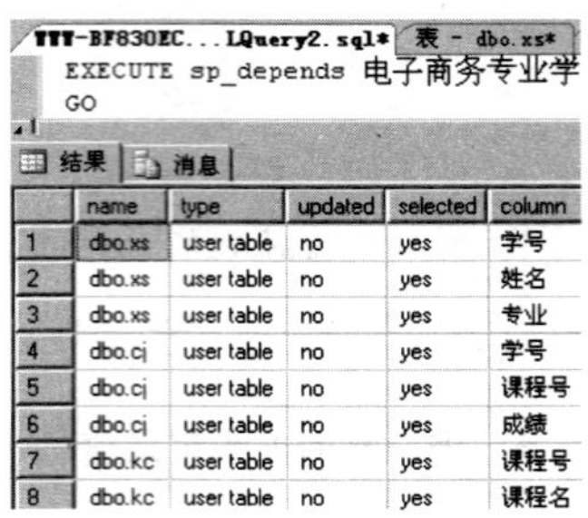

	name	type	updated	selected	column
1	dbo.xs	user table	no	yes	学号
2	dbo.xs	user table	no	yes	姓名
3	dbo.xs	user table	no	yes	专业
4	dbo.cj	user table	no	yes	学号
5	dbo.cj	user table	no	yes	课程号
6	dbo.cj	user table	no	yes	成绩
7	dbo.kc	user table	no	yes	课程号
8	dbo.kc	user table	no	yes	课程名

图 7.8　查看视图依赖关系

7.3.3　视图的修改

视图建立后，可以使用 ALTER VIEW 语句修改视图定义。其语法格式如下。

```
ALTER VIEW 视图名
[WITH ENCRYPTION]
AS
SELECT 语句
[WITH CHECK OPTION]
```

其结构与CREATE VIEW 语句相同,其中各选项的含义也与CREATE VIEW 语句相同。

【例 7.5】 在命令方式下，创建一个名为“电子商务专业学生成绩视图 2”的视图，然后对其进行修改，要求该视图修改后包括“专业”列，并且对视图进行加密。

```
--创建视图
USE xsgl
GO
CREATE VIEW 电子商务专业学生成绩视图 2
AS
SELECT cj.学号,xs.姓名,cj.课程号,kc.课程名,cj.成绩
FROM xs,kc,cj
WHERE cj.学号=xs.学号 AND cj.课程号=kc.课程号
AND xs.专业='电子商务'
GO
--修改视图
ALTER VIEW 电子商务专业学生成绩视图 2
WITH ENCRYPTION
AS
SELECT cj.学号,xs.姓名,xs.专业,cj.课程号,kc.课程名,cj.成绩
FROM cj,kc,xs
WHERE cj.学号=xs.学号 AND cj.课程号=kc.课程号
AND xs.专业='电子商务'
GO
--查看视图信息
SELECT * FROM 电子商务专业学生成绩视图 2
```

查询部分结果如图 7.9 所示。

	学号	姓名	专业	课程...	课程名	成绩
1	2009030101	秦建兴	电子商务	A001	英语	97
2	2009030101	秦建兴	电子商务	A002	数学	93
3	2009030101	秦建兴	电子商务	A005	体育	94
4	2009030101	秦建兴	电子商务	J001	计算机基础	99
5	2009030101	秦建兴	电子商务	J002	数据结构	77
6	2009030101	秦建兴	电子商务	J003	操作系统	86
7	2009030102	张吉哲	电子商务	A001	英语	61
8	2009030102	张吉哲	电子商务	A002	数学	62
9	2009030102	张吉哲	电子商务	A005	体育	78
10	2009030102	张吉哲	电子商务	J001	计算机基础	44
11	2009030102	张吉哲	电子商务	J002	数据结构	76
12	2009030102	张吉哲	电子商务	J003	操作系统	74
13	2009030103	刘鑫	电子商务	A001	英语	96
14	2009030103	刘鑫	电子商务	A002	数学	90
15	2009030103	刘鑫	电子商务	A005	体育	87
16	2009030103	刘鑫	电子商务	J001	计算机基础	88
17	2009030103	刘鑫	电子商务	J002	数据结构	85
18	2009030103	刘鑫	电子商务	J003	操作系统	89
19	2009030104	王兆伟	电子商务	A001	英语	85
20	2009030104	王兆伟	电子商务	A002	数学	83
21	2009030104	王兆伟	电子商务	A005	体育	71

图 7.9　视图查询结果

```
--查看视图的定义信息
EXEC sp_helptext 电子商务专业学生成绩视图 2
```

结果如图 7.10 所示，由于已经加密，所以不能看到其定义信息。

图 7.10　加密后视图定义信息查询结果

7.3.4　视图的删除

使用 DROP VIEW 语句可以删除视图。其基本语法格式如下。

```
DROP VIEW 视图名 1,…,视图名 n
```

使用该语句一次可以删除多个视图。

【例 7.6】 删除“电子商务专业学生成绩视图 2”视图。

```
DROP VIEW 电子商务专业学生成绩视图 2
GO
```

7.4　通过视图修改表数据

通过视图不仅可以查询数据，还可以更新基本表的数据，包括插入、修改和删除数据。由于视图显示的是一个或多个基表上的查询结果集，并不能维护独立的数据库数据复制，因此，在视图中修改的数据操作都将导致对基表数据的修改。除了一些限制外，可以自由地在视图中插入、更新和删除表中的数据。

对视图进行的修改操作有以下限制。

(1) 若视图的字段来自表达式或常量，则不允许对该视图执行 INSERT 和 UPDATE 操作，但允许执行 DELETE 操作。

(2) 若视图的字段来自集合函数，则此视图不允许修改操作。
(3) 若视图定义中含有 GROUP BY 子句，则此视图不允许修改操作。
(4) 若视图定义中含有 DISTINCT 短语，则此视图不允许修改操作。
(5) 在一个不允许修改操作视图上定义的视图，则此视图不允许修改操作。

【例 7.7】 用命令方式通过视图修改王丹同学的“计算机基础”课成绩，将成绩改为 91 分，并查看修改结果。

具体操作命令如下。

```
UPDATE 电子商务专业学生成绩视图
      SET 成绩=91
 WHERE 姓名='王丹'AND 课程名='计算机基础'
GO
SELECT * FROM 电子商务专业学生成绩视图
     WHERE 姓名='王丹' AND 课程名='计算机基础'
GO
```

查询视图结果如图 7.11 所示。这个修改实际上改变的是 cj 表中王丹同学的成绩，如图 7.12 所示。

	学号	姓名	课程...	课程名	成绩
47	2009030109	王丹	A001	英语	78
48	2009030109	王丹	A002	数学	86
49	2009030109	王丹	J001	计算机基础	91
50	2009030109	王丹	J002	数据结构	84
51	2009030110	朱丹	A001	英语	63

图 7.11 通过视图修改数据后的查询结果

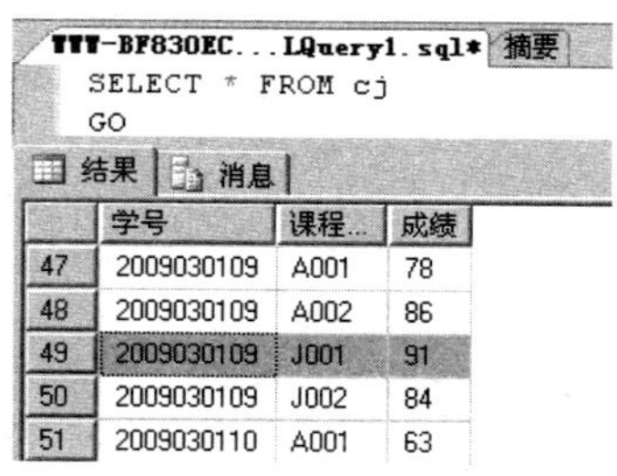

	学号	课程...	成绩
47	2009030109	A001	78
48	2009030109	A002	86
49	2009030109	J001	91
50	2009030109	J002	84
51	2009030110	A001	63

图 7.12 通过视图修改表数据后的查询结果

本 章 实 训

1. 实训目的

(1) 了解使用视图的目的。
(2) 掌握创建视图的方法。
(3) 掌握修改视图的方法。
(4) 掌握如何利用视图进行数据查询。

2. 实训内容

(1) 练习图形界面创建视图的方法。
(2) 使用命令方式创建视图的方法。
(3) 掌握修改视图的方法。
(4) 使用视图进行数据查询。

3．实训过程

(1) 在命令方式下创建“客户订购视图”，该视图中包含所有订购货品的客户及他们订购货品的名称和供应商。

```
CREATE VIEW 客户订购视图
    AS
    SELECT D.编号, D.姓名, B.名称 AS 货品名称, A.名称 AS 供应商
    FROM 供应商信息 A INNER JOIN
        货品信息 B ON A.编码 = B.供应商编码 INNER JOIN
        订单信息 C ON B.编码 = C.货品编码 INNER JOIN
        客户信息 D ON C.客户编号 = D.编号
GO
```

(2) 查看“客户订购视图”的定义信息。

```
EXEC sp_helptext 客户订购视图
GO
```

(3) 查看“客户订购视图”与其他数据对象之间的依赖关系。

```
EXEC sp_depends 客户订购视图
GO
```

(4) 利用 T-SQL 语句建立一个“客户订购视图 2”，然后通过 ALTER VIEW 语句进行修改，要求该视图修改后包括订货量，并且对视图进行加密。

```
--先建立视图
CREATE VIEW 客户订购视图 2
    AS
       SELECT A.编号, A.姓名, C.货品名称, C.供应商
    FROM 客户信息 A INNER JOIN
        订单信息 B ON A.编号 = B.客户编号 INNER JOIN
        客户订购视图 C ON B.货品编码 = C.编号
GO
--修改视图
ALTER VIEW 客户订购视图 2
    WITH ENCRYPTION
AS
    SELECT A.编号, A.姓名, C.货品名称, B.数量, C.供应商
    FROM 客户信息 A INNER JOIN
        订单信息 B ON A.编号 = B.客户编号 INNER JOIN
        客户订购视图 C ON B.货品编码 = C.编码
GO
--使用该视图
SELECT * FROM 客户订购视图 2
GO
--查看该视图，由于已经加密，因此不能看到定义信息
EXEC sp_helptext 客户订购视图 2
GO
```

(5) 利用 T-SQL 语句对“客户订购视图 2” 进行修改操作，修改编号 5 的客户姓名为“欣明”。

```
--通过视图修改数据
UPDATE 客户订购视图 SET 姓名='欣明' WHERE 编号=5
GO
SELECT * FROM 客户订购视图
GO
```

(6) 利用 T-SQL 语句删除“客户订购视图 2”。

```
--删除视图
DROP VIEW 客户订购视图
GO
```

4．实训总结

通过本章上机实训，应当掌握视图的作用，视图的创建和修改方法，以及如何使用命令方式对视图进行各种操作。

本 章 小 结

本章主要介绍视图的建立和使用，包括视图的概念、创建视图、修改视图、查询视图、利用视图更新数据和删除视图。对视图的操作语句如表 7.1 所示。

表 7.1　视图的操作语句总结

语　句		语法格式
定义	创建	CREATE VIEW 视图名[(列名 1[,…n])]
	修改	ALTER VIEW 视图名[(列名 1[,…n])] AS 查询语句
	删除	DROP VIEW 视图名[,…n]
数据操作	插入	INSERT [INTO] 表名\视图名[(列名 1,…)] Values (表达式 1,…)
	修改	UPDATE 表名\视图名 SET 列名=表达式 [WHERE 条件]
	删除	DELETE 表名\视图名[WHERE 条件]
	查询	SELECT 字段列表 FROM 数据表\视图,…

习　题

1. 什么是视图？视图的特点是什么？

2. 简述使用视图的目的和作用是什么？

3. 通过视图修改数据要注意哪些限制？

4. 在 xsgl 数据库下创建一个名为“男学生成绩”的视图，包括学生的学号、姓名及课程名和相应分数。

5. 在 xsgl 数据库下创建一个“补考学生名单”视图，包括学生的学号、姓名及课程名。

第 8 章　索引及其应用

数据库中的索引与书的目录类似。在一本书中，利用索引可以快速查找所需信息，无须阅读整本书。在数据库中，使用索引使得数据库程序无须对整个表进行扫描，就可以在其中找到所需数据。书中的索引是一个词语列表，其中注明了含有各个词的页码。而数据库中的索引是一个表中所含有的值的列表，其中注明了表中含有各个值的行所在的保留位置。本章主要介绍索引及其应用。

通过学习本章，读者应掌握以下内容：

- 索引的作用
- 索引的分类
- 索引的创建、修改和删除

8.1　索引的概述

索引是一个列表，这个列表是索引表中一列或者若干列的集合，以及这些值的记录在数据表中存储位置的物理地址。

如果没有建立索引，在数据库表中查询符合某种条件的记录时，系统将会从第一条记录开始，对表中的所有记录进行扫描。如果有索引，就可以通过索引快速地查询结果。扫描整个表格是从存储表格的起始地址开始，依次比较记录，直到找到位置。通过索引来查找时，由于索引是有序排列的，所以，可以通过高效的有序查找算法找到索引项，再根据索引项中记录的物理地址，找到查询结果的存储位置。

一般的，当要按条件查找表中的某些记录时，为了提高查找效率，就应在要查找的数据所在的字段上建立索引。也就是说，查询语句中 WHERE 子句中所提到的关键字，就是要建立索引的字段。例如，要查找姓名为“秦建兴”的记录时，应先在数据表的姓名字段建立索引，然后执行查询语句：

```
SELECT * FROM xs WHERE 姓名='秦建兴'
```

由于该索引包括一个指向姓名的指针，因此数据库服务器只沿着姓名索引排列的顺序对数据进行读取，直至索引指针指向相应的记录为止。由于索引只是按照索引字段进行查找，而没有对整个表进行遍历，因此提高了查询的速度。

8.1.1　索引的作用

使用索引可以大大提高系统的性能，具体表现如下。

1) 加快数据查询

在表中创建索引后，SQL Server 将在数据表中为其建立索引页。每个索引页中的行都

含有指向数据页的指针，当进行以索引为条件的数据查询时，将大大提高查询速度。也就是说，经常用来作为查询条件的列，应当建立索引；相反，不经常作为查询条件的列则可以不建索引。

2) 加快表的连接、排序和分组工作

在进行表的连接或使用 ORDER BY 和 GROUP BY 子句检索数据时，都涉及数据的查询工作，建立索引后，可以显著减少表的连接及查询中分组和排序时间。加速表与表之间的连接，在实现数据的参照完整性方面有特别的意义。但是，并不是在任何查询中都需要建立索引。索引带来的查找效率提高是有代价的，因为索引也要占用存储空间，而且为了维护索引的有效性，会使添加、修改和删除数据记录的速度变慢。所以，过多的索引不一定能提高数据库的性能，必须科学地设计索引，才能提高数据库的性能。

建立索引的一般原则是：

(1) 对经常用来搜索数据记录的字段建立索引。

(2) 对表中的主键字段建立索引。

(3) 对表中的外键字段建立索引。

(4) 对在查询中用来连接表的字段建立索引。

(5) 对经常用来作为排序基准的字段建立索引。

8.1.2　索引的分类

从不同的角度来讲，对索引的类型有不同的划分方法。按存储结构区分，有聚集索引和非聚集索引；按数据的唯一性来区分，有唯一索引和非唯一索引；按键列的个数区分，有单列索引和多列索引。

1. 聚集索引和非聚集索引

聚集索引(Clustered Index)对表在物理数据页中的数据，按列进行排序，然后再重新存储到磁盘上。由于表中的数据行只能以一种排序方式存储在磁盘上，所以一个表只能有一个聚集索引。正是由于聚集索引会使得键列内容相同的数据记录排列在一起，因此要搜索介于某范围的数据值时特别有效率。因为，一旦使用聚集索引找到第一条符合条件的数据记录，同范围的后续键值的数据记录，一定是相邻排列的。聚集索引的大小是表的 5%。

当建立主键约束时，如果表中没有聚集索引，SQL 会用主键作为关键字建立聚集索引。可以在表的任何列或列的组合上建立聚集索引，实际应用中，一般是将定义为主键约束的列建立为聚集索引。

与聚集索引不同的是，非聚集索引(NonClustered Index)尽管包含按升序排列的键值，但它丝毫不影响表中数据记录实际排列的顺序。当针对表执行以下操作时，SQL 会自动重建此表所有现存的非聚集索引：

(1) 将表的聚集索引删除。

(2) 为表创建一个聚集索引。

(3) 更改聚集索引的键列。

在创建非聚集索引之前，应先创建聚集索引。在创建了聚集索引的表上执行查询操作，

比在只创建了非聚集索引的表上执行查询操作的速度快。但是，执行修改操作则比在只创建了非聚集索引的表上执行的速度慢，这是因为表数据的改变需要更多的时间来维护聚集索引。一个表最多能够拥有 249 个非聚集索引。

2. 唯一索引和非唯一索引

如果要求索引中的字段值不能重复，可以建立唯一索引(Unique Index)。

唯一索引要求所有数据行中任意两行中的被索引列或索引列组合不能存在重复值，包括不能有两个空值 NULL，而非唯一索引(NonUnique Index)则不存在这样的限制。也就是说，对于表中的任何两行记录来说，索引键的值都是不同的。如果表中有多行的记录在某个字段上具有相同的值，则不能基于该字段建立唯一索引；同样对于多个字段的组合，如果在多行记录上有重复值或多个 NULL，也不能在该组合上建立唯一索引。使用 INSERT、UPDATE 语句添加或修改记录时，SQL Server 将检查所使用的数据是否会造成唯一性索引键值的重复，如果会造成重复的话，则 INSERT 或 UPDATE 语句执行将失败。

聚集索引和非聚集索引都可以是一个唯一索引或非唯一索引。

3. 单列索引和多列索引

单列索引是指为某单一字段创建索引；多列索引则是为多个字段的组合创建索引。多列索引也称复合索引，适用以下几种情况：

(1) 当两个或两个以上的字段组合在一起为最佳的搜索键值时，就非常适合为这些字段的组合创建一个多列索引。

(2) 当查询所引用的字段均是索引的键列时，应该为这些字段的组合创建一个多列索引。覆盖查询就是一个最典型的例子。

一个多列索引中最多可以有 16 个字段组合，并且多列索引中的所有字段必须在同一个表中。

在 SQL Server 2005 中，还包括以下索引类型。

(1) 视图索引。视图索引将具体化(执行)视图，并将结果集永久存储在唯一的聚集索引中，而且其存储方法与带聚集索引的表的存储方法相同。创建聚集索引后，可以为视图添加非聚集索引。

(2) 全文索引。一种特殊类型的基于标记的功能性索引，由 Microsoft SQL Server 全文引擎(MSFTESQL)服务创建和维护，用于帮助在字符串数据中搜索复杂的词。

(3) XML 索引。对 XML 数据类型创建的索引。

8.2 创 建 索 引

索引可以在创建表的约束时由系统自动创建，也可以通过 SQL Server Management Studio 或 CREATE INDEX 语句创建。在创建表之后的任何时候都可以创建索引。

8.2.1 系统自动创建索引

在创建或修改表时，如果添加了一个主键或唯一键约束，则系统将自动在该表上，以该

键值作为索引列，创建一个唯一索引。该索引是聚集索引还是非聚集索引，要根据当前表中的索引状况和约束语句或命令而定。如果当前表上没有聚集索引，系统将自动以该键创立聚集索引，除非约束语句或命令指明是创建非聚集索引。如果当前表上已有聚集索引，系统将自动以该键创立非聚集索引，如果约束语句或命令指明是创建聚集索引，则系统报错。

【例 8.1】 在 xsgl 数据库中创建 xs 表时，将学号字段设置为主键。使用存储过程 sp_helpindex 查看 xs 表的索引情况。输入的 SQL 语句为：

```
EXEC sp_helpindex xs
```

程序执行结果如图 8.1 所示。

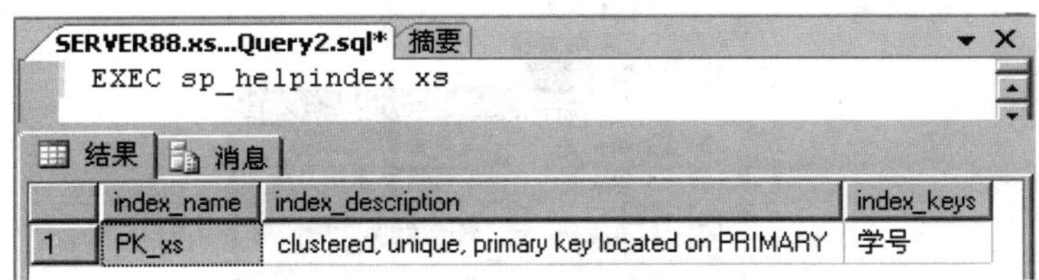

图 8.1　查看表的索引情况

由上面的执行结果可以看出，系统自动生成了名为“PK_xs”的唯一聚集索引，使用的索引字段为学号。

8.2.2　在 SQL Server Management Studio 中创建索引

使用 SQL Server Management Studio 建立和修改索引很便捷，下面通过实例说明其使用方法。

为了能体现出建立索引前后对查询引起的变化，先将 xs 表中的主键移除(刷新 xs 表)，这时 xs 表中不存在任何索引，然后在 xs 表中查找王姓同学的记录，运行如下命令。

```
SELECT * FROM xs WHERE 姓名 LIKE '王%'
```

查询结果如图 8.2 所示。

	学号	姓名	性...	出生时间	专业	总学...	照片	备注
1	2009030104	王兆伟	男	1991-05-18 00:00:00.000	电子商务	24	NULL	NULL
2	2009030109	王丹	女	1990-11-23 00:00:00.000	电子商务	17	NULL	NULL
3	2009030303	王东冬	男	1990-06-29 00:00:00.000	网络工程	12	NULL	NULL
4	2009030305	王小男	男	1991-12-03 00:00:00.000	网络工程	17	NULL	NULL
5	2009030313	王祥俊	女	1989-09-03 00:00:00.000	网络工程	17	NULL	NULL

图 8.2　未建立索引前的查询结果

【例 8.2】在 xs 表上为“姓名”字段添加非唯一的聚集索引，将该索引命名为“IX_xm”。

创建索引的步骤如下。

(1) 启动 SQL Server Management Studio 工具，在“对象资源管理器”中，依次展开各节点到数据库 xsgl 下的“表”节点。

(2) 展开“xs”表，在“索引”项上右击，在快捷菜单中选择“新建索引”命令，如图 8.3 所示。

(3) 弹出“新建索引”对话框，如图 8.4 所示。

(4) 在“索引名称”文本框中，输入索引的名称“IX_xm”，“索引类型”下拉列表框用于设置索引类型，共有聚集索引、非聚集索引和主 XML 三项，这里选择“聚集”，选中“唯一”复选框表示创建唯一索引，这里我们不选。

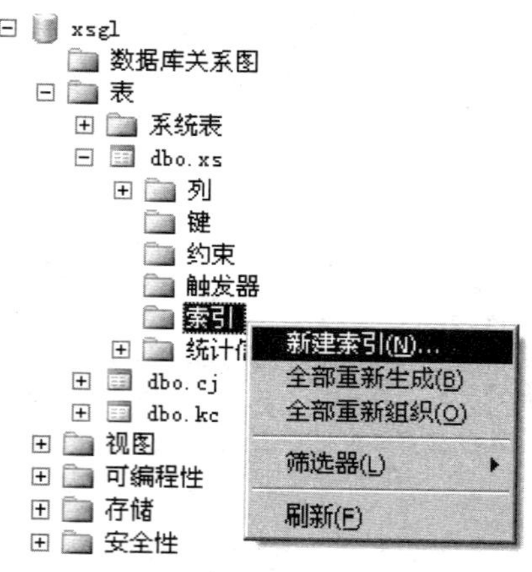

图 8.3 “新建索引”命令

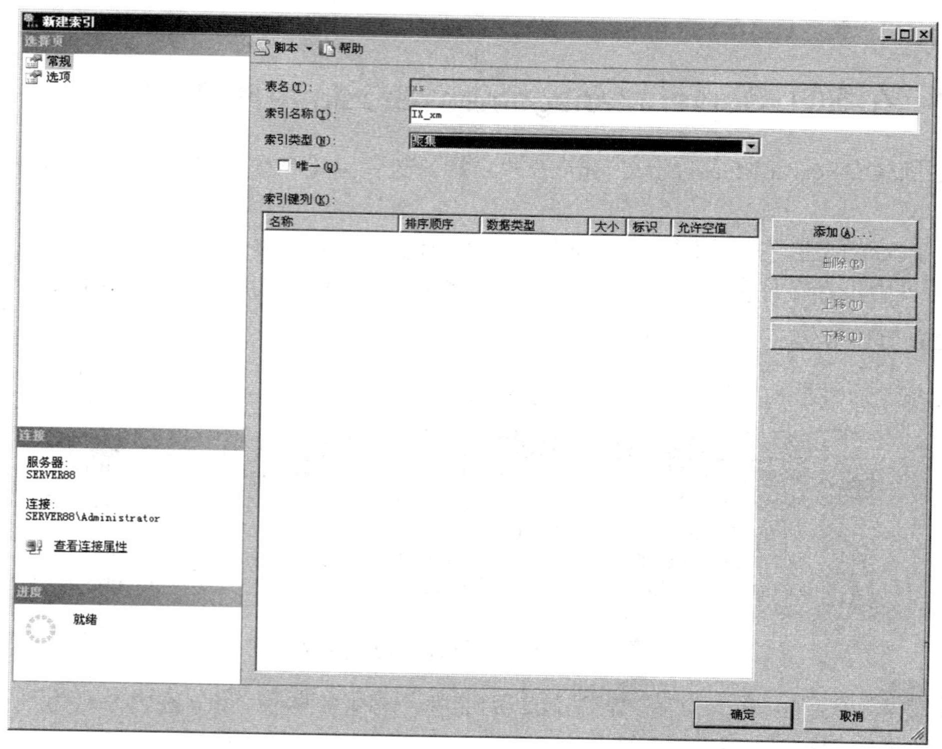

图 8.4 “新建索引”对话框

(5) 单击“添加”按钮，弹出如图 8.5 所示的对话框，选择“姓名”列，单击“确定”按钮。

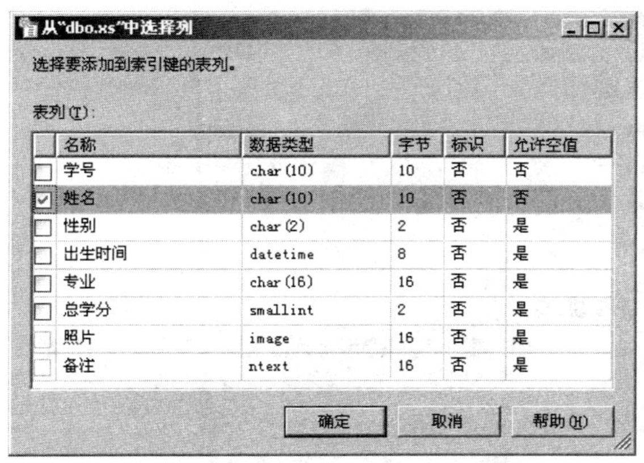

图 8.5　添加索引列

(6) 返回到“新建索引”对话框，其中“排序顺序”列用于设置索引的排列顺序，默认为“升序”，如图 8.6 所示。

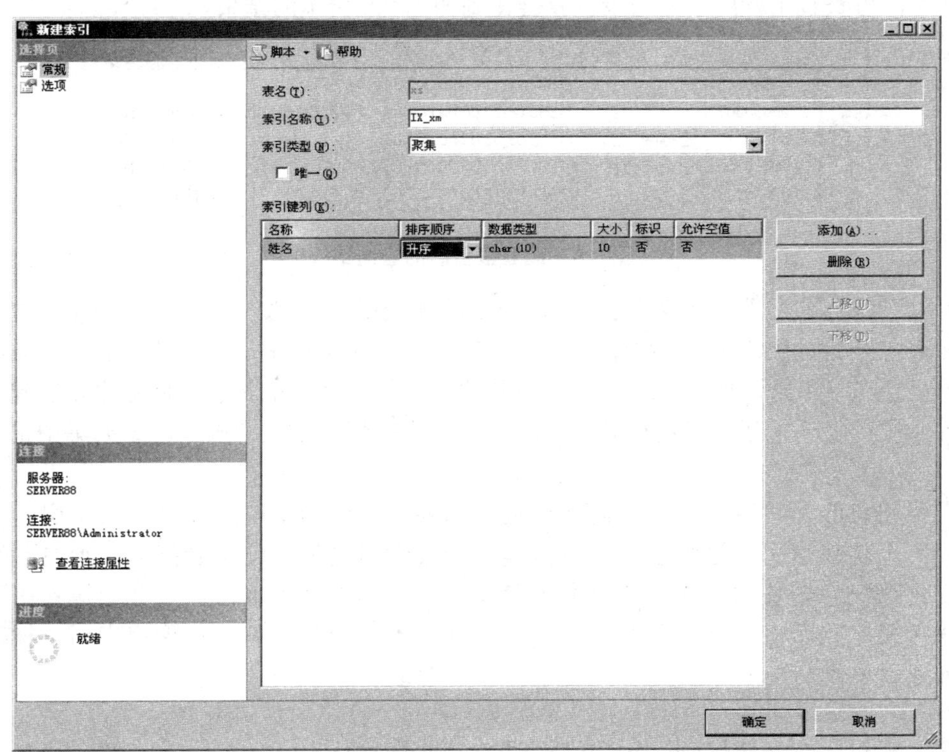

图 8.6　设置索引顺序

(7) 单击“确定”按钮，完成索引的创建过程。

在 SQL Server Management Studio 的“对象资源管理器”中，依次展开“数据库”\“表”\“索引”项，右键单击某个索引名称，依次选择“编写索引脚本为”|“CREATE 到”|“新查询编辑器窗口”命令，就可以查看到索引的定义语句了，如图 8.7 所示。

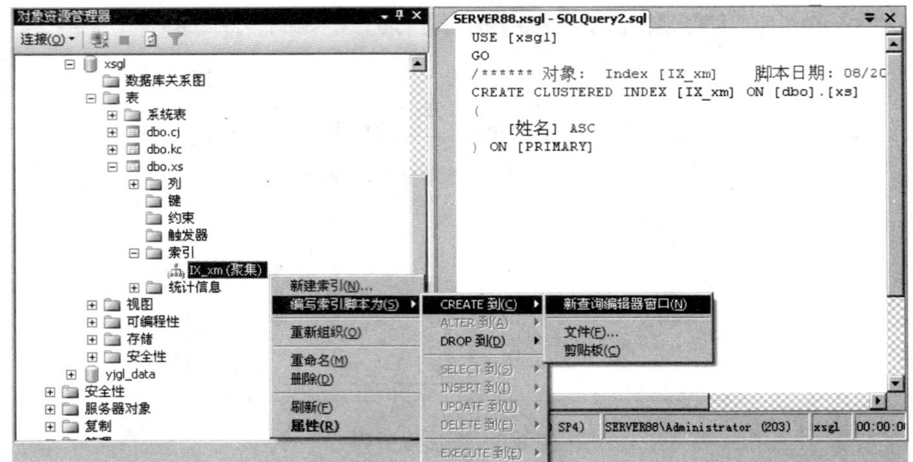

图 8.7　查看索引的定义语句

此时，再查找王姓同学的记录，就会得到如图 8.8 所示的结果。

	学号	姓名	性...	出生时间	专业	总学...	照片	备注
1	2009030109	王丹	女	1990-11-23 00:00:00.000	电子商务	17	NULL	NULL
2	2009030303	王东冬	男	1990-06-29 00:00:00.000	网络工程	12	NULL	NULL
3	2009030313	王祥俊	女	1989-09-03 00:00:00.000	网络工程	17	NULL	NULL
4	2009030305	王小男	男	1991-12-03 00:00:00.000	网络工程	17	NULL	NULL
5	2009030104	王兆伟	男	1991-05-18 00:00:00.000	电子商务	24	NULL	NULL

图 8.8　建立索引后的查询结果

可以看到查询结果与建立索引前的查询结果顺序发生了改变，这是因为没有建立索引时，xs 表按一定的物理顺序存储在磁盘上，所以查询结果以遍历的方式从表中逐条将满足条件的记录选择出来，如图 8.2 所示。而聚集索引会改变表的物理存储顺序，在建立聚集索引后，按索引列重新对表进行排序，所以对表执行同样的查询操作，结果集中记录的排列顺序发生了变化。

需要注意的是，并不是按任何条件查找都要在相应的字段上建立聚集索引，一个表只能有一个聚集索引，这里在姓名字段建立聚集索引是为了使读者能清晰地看到查询结果的变化情况。一般的，在查找字段上建立非聚集索引就可以，由于非聚集索引不改变表的物理顺序，所以查找结果在索引建立前后看不出变化，但它与聚集索引一样，会加快查询速度。

8.2.3　使用 CREATE INDEX 语句创建索引

利用 CREATE INDEX 语句可以创建索引，既可以创建一个能够改变表的物理顺序的聚集索引，也可以创建提高查询性能的非聚集索引，其语法形式如下。

```
CREATE [UNIQUE] [CLUSTERED|NONCLUSTERED]
INDEX 索引名 ON 表名 (字段名[,…n])
[WITH [索引选项[,…n]]]
[ON 文件组]
```

其中各参数的含义如下。

(1) UNIQUE：建立唯一索引。

(2) CLUSTERED：建立聚集索引。

(3) NONCLUSTERED：建立非聚集索引。

(4) 索引选项包括以下几项。

① DROP_EXISTING：表示先删除存在的索引(如果不存在索引，系统会给出错误信息)。

② IGNORE_DUP_KEY：当向包含于一个唯一聚集索引中的列插入重复数据时用于控制 SQL Server 所做的反应。如果为索引指定了 IGNORE_DUP_KEY 选项，并且执行了创建重复键的 INSERT 语句，SQL Server 将发出警告消息，并跳过此行数据的插入，继续执行下面的插入数据的操作。如果没有为索引指定 IGNORE_DUP_KEY，SQL Server 会发出一条警告消息，并回滚整个 INSERT 语句。

③ FILLFACTOR=填充因子：指定在 SQL Server 创建索引的过程中，各索引页的填满程度。用户指定的 FILLFACTOR 值可以从 1～100。如果没有指定值，默认值为 0。通常在数据库表较空时，指定较小的填充因子，例如 60，以便减少添加记录时产生页拆分的几率。

【例 8.3】 使用 CREATE INDEX 语句，在 xs 表的“专业”列和“姓名”列上创建名为“IX_zyxm”的非聚集、复合索引。

运行如下命令。

```
CREATE NONCLUSTERED INDEX IX_zyxm ON xs (专业,姓名)
GO
```

使用系统存储过程 sp_helpindex 查看 xs 表的索引情况。

```
EXEC sp_helpindex xs
```

创建索引结果如图 8.9 所示。

	index_name	index_description	index_keys
1	IX_xm	clustered located on PRIMARY	姓名
2	IX_zyxm	nonclustered located on PRIMARY	专业,姓名

图 8.9　用命令创建索引并查看

然后再查找网络工程专业的王姓同学的记录，运行如下命令。

```
SELECT * FROM xs WHERE 专业='网络工程' and 姓名 LIKE '王%'
```

查询结果如图 8.10 所示。

	学号	姓名	性...	出生时间	专业	总学...	照片	备注
1	2009030303	王东冬	男	1990-06-29 00:00:00.000	网络工程	12	NULL	NULL
2	2009030313	王祥俊	女	1989-09-03 00:00:00.000	网络工程	17	NULL	NULL
3	2009030305	王小男	男	1991-12-03 00:00:00.000	网络工程	17	NULL	NULL

图 8.10　查询结果

用户在创建和使用唯一索引时应注意以下事项。

(1) 在建有唯一聚集索引的表上，执行 INSERT 语句或 UPDATE 语句时，SQL Server 将自动检验新的数据中是否存在重复值。如果存在，当创建索引的语句指定了 IGNORE_DUP_KEY 选项时，SQL Server 将发出警告消息并忽略重复的行。如果没有为索引指定 IGNORE_DUP_KEY，SQL Server 会发出一条警告消息，并回滚整个 INSERT 语句。

(2) 具有相同组合列、不同组合顺序的复合索引彼此是不同的。

(3) 如果表中已有数据，那么在创建唯一索引时，SQL Server 将自动检验是否存在重复的值，若有重复值，则不能创建唯一索引。

8.3 管理和维护索引

索引建成以后要根据查询的需要调整或重建索引，还要确保索引统计信息的有效性，才能提高查询速度。随着数据更新操作的不断执行，数据会变得支离破碎，这些碎片会导致额外的访问开销，应当定期整理索引，清除数据碎片，提高数据查询的性能。

8.3.1 查看和维护索引信息

查看表的索引信息可以使用 sp_helpindex 系统存储过程，例如查看 xs 表的索引信息使用以下的语句。

```
EXEC sp_helpindex xs
```

运行结果如图 8.9 所示。

在 SQL Server Management Studio 的“对象资源管理器”中，依次展开到表的“索引”项，可以查看或修改已建索引。

注意： 创建和修改聚集索引时，SQL Server 要在磁盘上对表进行重组，当表中存储了大量记录时，会产生很大的系统开销，花费的时间可能会较长。

8.3.2 删除索引

删除索引可以在SQL Server Management Studio的“对象资源管理器”中完成或用DROP INDEX 命令完成。在 SQL Server Management Studio 的“对象资源管理器”中删除索引的方法与查看索引的定义语句类似，即选择要删除的索引，在右键快捷菜单中选择“删除”命令，在弹出的“删除对象”窗口中单击“确定”按钮。

用 DROP INDEX 命令删除索引的格式如下。

```
DROP INDEX 表名.索引名[,…]
```

【例 8.4】 用 DROP INDEX 命令删除 xs 表中的“IX_xm”聚集索引。

运行如下命令。

```
DROP INDEX xs.IX_xm
GO
```

将xs表的学号字段设置为主键，因为当前表中没有聚集索引，所以系统会自动在该字段上建立名称为“PK_xs”的唯一聚集索引。

用DROP INDEX命令删除索引时，需要注意以下事项。

(1) 不能用DROP INDEX命令删除由PRIMARY KEY约束或UNIQUE约束创建的索引。这些索引必须通过删除PRIMARY KEY约束或UNIQUE约束，由系统自动删除。

(2) 在删除聚集索引时，表中的所有非聚集索引都将被重建。

【例8.5】 用DROP INDEX命令删除xs表中的主键索引“PK_xs”，查看有何结果。

运行如下命令。

```
DROP INDEX xs.PK_xs
GO
```

运行结果如图8.11所示。

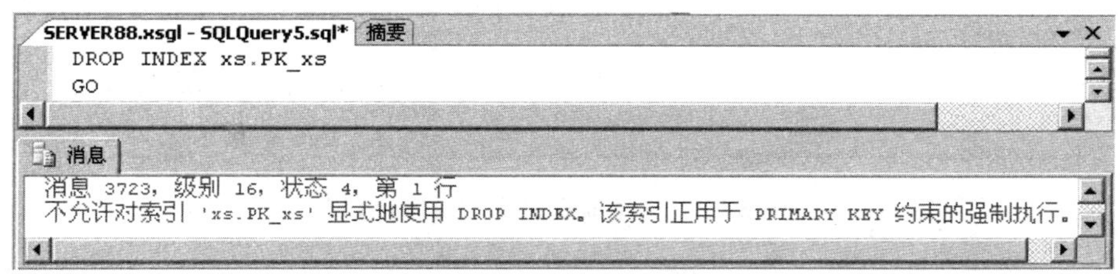

图8.11 用命令删除主键索引

这是因为PK_xs索引为主键约束创建的索引，必须删除主键约束来由系统自动删除此索引。

8.3.3 索引的分析与维护

1. 索引的分析

SQL Server内部存在一个查询优化器，如何进行数据查询是由它来决定的，针对数据库内的情况它可以使SQL Server动态调整数据的访问方式，无须程序员或数据库管理员的干预。查询优化器总能针对数据库的状态为每个查询生成一个最佳的执行计划。

在查询中是否使用索引，使用了哪些索引，都是由查询优化器决定的。要考察索引的作用，需要了解系统在查询过程中的执行计划。SQL Server提供了多种分析索引和查询性能的方法，下面介绍常用的获得查询计划和数据I/O统计的方法。

1) 显示查询计划

SQL Server提供了两种显示查询中的数据处理步骤以及访问数据的方式。

(1) 以图形方式显示执行计划。

执行完查询语句后，选择“查询”|“显示估计执行计划”命令，查看执行计划输出的图形表示。该图形给出了查询的最佳执行计划。图形中每个逻辑运算符或物理运算符显示为一个图标，将鼠标指针放到图标上会显示特定操作的附加信息。

【例8.6】 执行学生成绩的查询，显示执行计划。

执行下面的查询语句。

```
SELECT * FROM xs A INNER JOIN cj B ON A.学号=B.学号
GO
```

然后，选择“查询”|“显示估计执行计划”命令，完成显示执行计划的设置。

在“执行计划”选项卡中有如图 8.12 所示的结果。

将鼠标指针放到图标上，则能弹出相应图标含义的详细说明，显示的信息如图 8.13 所示。

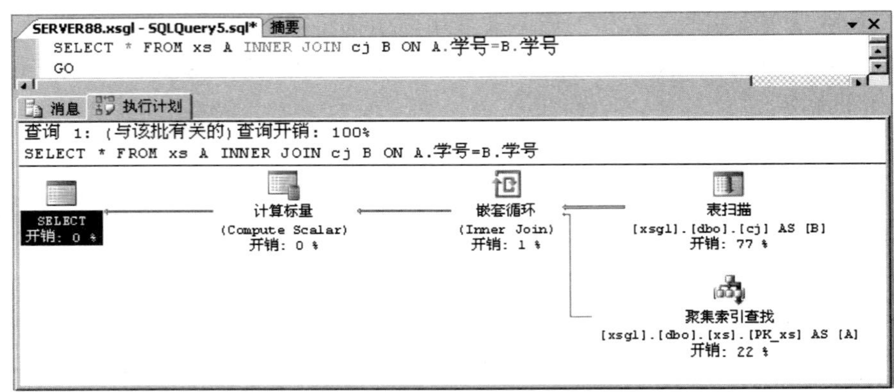

图 8.12　学生成绩查询的执行计划

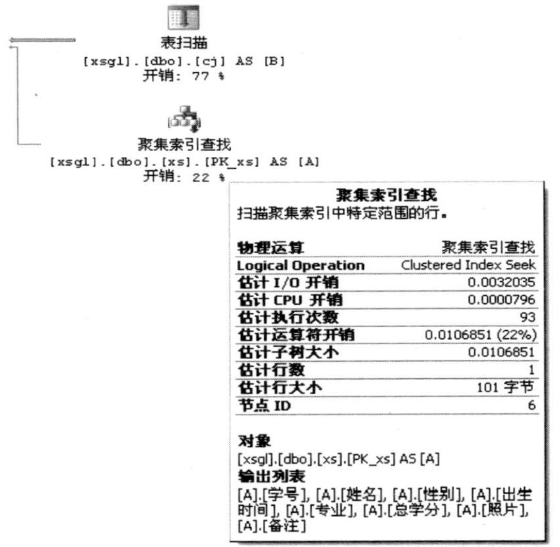

图 8.13　扫描表聚集索引的说明

(2) 以表格方式显示计划。

通过在查询语句中设置 SHOWPLAN 选项，可以选择是否让 SQL Server 显示查询计划。设置是否显示查询计划的命令为：

```
SET SHOWPLAN_ALL ON|OFF
```

或

```
SET SHOWPLAN_TEXT ON|OFF
```

SHOWPLAN_ALL 和 SHOWPLAN_TEXT 两个命令类似，只是后者的输出格式更简洁。当设置了要显示执行计划后，查询语句并不实际执行，只是返回查询树形式的查询计划。查询树在结果集中使用一行表示树上的一个节点，每个节点表示一个逻辑或物理运算符。

【例 8.7】 执行学生成绩的查询，以表格的方式显示执行计划。

```
SET SHOWPLAN_TEXT ON        --打开计划显示
GO
SELECT * FROM xs A INNER JOIN cj B ON A.学号=B.学号
GO
```

显示执行计划如图 8.14 所示。

	StmtText
1	SET SHOWPLAN_TEXT ON --打开计划显示

	StmtText
1	SELECT * FROM xs A INNER JOIN cj B ON A.学号=B.学号

	StmtText
1	|--Compute Scalar(DEFINE:([A].[照片]=[A].[照片], [...
2	|--Nested Loops(Inner Join, OUTER REFERENC...
3	|--Table Scan(OBJECT:([xsgl].[dbo].[cj] AS [B]))
4	|--Clustered Index Seek(OBJECT:([xsgl].[dbo]....

图 8.14 显示查询计划分析索引

2) 数据 I/O 统计

数据检索语句所花费的磁盘活动量也是用户比较关心的性能之一。通过设置 STATISTICS IO 选项，可以使 SQL Server 显示磁盘 I/O 信息。

设置是否显示磁盘 I/O 统计的命令为：

```
SET STATISTICS  IO  ON|OFF
```

【例 8.8】 给出执行学生成绩查询的 I/O 统计。

在查询分析器中运行如下命令。

```
SET STATISTICS  IO ON        --打开 I/O 统计
GO
SELECT * FROM xs A INNER JOIN cj B ON A.学号=B.学号
GO
SET STATISTICS IO OFF       --关闭 I/O 统计
```

在运行结果窗口中选择“结果”页，显示结果。

2. 索引的维护

在创建索引后，为了得到最佳的性能，必须对索引进行维护。因为随着时间的推移，用户需要在数据库上进行插入、更新和删除等一系列操作，这将使数据变得支离破碎，从而造成索引性能的下降。

SQL Server 提供了多种工具帮助用户进行索引维护，下面介绍几种常用的方式。

1) 统计信息更新

在创建索引时，SQL Server 会自动存储有关的统计信息。查询优化器会利用索引统计

信息估算使用该索引进行查询的成本。然而，随着数据的不断变化，索引和列的统计信息可能已经过时，从而导致查询优化器选择的查询处理方法并不是最佳的。因此，有必要对数据库中的这些统计信息进行更新。

【例 8.9】 在 SQL Server Management Studio 的“对象资源管理器”中，通过设置数据库的属性决定是否实现统计的自动更新。

具体操作步骤如下。

(1) 在 SQL Server Management Studio 的“对象资源管理器”中，依次展开各节点到数据库 xsgl。

(2) 用鼠标右击 xsgl 数据库，在弹出的快捷菜单中选择“属性”命令。

(3) 在“属性”对话框中选择“选项”属性页，其中“自动创建统计信息”的值为 True，表示实现统计的自动更新，如图 8.15 所示。

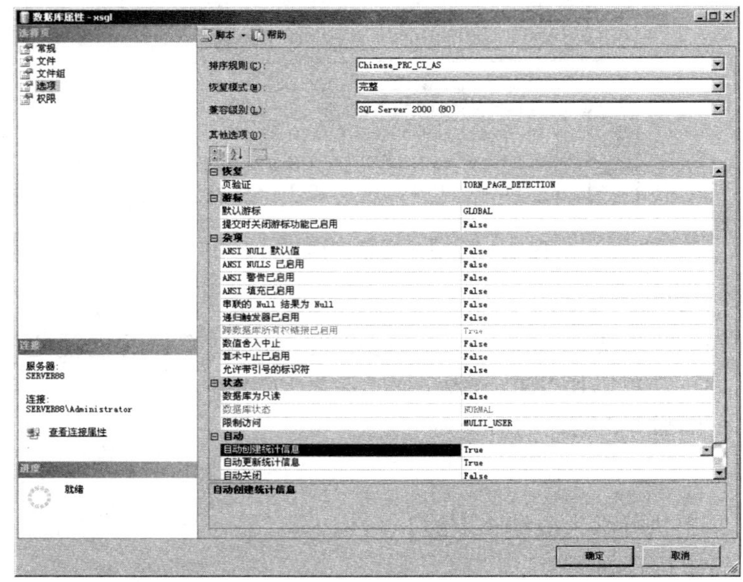

图 8.15 设置数据库统计的自动更新

(4) 单击“确定”按钮完成。

注意： 用户应避免频繁地进行索引统计的自动更新，特别是在数据库操作比较集中的时间段内。

【例 8.10】 使用 UPDATE STATISTICS 语句更新 xs 表主键索引的统计信息。

运行如下命令。

```
UPDATE STATISTICS xs PK_xs
GO
```

2) 使用 DBCC SHOWCONTIG 语句扫描表

对表进行数据操作可能会导致表碎片，而表碎片会导致额外的页读取，从而造成数据库查询性能的下降。此时用户可以通过使用 DBCC SHOWCONTIG 语句来扫描表，并通过

其返回值确定该表的索引页是否已经严重不连续。

【例 8.11】 利用 DBCC SHOWCONTIG 语句获取 xs 表主键索引的碎片信息。

运行如下命令。

```
DBCC SHOWCONTIG (xs,PK_xs)
GO
```

3) 使用 DBCC INDEXDEFRAG 语句对 xs 表主键索引进行碎片整理

运行如下命令。

```
DBCC INDEXDEFRAG ( xsgl,xs,PK_xs)
GO
```

本 章 实 训

1. 实训目的

(1) 掌握创建索引的方法。
(2) 掌握删除索引的方法。
(3) 掌握修改索引的方法。
(4) 掌握显示执行计划的方法。

2. 实训内容

(1) 使用 SQL Server Management Studio 的“对象资源管理器”和命令创建索引。
(2) 使用 SQL Server Management Studio 的“对象资源管理器”和命令删除索引。
(3) 使用 SQL Server Management Studio 的“对象资源管理器”修改索引。
(4) 用图形方式和表格方式显示执行计划。

3. 实训过程

1) 使用存储过程 sp_helpindex 查看“订单信息”表的索引情况

```
EXEC sp_helpindex 订单信息
```

2) 在“客户信息”表中查找“姓名为吴小丽，电话为 13902017387 的”记录

(1) 使用 CREATE INDEX 语句，在“客户信息”表上创建名为“IX_xmdh”的非聚集、复合索引，该索引基于“姓名”列和“电话”列创建。

```
CREATE NONCLUSTERED INDEX IX_xmdh
  ON 客户信息(姓名, 电话)
GO
EXEC sp_helpindex 客户信息
```

(2) 查找记录。

```
SELECT * FROM 客户信息
      WHERE 姓名='吴小丽' and 电话='13902017387'
```

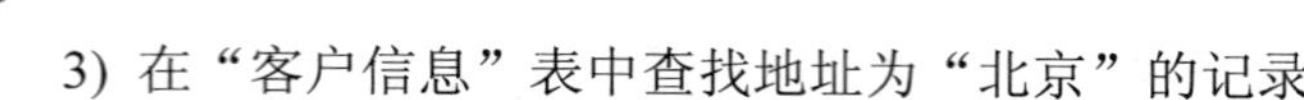

3) 在“客户信息”表中查找地址为“北京”的记录

(1) 为“客户信息”表的“地址”列创建非唯一的非聚集索引，索引名为“IX_dz”。

① 在 SQL Server Management Studio 的“对象资源管理器”中，依次展开各节点到数据库 marketing，单击“表”节点。

② 展开“客户信息”表，在“索引”项上右击，在快捷菜单中选择“新建索引”命令，弹出“新建索引”对话框。

③ 在“索引名称”文本框中，输入索引的名称“IX_dz”，“索引类型”列表框选择“非聚集”，选中“唯一”复选框表示创建唯一索引，这里我们不选。

④ 单击“添加”按钮，弹出“选择列”对话框，选择“地址”列，单击“确定”按钮，返回到“新建索引”对话框，“排序顺序” 默认为“升序”，再次单击“确定”按钮，完成索引的创建过程。

(2) 查找记录。

```
SELECT * FROM 客户信息 WHERE 地址 LIKE '北京%'
```

4) 在 SQL Server Management Studio 的“对象资源管理器”中，删除“客户信息”表的“IX_xmdh”索引

(1) 在 SQL Server Management Studio 的“对象资源管理器”中，依次展开各节点到数据库 marketing，单击“表”节点。

(2) 选择要删除的索引，在右键快捷菜单中选择“删除”命令。在弹出的“删除对象”窗口中单击“确定”按钮。

5) 用 DROP INDEX 命令删除“客户信息”表的“IX_dz”索引

```
DROP INDEX 客户信息.IX_dz
GO
```

6) 执行客户订单信息的查询，显示执行计划

```
SELECT * FROM 客户信息 A INNER JOIN 订单信息 B
   ON A.编号=B.客户编号
```

7) 将 6)题的执行计划以表格的方式显示

```
SET SHOWPLAN_TEXT ON
GO
SELECT * FROM 客户信息 A INNER JOIN 订单信息 B
     ON A.编号=B.客户编号
```

4. 实训总结

通过本章上机实训，应当掌握用命令和菜单方式创建各种索引、删除索引的操作，以及维护索引以及用图形方式和表格方式显示执行计划的方法。

本章小结

索引是一个列表，这个列表中包含了某个表中一列或者若干列的集合，以及这些值对应的记录在数据表中存储的物理地址。在数据库表中查询符合某种条件的记录时，可以通过索引快速地查询结果。

读者通过本章的学习，应掌握索引的定义、修改、删除的方法，了解索引的分析与维护。

习　　题

1. 创建索引的好处有哪些？
2. 索引可以分为哪几类？各有什么特点？
3. 聚集索引和非聚集索引的主要区别是什么？
4. 对表执行什么操作时，SQL 会自动重建此表所有现存的非聚集索引？
5. 建立唯一索引时有哪些限制因素？
6. 复合索引适用于哪些情况？
7. 使用哪个存储过程可以查看索引信息？
8. 有几种方法可以删除索引？各是什么？
9. 在 cj 表中查找有 J003 课程成绩的学号。
10. 在 xs 表中查找“网络工程”专业的学生的学号和姓名。
11. 在 cj 表中查找学号为 2009030304 的学生的各科考试成绩。

第 9 章　T-SQL 语言

SQL Server 中的编程语言 T-SQL 是一种非过程化的语言，用户或应用程序都是通过它来操作数据库的。当要执行的任务不能由单个 SQL 语句来完成时，也可以通过某种方式将多条 SQL 语句组织到一起，来共同完成一项任务。本章主要介绍 T-SQL 语言编程。

通过学习本章，读者应掌握以下内容：

- 批处理的概念
- 数据类型与常量的表示方法
- 全局变量与局部变量的使用
- 运算符与表达式的使用
- 流程控制语句的使用
- 系统函数与自定义函数
- 游标的使用

9.1　批处理、脚本和注释

批处理就是一个或多个 T-SQL 语句的集合，用户或应用程序一次性将它发送给 SQL Server，由 SQL Server 编译成一个执行单元，此单元称为执行计划。

9.1.1　批处理

建立批处理如同编写 SQL 语句，区别在于它是多条语句同时执行的，用 GO 语句作为一个批处理的结束。

注意：GO 语句行必须单独存在，不能含有其他的 SQL 语句，也不能有注释。

如果在一个批处理中有语法错误，如某条命令拼写错误，则整个批处理就不能成功地编译，也就无法执行。如果在批处理中某条语句执行错误，如违反了规则，则只影响该语句的执行，而不影响其他语句的执行。

在 SQL Server 中，可以利用 ISQL、OSQL 及 ISQLW 实用程序执行批处理，前两个实用程序是在命令界面下运行的，例如在 DOS 命令提示符下运行，ISQLW 是一个图形界面下的查询工具。本书的实例均是在该实用程序下运行的。

有些 SQL 语句不可以放在一个批处理中进行处理，它们需要遵守以下规则。

(1) 大多数 CREATE 命令要在单个批处理命令中执行，但 CREATE DATABASE、CREATE TABLE 和 CREATE INDEX 例外。

(2) 调用存储过程时，如果它不是批处理中的第一个语句，则在其前面必须加上 EXECUTE，或简写 EXEC。

(3) 不能在把规则和默认值绑定到表的字段或用户定义数据类型上之后，就在同一个批处理中使用它们。

(4) 不能在给表字段定义了一个 CHECK 约束后，在同一个批处理中使用该约束。

(5) 不能在修改表的字段名后，在同一个批处理中引用该新字段名。

【例 9.1】 查询学生成绩信息，要求使用 xs 表和 cj 表，并且显示课程名称。

```
--新建视图"学生成绩视图"
CREATE VIEW 学生成绩视图
  AS
  SELECT A.学号,A.姓名,A.专业,B.课程号,B.成绩
    FROM xs A INNER JOIN cj B ON A.学号=B.学号
GO
--查询学生成绩信息
SELECT A.姓名,A.专业,B.课程名,A.成绩 FROM 学生成绩视图 A
    INNER JOIN kc B ON A.课程号=B.课程号
GO
```

命令执行结果如图 9.1 所示。

	姓名	专业	课程名	成绩
1	秦建兴	电子商务	计算机基础	99
2	秦建兴	电子商务	数据结构	77
3	秦建兴	电子商务	操作系统	86
4	秦建兴	电子商务	英语	97
5	秦建兴	电子商务	数学	93
6	秦建兴	电子商务	体育	94
7	张吉哲	电子商务	计算机基础	44
8	张吉哲	电子商务	数据结构	76
9	张吉哲	电子商务	操作系统	74
10	张吉哲	电子商务	英语	61
11	张吉哲	电子商务	数学	62

图 9.1　学生成绩查询结果

因为建立视图语句 CREATE VIEW 不能和其使用语句在一个批处理中，所以需要 GO 命令将 CREATE VIEW 语句与其下面的语句(SELECT)分成两个批处理。否则 SQL Server 将报语法错误。

9.1.2　脚本

脚本是批处理的存在方式，将一个或多个批处理组织到一起就是一个脚本，例如执行命令的各个实例都可以称为一个脚本。将脚本保存到磁盘文件上就称为脚本文件，其扩展名为.sql。使用脚本文件对重复操作或几台计算机之间交换 SQL 语句是非常有用的。

例 9.1 的脚本文件演示如图 9.2 所示。

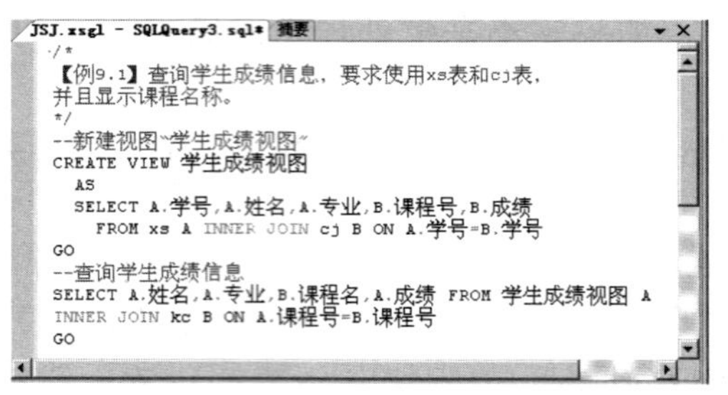

图 9.2 脚本文件演示

9.1.3 注释

注释也称为注解，是写在程序代码中的说明性文字，用于对程序的结构及功能进行说明。注释内容既不会被系统编译，也不会被程序执行。使用注释对代码进行说明，不仅能使程序易读易懂，而且有助于日后的管理和维护。注释通常用于记录程序名称、作者姓名和主要代码更改的日期。注释还可以用于描述复杂的计算或者解释编程的方法。

图 9.2 中“--”以后的文本为行内注释，放在“/*”和“*/”内的文本为块注释。

1. 行内注释

行内注释的语法格式为。

```
--注释文本
```

从双连字符“--”开始到行尾均为注释，但前面可以有执行的代码。对于多行注释，必须在每个注释行的开始都用双连字符。

2. 块注释

块注释的语法格式为。

```
/*注释文本*/
```

或：

```
/*
注释文本
*/
```

这些注释文本可以与执行代码处于同一行，也可以另起一行，甚至可以放在可执行代码内。从开始注释字符“/*”到结束字符“*/”之间的全部内容均视为注释部分。

9.2 常量、变量和表达式

常量、变量和表达式是程序设计中不可缺少的元素。始终保持不变的数据称为“常量”，存放数据的存储单元称为“变量”，表达式用来表示某个求值规则，每个表达式都产生唯一的值。

9.2.1　常量

常量是一个固定的数据值、一个标量值或是一个代表特定数据值的符号，常量的格式按其所代表数据值的数据类型而有所不同。常量的值在程序运行过程中不会改变。

1) 字符串常量

字符串常量包含在单引号内，由字母、数字和符号(如!、@和#)组成。例如：'处理中，请稍后……'。如果字符串常量中含有一个单引号，如 It’s legs are long，则要用两个单引号表示这个字符串常量内的单引号，即表示为：'It''s legs are long'。

在字符串常量前面加上字符 N，则表明该字符串常量是 Unicode 字符串常量，如 N'Mary' 是 Unicode 字符串常量，而'Mary'是字符串常量。Unicode 数据中的每个字符都使用两个字节存储，而字符数据中的每个字符都使用一个字节存储。

2) 数值常量

数值常量分为二进制常量、bit 常量、int 常量、decimal 常量、float 常量、real 常量、money 常量、指定正数和负数等。数值常量不需要使用引号。

(1) 二进制常量：具有前缀 0X，并且是十六进制数值常量，例如 0X156A、0X9BF 等。

(2) bit 常量：使用 0 或 1 表示，如果使用一个大于 1 的数字，它将被转换为 1。

(3) int 常量：整数常量，不能包含小数点，例如 2008、365、10 等。

(4) decimal 常量：可以包含小数点的数值常量，例如 3.22、17.8 等。

(5) float 常量和 real 常量：使用科学记数法表示，例如 120.6E5、0.8E-4 等。

(6) money 常量：货币常量，以$作为前缀，可以包含小数点，例如$4989.5、$675.45 等。

(7) 指定负数和正数：在数字前面添加正号(+)或负号(–)，可以指明一个数是正数还是负数；如果未在数字前加正号或负号，则默认为正值，例如+25846、-6.37E8、+$196、234 等。

3) 日期时间常量

日期时间常量必须包含在一对单引号中，可以只包含日期、只包含时间或日期时间都有，例如 '1988-10-20'、'2008/8/8'、'1997.9.10'、'Oct 15,2008'、'9:25:30'、'2:30PM' 等。

用 SET DATEFORMAT 命令可以设置日期数据中的年份、月份和日期数值的先后顺序。例如执行完 SET DATEFORMAT MDY 命令，日期常量 '8/11/2008' 采用“月/日/年”格式，代表 2008 年 8 月 11 日。如果 SQL Server 的语言设置成 us_english，则日期格式的默认顺序是“MM/DD/YY”。

在 SQL Server 2005 中设置两位年份输入的方法：

(1) 在 SQL Server Management Studio 的“对象资源管理器”中，依次展开到“本地服务器”，在“本地服务器”的右键快捷菜单中选择“属性”命令，如图 9.3 所示。

(2) 在弹出的“属性”对话框中，切换到“高级”选项设置界面，在“两位数年份截止”项设置相应的年份，默认值为 2049，如图 9.4 所示。可以指定从 1753～9999 之间的整数，该整数表示将两位数年份解释为四位数年份的截止年份。

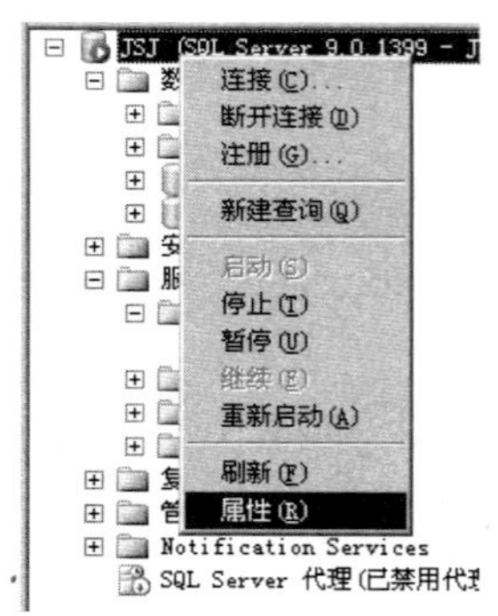

图 9.3 “本地服务器”属性菜单

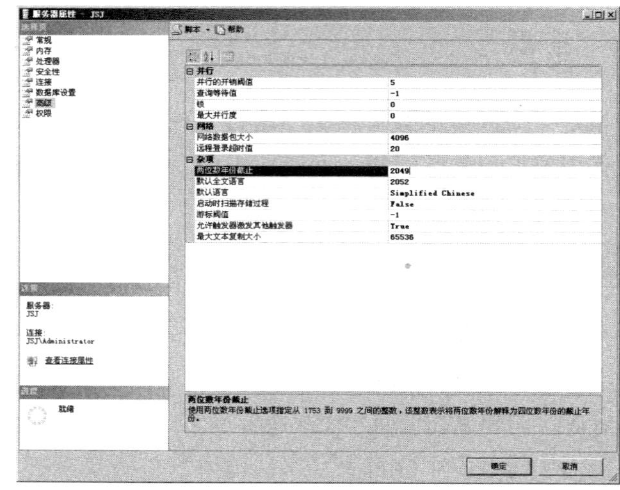

图 9.4 设置两位数年份

9.2.2 变量

变量又分为局部变量和全局变量两种，局部变量是一个能够保存特定数据类型实例的对象，是程序中各种类型数据的临时存储单元，在批处理的 SQL 语句之间用于传递数据。全局变量是系统给定的特殊变量。

1. 局部变量

局部变量是用户在程序中定义的变量，一次只能保存一个值，仅作用于声明它的批处理、存储过程或触发器中。批处理结束后，存储在局部变量中的信息将丢失。

局部变量的定义遵守 SQL Server 标识符的命名规则，其开始字母必须使用@符号，最长为 128 个字符。

1) 局部变量的定义

局部变量必须用 DECLARE 命令定义后才可以使用，定义局部变量的语法形式如下。

```
DECLARE {@变量名 数据类型}[,…N]
```

其中，变量的数据类型及大小，可以是任何由系统提供的，或由用户定义的数据类型。但是，局部变量不能是 text、ntext 或 image 数据类型。一次可以定义多个局部变量。

2) 局部变量的赋值方法

使用 DECLARE 命令声明并创建局部变量之后，系统将其初始值设为 NULL，如果想要设定局部变量的值，必须使用 SET 命令或者 SELECT 命令。其语法格式如下。

```
SET {@变量名=表达式}
```

或者

```
SELECT{@变量名=表达式}[,…N]
```

SET 语句一次只能给一个局部变量赋值，SELECT 语句可以给一个或同时给多个变量

赋值。如果 SELECT 语句返回了多个值，则这个局部变量将取得该语句返回的最后一个值。另外，使用 SELECT 语句赋值时，如果省略了赋值号及后面的表达式，则可以将局部变量值显示出来，起到与 PRINT 语句同样的作用。

【例 9.2】 局部变量的定义与赋值。

```
DECLARE @MY_VAR1 VARCHAR(5),@MY_VAR2 CHAR(8)
SELECT @MY_VAR1='你好!',@MY_VAR2='happy'
PRINT @MY_VAR1+@MY_VAR2
SELECT @MY_VAR1+@MY_VAR2
```

PRINT 结果显示在“消息”提示框中，SELECT 结果显示在“结果”提示框中，运行结果如图 9.5 和图 9.6 所示。

图 9.5 “消息”提示框

图 9.6 “结果”提示框

【例 9.3】 创建局部变量@C，然后为@C 赋值，最后显示@C 的值。

```
--声明局部变量@C
DECLARE @C CHAR(14)
--给局部变量@C 赋值
SET @C='中华人民共和国'
--显示局部变量@C 的值
SELECT @C
GO
```

程序执行结果如图 9.7 所示。

【例 9.4】 查询 xs 表，将返回的记录数赋给局部变量@NUM。

```
USE xsgl                                    --打开 xsgl 数据库
GO
DECLARE @NUM INT                            --声明局部变量
SET @NUM=(SELECT COUNT(*) FROM xs)          --给局部变量赋值
--上面的语句也可以写成
SELECT @NUM=COUNT(*) FROM xs
SELECT @NUM AS '总人数'                      --显示局部变量的值
GO
```

程序执行结果如图 9.8 所示。

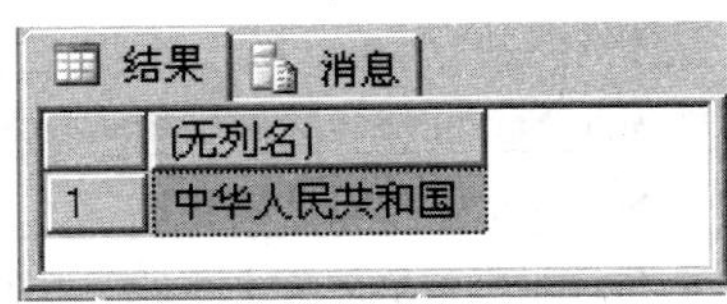

图 9.7 显示局部变量

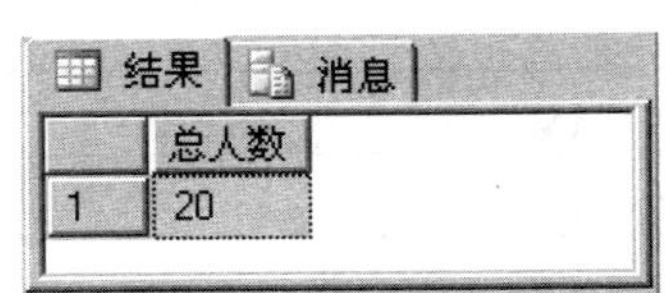

图 9.8 显示查询结果

【例 9.5】查询 xs 表中女同学的记录(在 SELECT 语句中使用由 SET 赋值的局部变量)。

```
USE xsgl                          --打开 xsgl 数据库
GO
DECLARE @S CHAR(2)                --声明局部变量
SET @S='女'                       --给局部变量赋值
--根据局部变量的值进行查询
SELECT 学号,姓名,性别,出生时间,专业
     FROM xs WHERE 性别=@S
GO
```

程序执行结果如图 9.9 所示。

	学号	姓名	性...	出生时间	专业
1	2009030106	马艳玲	女	1990-12-20 00:00:00.000	电子商务
2	2009030107	张玉莹	女	1990-06-28 00:00:00.000	电子商务
3	2009030108	耿娇	女	1991-06-06 00:00:00.000	电子商务
4	2009030109	王丹	女	1990-11-23 00:00:00.000	电子商务
5	2009030110	朱丹	女	1989-09-28 00:00:00.000	电子商务
6	2009030301	尹相桔	女	1990-01-01 00:00:00.000	网络工程
7	2009030302	李楠楠	女	1990-12-31 00:00:00.000	网络工程
8	2009030307	孙美娜	女	1990-09-03 00:00:00.000	网络工程
9	2009030312	沈柯辛	女	1990-07-27 00:00:00.000	网络工程
10	2009030313	王祥俊	女	1989-09-03 00:00:00.000	网络工程
11	2009030315	么芳芳	女	1990-04-28 00:00:00.000	网络工程

图 9.9　显示女同学的记录

2. 全局变量

全局变量是 SQL Server 系统提供并赋值的变量。用户不能定义全局变量，也不能用 SET 语句来修改全局变量。通常将全局变量的值赋给局部变量，以便保存和处理。事实上，在 SQL Server 中，全局变量是一组特定的函数，它们的名称是以@@开头，而且不需要任何参数，在调用时无须在函数名后面加圆括号，这些函数也称为无参数函数。

SQL Server 提供了 30 多个全局变量，表 9.1 列出了几个常用的全局变量。

表 9.1　SQL 常用的全局变量

名　称	说　明
@@CONNECTIONS	返回当前服务器的连接的数目
@@ROWCOUNT	返回上一条 T-SQL 语句影响的数据行数
@@ERROR	返回上一条 T-SQL 语句执行后的错误号
@@PROCID	返回当前存储过程的 ID 号
@@SERVICENAME	返回正在运行 SQL Server 服务器所使用的登录表键名
@@SERVERNAME	返回运行 SQL Server 的本地服务器名称
@@VERSION	返回当前 SQL Server 服务器的版本和处理器类型
@@LANGUAGE	返回当前 SQL Server 服务器的语言
@@MAX_CONNECTIONS	返回 SQL Server 上允许同时连接的最大用户数

【例 9.6】 利用全局变量查看 SQL Server 的版本和当前所使用的语言。

```
SELECT @@VERSION AS 版本
SELECT @@LANGUAGE AS 语言
GO
```

程序执行结果如图 9.10 所示。

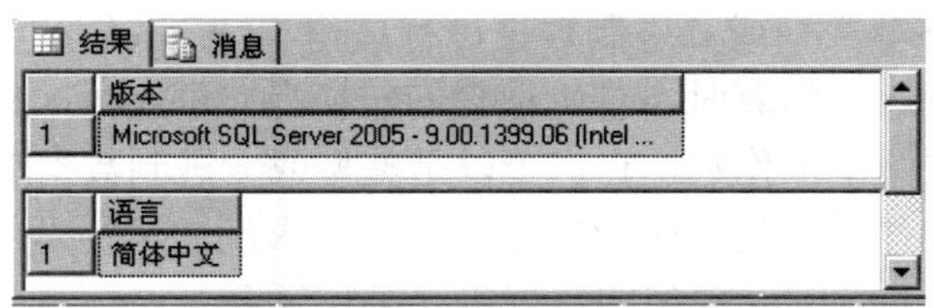

图 9.10 全局变量的使用

9.2.3 运算符与表达式

运算符是一些符号，能够用来执行算术运算、字符串连接、赋值以及在字段、常量和变量之间进行比较。表达式用来表示某个求值规则，它由运算符和配对的圆括号将常量、变量、函数等操作数以合理的形式组合而成。每个表达式都产生唯一的值。表达式的类型由运算符的类型决定。在 SQL Server 中，运算符和表达式主要有 6 大类。

1. 算术运算符与算术表达式

算术运算符包括加(+)、减(–)、乘(*)、除(/)和取模(%)。对于加、减、乘、除这 4 种算术运算符，计算的两个表达式可以是任何数值型数据；对于取模运算符，要求操作数的数据类型为 int、smallint 和 tinyint。

如果在一个表达式中，出现多个算术运算符，则运算符的优先级顺序为：乘、除、取模运算为同一优先级，加、减运算符的优先级为次。

【例 9.7】 算术运算符的使用。

```
SELECT 5/4,5.0/4,10%3                --运算结果为：1   1.250000   1
SELECT 25/(3*6), 25%(3*6)            --运算结果为：1   7
```

2. 字符串连接运算符与字符串表达式

字符串连接运算符使用加号(+)表示，可以实现字符串的连接。其他的字符操作都是通过函数，如 SUBSTRING 来操作的。

字符串连接运算符可以操作的数据类型有 char、varchar、text、nchar、nvarchar 和 ntext。在 INSERT 语句或者赋值语句中，如果字符串为空，那么就作为空的字符串来处理。

【例 9.8】 字符串连接运算符的使用。

```
SELECT 'abc'+''+'def'               --运算结果为：abcdef
```

但是，如果 sp_dbcmptlevel 兼容性的级别设置为 65，空的字符串就被当做空格处理。

【例 9.9】 修改兼容性的级别后，字符串连接运算符的使用。

```
sp_dbcmptlevel 'xsgl',65
SELECT 'abc'+''+'def'             --运算结果为：abc def
```

3. 位运算符与位表达式

位运算符可以对整型类型或二进制数据进行按位与(&)、或(|)、异或(^)、求反(~)等逻辑运算。对整型数据进行位运算时，首先把它们转换为二进制数，然后再进行计算。其中与、或、异或运算需要两个操作数，它们可以是整型或二进制数据(image 数据类型除外)，但运算符左右两侧的操作数不能同时为二进制数据。求反运算符是一个单目运算符，它只能对 int、smallint、tinyint 或 bit 类型的数据进行求反运算。

【例 9.10】 位运算符的使用。

```
SELECT 10&20,10|20,10^20,~20  --运算结果为：0  30  30  -21
```

4. 比较运算符与比较表达式

比较运算符用来对多个表达式进行比较。比较运算符可以比较除 text、ntext 和 image 数据类型以外的所有数据类型。在 SQL Server 中，比较运算符包括：等于(=)、大于(>)、大于或等于(>=)、小于(<)、小于或等于(<=)、不等于(<>或!=)、不小于(!<)、不大于(!>)。

比较运算符的结果是布尔值 TRUE(表示两个表达式相同)、FALSE(表示两个表达式不同)或 UNKNOWN，返回布尔数据类型的表达式称为布尔表达式。

当 SET ANSI_NULLS 设置成 ON，而且被比较的表达式中有一个或两个 NULL 时，布尔表达式将返回 UNKNOWN；当 SET ANSI_NULLS 设置成 OFF，只有两个表达式都是 NULL，而且运算符为等号时，返回值为 TRUE，其他情况与 SET ANSI_NULLS 设置成 ON 相同。

比较表达式用于 WHERE 子句以及流程控制语句(例如 IF 和 WHILE)中，过滤符合搜索条件的行。

【例 9.11】 比较运算符的使用。

```
DECLARE @M CHAR(3),@N CHAR(2)
SELECT @M='ABC',@N='EF'
IF @M>@N
  PRINT 'A 的 ASCII 码大于 E 的 ASCII 码。'
ELSE
  PRINT 'A 的 ASCII 码小于 E 的 ASCII 码。'
```

程序执行结果为：A 的 ASCII 码小于 E 的 ASCII 码。

5. 逻辑运算符与逻辑表达式

逻辑运算符用于检测特定的条件是否为真。逻辑运算符如表 9.2 所示。逻辑运算符与比较运算符相似，返回值为 TRUE 或者 FALSE 的布尔数据类型。

表 9.2　SQL 逻辑运算符

运 算 符	含　义
AND	如果两个布尔表达式都为 TRUE，那么就为 TRUE
OR	如果两个布尔表达式中的一个为 TRUE，那么就为 TRUE
NOT	对任何布尔运算符的值取反
IN	如果操作数等于表达式列表中的一个，那么就为 TRUE
LIKE	如果操作数与一种模式相匹配，那么就为 TRUE
BETWEEN	如果操作数在某个范围之间，那么就为 TRUE
EXISTS	如果子查询包含一些行，那么就为 TRUE
ALL	如果一系列的比较都为 TRUE，那么就为 TRUE
ANY	如果一系列的比较中任何一个为 TRUE，那么就为 TRUE
SOME	如果在一系列比较中，有些为 TRUE，那么就为 TRUE

【例 9.12】 逻辑运算符的使用。

```
SELECT 姓名,性别,专业 FROM xs
      WHERE  性别='女'  AND
       (专业='信息管理'  OR 专业='网络工程')
```

程序执行结果如图 9.11 所示。

	姓名	性...	专业
1	李楠楠	女	网络工程
2	么芳芳	女	网络工程
3	沈柯辛	女	网络工程
4	孙美娜	女	网络工程
5	王祥俊	女	网络工程
6	尹相桔	女	网络工程

图 9.11　查询结果

6. 赋值运算符

T-SQL 中有一个赋值运算符，即等号(=)。赋值运算符能够将数据值指派给特定的对象。另外，还可以使用赋值运算符在列标题和为列定义值的表达式之间建立关系。

7. 运算符的优先级

当一个复杂的表达式中包含多种运算符时，运算符的优先顺序将决定表达式的计算和比较顺序。在 SQL Server 中，运算符的优先等级从高到低的顺序如下。

- +(正)、–(负)、~(位求反)
- *(乘)、/(除)、%(求余)
- +(加)、+(连接)、–(减)
- =、>、<、>=、<=、<>、!=、!>、!<比较运算符
- ^(位异或)、&(位与)、|(位或)
- NOT
- AND、ANY、BETWEEN、IN、LIKE、OR、SOME
- =(赋值)

如果表达式中有两个相同等级的运算符，将按它们在表达式中的位置由左到右计算。在表达式中还可以使用括号改变运算符的优先级。

9.3 流程控制语句

流程控制语句是组织较复杂的T-SQL语句的语法元素，在批处理、存储过程、脚本和特定的检索中使用，包括条件控制语句、无条件转移语句和循环语句等。

9.3.1 BEGIN…END 语句块

BEGIN…END语句用于将多条T-SQL语句组合成一个语句块，并将它们视为一个单一语句。在条件语句和循环语句等控制流程语句中，当符合特定条件需要执行两个或者多个语句时，就应该使用BEGIN…END语句将这些语句组合在一起。其语法格式如下。

```
BEGIN
   {语句或语句块}
END
```

9.3.2 IF…ELSE 语句

IF…ELSE语句用来实现选择结构。其语法格式如下。

```
IF 逻辑表达式
   {语句1或语句块1}
[ELSE
   {语句2或语句块2}]
```

如果逻辑表达式的条件成立(为TRUE)，则执行语句1或语句块1；否则(为FALSE)，执行语句2或语句块2，语句块要用BEGIN和END定义。如果没有ELSE部分，则当逻辑表达式不成立时，什么都不执行。

IF…ELSE语句可以嵌套使用，而且嵌套层数没有限制。

【例9.13】 在cj表中查询是否开过“数据库SQL Server”课，如果开过，计算该课的平均分。

```
IF EXISTS(SELECT 课程号 FROM cj WHERE 课程号='J005')
  BEGIN
    DECLARE @AVG FLOAT
    SET @AVG=(SELECT AVG(成绩) FROM cj
                         WHERE 课程号='J005')
    SELECT '已开过"数据库SQL Server"课。',@AVG AS 平均分
  END
ELSE
  PRINT '没有开过"数据库SQL Server"课。'
```

程序执行结果为：没有开过“数据库SQL Server”课。

【例9.14】 比较两个数的大小。

```
DECLARE @VAR1 INT,@VAR2 INT
SET @VAR1=50
```

```
SET @VAR2=80
IF @VAR1!=@VAR2
 IF @VAR1>@VAR2
    PRINT '第一个数比第二个数大。'
 ELSE
    PRINT '第一个数比第二个数小。'
ELSE
  PRINT '两个数字相同。'
```

程序执行结果为：第一个数比第二个数小。

9.3.3　CASE 表达式

利用 CASE 表达式可以进行多分支选择。在 SQL Server 中，CASE 表达式分为简单表达式和搜索表达式两种。

1. 简单表达式

简单 CASE 表达式就是将一个测试表达式与一组简单表达式进行比较，如果某个简单表达式与测试表达式的值相等，则返回相应结果表达式的值。其语法格式如下。

```
CASE 测试表达式
     WHEN 测试值 1  THEN 结果表达式 1
     WHEN 测试值 2  THEN 结果表达式 2
     …
     [ELSE 结果表达式 N]
END
```

其中，测试表达式的值必须与测试值的数据类型相同，测试表达式可以是局部变量，也可以是表中的字段变量名，还可以是用运算符连接起来的表达式。

执行 CASE 表达式时，会按顺序将测试表达式的值与测试值逐个进行比较，只要发现一个相等，则返回相应结果表达式的值，CASE 表达式执行结束。否则，如果有 ELSE 子句则返回相应结果表达式的值；如果没有 ELSE 子句，则返回一个 NULL 值，CASE 表达式执行结束。

在 CASE 表达式中，若同时有多个测试值与测试表达式的值相同，则只返回第一个与测试表达式值相同的 WHEN 子句后的结果表达式的值。

【例 9.15】 显示 cj 表中的数据，并使用 CASE 语句将课程号替换为课程名。

```
SELECT 学号,
    课程名=CASE 课程号
            WHEN 'J001' THEN '计算机基础'
            WHEN 'J002' THEN '数据结构'
            WHEN 'J003' THEN '操作系统'
            WHEN 'J005' THEN '数据库 SQL Server'
            WHEN 'A001' THEN '英语'
            WHEN 'A002' THEN '数学'
            WHEN 'A005' THEN '体育'
          END
          , 成绩
```

```
    FROM cj
```

程序执行的部分结果如图 9.12 所示。

	学号	课程名	成绩
1	2009030101	计算机基础	99
2	2009030101	数据结构	77
3	2009030101	操作系统	86
4	2009030101	英语	97
5	2009030101	数学	93
6	2009030101	体育	94
7	2009030102	计算机基础	44
8	2009030102	数据结构	76
9	2009030102	操作系统	74
10	2009030102	英语	61
11	2009030102	数学	62

图 9.12　成绩查询结果

2. 搜索表达式

与简单表达式不同的是，在搜索表达式中，CASE 关键字后面不跟任何表达式，在各 WHEN 关键字后面跟的都是逻辑表达式。其语法格式如下。

```
CASE
     WHEN 逻辑表达式 1 THEN 结果表达式 1
     WHEN 逻辑表达式 2 THEN 结果表达式 2
     …
     [ELSE 结果表达式 N]
END
```

执行 CASE 搜索表达式时，会按顺序测试每个 WHEN 子句后面的逻辑表达式，只要发现一个为 TRUE，则返回相应结果表达式的值，CASE 表达式执行结束。否则，如果有 ELSE 子句则返回相应结果表达式的值；如果没有 ELSE 子句，则返回一个 NULL 值，CASE 表达式执行结束。

在 CASE 表达式中，若同时有多个逻辑表达式的值为 TRUE，则只有第一个为 TRUE 的 WHEN 子句后的结果表达式值返回。

【例 9.16】 显示 cj 表中的数据，并根据成绩输出考试等级。成绩大于等于 90 分，输出“优”；成绩在 80～90 之间，输出“良”；成绩在 70～80 之间，输出“中”；成绩在 60～70 之间，输出“及格”；成绩在 60 分以下，输出“不及格”。

```
SELECT 学号,
    课程名=CASE 课程号
              WHEN 'J001' THEN '计算机基础'
              WHEN 'J002' THEN '数据结构'
              WHEN 'J003' THEN '操作系统'
              WHEN 'J005' THEN '数据库 SQL Server'
              WHEN 'A001' THEN '英语'
              WHEN 'A002' THEN '数学'
              WHEN 'A005' THEN '体育'
```

```
        END
        ,       成绩=CASE
         WHEN 成绩>=90 THEN '优'
         WHEN 成绩>=80 THEN '良'
         WHEN 成绩>=70 THEN '中'
         WHEN 成绩>=60 THEN '及格'
         ELSE  '不及格'
      END
  FROM cj
```

程序执行的部分结果如图 9.13 所示。

	学号	课程名	成绩
1	2009030101	计算机基础	优
2	2009030101	数据结构	中
3	2009030101	操作系统	良
4	2009030101	英语	优
5	2009030101	数学	优
6	2009030101	体育	优
7	2009030102	计算机基础	不及格
8	2009030102	数据结构	中
9	2009030102	操作系统	中
10	2009030102	英语	及格
11	2009030102	数学	及格

图 9.13　成绩等级查询结果

9.3.4　无条件转移语句 GOTO

GOTO 语句可以使程序直接跳到指定的标识符位置处继续执行，而位于 GOTO 语句和标识符之间的程序将不会被执行。标识符后面带有冒号(:)。GOTO 语句可以用在语句块、批处理和存储过程中。GOTO 语句也可以嵌套使用。其语法格式如下。

```
GOTO 标号
```

【例 9.17】 使用 GOTO 语句求 5 的阶乘。

```
DECLARE @I INT,@T INT
SET @I=1
SET @T=1
LABEL:
  SET @T=@T*@I
  SET @I=@I+1
IF @I<=5
  GOTO LABEL
SELECT @T
```

程序执行结果为：120

9.3.5 WAITFOR 语句

WAITFOR 语句是延迟执行语句，可以指定在某个时间或者过一定的时间后，执行语句块或存储过程。其语法格式如下。

```
WAITFOR{DELAY 'time'|TIME 'time'}
```

其中 DELAY 指等待指定的时间间隔，最长可达 24 小时。TIME 指等待到所指定的时间。

【例 9.18】 等待 10 秒钟，再显示 xs 表的内容。

```
WAITFOR DELAY '00:00:10'
SELECT * FROM xs
```

【例 9.19】 上午 10:00，显示 xs 表的内容。

```
WAITFOR TIME '10:00:00'
SELECT * FROM xs
```

9.3.6 WHILE 语句

利用循环语句 WHILE 可以有条件地重复执行一个 T-SQL 语句或语句块。其语法格式如下。

```
WHILE 逻辑表达式
 BEGIN
    {语句 1 或语句块 1}
   [CONTINUE]
    {语句 2 或语句块 2}
    [BREAK]
    {语句 3 或语句块 3}
 END
```

当 WHILE 后的逻辑表达式为真时，重复执行 BEGIN…END 之间的语句；当逻辑表达式为假时，循环停止执行，直接执行 BEGIN…END 后面的语句。其中，CONTINUE 语句可以使程序跳过其后面的语句，重新回到 WHILE 命令行，进入下一次的循环判断。BREAK 语句则使程序跳出循环，结束 WHILE 语句的执行。WHILE 语句可以嵌套使用。

【例 9.20】 用 WHILE 语句计算 2 的 10 次方。

```
DECLARE @MY_VAR INT,@MY_RESULT INT
SET @MY_VAR=10
SET @MY_RESULT=1
WHILE @MY_VAR>0
 BEGIN
   SET @MY_RESULT=@MY_RESULT*2
   SET @MY_VAR=@MY_VAR-1
 END
PRINT @MY_RESULT
```

程序执行结果为：1024。

【例 9.21】 改写例 9.20，要求使用 CONTINUE 和 BREAK 语句。

```
DECLARE @MY_VAR INT,@MY_RESULT INT
SET @MY_VAR=10
SET @MY_RESULT=1
WHILE 1=1
 BEGIN
   SET @MY_RESULT=@MY_RESULT*2
   SET @MY_VAR=@MY_VAR-1
   IF @MY_VAR<=0
      BREAK
   ELSE
      CONTINUE
 END
PRINT @MY_RESULT
```

程序执行结果为：1024。

注意： 如果 WHILE 语句嵌套使用，BREAK 语句将终止本层循环退出到上一层的循环，而不是退出整个循环。

9.3.7 RETURN 语句

RETURN 语句是实现无条件退出执行的批处理命令、存储过程或触发器的。RETURN 语句可以返回一个整数给调用它的过程或应用程序，返回值 0 表明成功返回，系统保留值 -1～-99 代表不同的出错原因，如-1 是指“丢失对象”，-2 是指“发生数据类型错误”等。如果未提供用户定义的返回值，则使用 SQL Server 系统定义值。用户定义的返回状态值不能与 SQL Server 的保留值冲突，系统当前使用的保留值是 0～-14。其语法格式如下。

```
RETURN [整形表达式]
```

【例 9.22】 在 cj 表中查询某学生的某科成绩是否及格。

```
--创建存储过程 MY_TEST
CREATE PROCEDURE MY_TEST
    @XH CHAR(10),@KCH CHAR(4)
AS
IF(SELECT 成绩 FROM cj
        WHERE 学号=@XH AND 课程号=@KCH)>=60
   RETURN 1
ELSE
   RETURN 2
--调用存储过程 MY_TEST，通过返回值判断是否及格
DECLARE @I INT
EXEC @I=MY_TEST '2009030104','A001'
IF @I=1
 PRINT '及格'
ELSE
 PRINT '不及格'
```

程序执行结果：及格。

9.4 系统内置函数

SQL Server 提供了许多内置函数，可以在 T-SQL 程序中使用这些内置函数方便地完成一些特殊的运算和操作。函数用函数名来标识，在函数名称之后有一对小括号，如 GETTIME()。大部分函数需要给出一个或多个参数。

SQL Server 按用途将函数分为：行集函数、聚合函数和标量函数。

9.4.1 行集函数

行集函数返回的对象可以像表一样被 T-SQL 语句所引用。行集函数的返回值是不确定的，它们对同一个输入值执行多次操作后，每次返回的数值不一定相同。表 9.3 给出了常用的行集函数。

表 9.3 行集函数

行集函数	功　能
CONTAINSTABLE(table,{column|*},'<contains_search_condition>'[,top_n_by_rank])	返回具有零行、一行或多行的表格，列中的字符串数据用精确或模糊方式匹配单词或短语，让单词相互近似或进行加权匹配
FREETEXTTABLE(table,{column|*},'freetext_string'[,top_n_by_rank])	返回具有零行、一行或多行的表格，匹配 freetext_string 中文本的含义。table 是进行全文查询的表，column 是包含字符串数据的列
OPENDATASOURCE(provider_name,init_string)	将特殊的连接信息作为对象名的第一部分，代替连接的服务器名，只能引用 OLE DB 数据源
OPENQUERY(linked_server,'query')	在给定的连接服务器(一个 OLE DB 数据源)上执行指定的直接传递查询
OPENROWSET('provider_name',{'datasource';'user_id';'password'|'provider_string'},{[catalog.][schema.]object|'query'})	返回访问 OLE DB 数据源中的远程数据所需的全部连接信息
OPENXML(idoc int[in],rowpattern nvarchar[in],[flags byte[in]]) [WITH(SchemaDeclaration|TableName)]	OPENXML 通过 XML 文档提供行集视图

【例 9.23】 行集函数的使用。

```
SELECT * FROM OPENDATASOURCE
        ('SQLOLEDB',
         'DATASOURCE=JSJ;
USER ID=sa;PWD=123').xsgl.DBO.xs
```

程序执行结果返回 xs 表的所有记录。

9.4.2　聚合函数

聚合函数对集合中的数值进行计算，并返回单个计算结果。聚合函数都具有确定性，任何时候用一组给定的输入值调用它们时，都返回相同的值。聚合函数通常和 SELECT 语句中的 GROUP BY 子句一起使用。表 9.4 给出了常用的聚合函数。

表 9.4　常用的聚合函数

聚合函数	功　能
AVG([ALL|DISTINCT]表达式)	计算表达式中各项的平均值
SUM([ALL|DISTINCT]表达式)	计算表达式中所有项的和
MAX([ALL|DISTINCT]表达式)	返回表达式中的最大值
MIN([ALL|DISTINCT]表达式)	返回表达式中的最小值
COUNT({[ALL|DISTINCT]表达式}|*)	返回一个集合中的项数，返回值为整型
COUNT_BIG({[ALL|DISTINCT]表达式}|*)	返回一个集合中的项数，返回值为长整型

【例 9.24】 聚合函数的使用。

```
SELECT '平均分'=AVG(成绩),'最高分'=MAX(成绩),
      '最低分'=MIN(成绩)  FROM cj WHERE 课程
号='J001'
```

	平均分	最高...	最低分
1	81.100000	99	44

图 9.14　聚合函数显示结果

程序执行结果如图 9.14 所示。

9.4.3　标量函数

标量函数只对一个数值进行操作，并返回单个数值。由于标量函数较多，下面按类型介绍一些常用的函数。

1. 字符串函数

字符串函数用于对字符串进行连接、截取等操作。表 9.5 给出了常用的字符串函数。

表 9.5　字符串函数

字符串函数	功　能
ASCII(字符表达式)	返回字符表达式最左边字符的 ASCII 码
CHAR(整型表达式)	将一个 ASCII 码转换为字符，ASCII 码应在 0～255 之间
SPACE(n)	返回 n 个空格组成的字符串，n 是整型表达式的值
LEN(字符表达式)	返回字符表达式的字符(而不是字节)个数，不计算尾部的空格
LEFT(字符表达式，整型表达式)	从字符表达式中返回最左边的 n 个字符，n 是整型表达式的值

续表

字符串函数	功　能
RIGHT(字符表达式,整型表达式)	从字符表达式中返回最右边的 n 个字符，n 是整型表达式的值
SUBSTRING(字符表达式,起始点,n)	返回字符串表达式中从“起始点”开始的 n 个字符
STR(浮点表达式[,长度[,小数]])	将浮点表达式转换为给定长度的字符串，小数点后的位数由所给出的“小数”决定
LTRIM(字符表达式)	去掉字符表达式的前导空格
RTRIM(字符表达式)	去掉字符表达式的尾部空格
LOWER(字符表达式)	将字符表达式的字母转换为小写字母
UPPER(字符表达式)	将字符表达式的字母转换为大写字母
REVERSE(字符表达式)	返回字符表达式的逆序
CHARINDEX(字符表达式 1,字符表达式 2,[开始位置])	返回字符表达式 1 在字符表达式 2 的开始位置，可从所给出的“开始位置”进行查找，如果未指定开始位置，或者指定为负数或 0，则默认从字符表达式 2 的开始位置查找
DIFFERENCE(字符表达式 1,字符表达式 2)	返回两个字符表达式发音的相似程度(0～4)，4 表示发音最相似
PATINDEX PRINT PATINDEX("%模式%",表达式)	返回指定模式在表达式中的起始位置，找不到时为 0
REPLICATE(字符表达式,整型表达式)	将字符表达式重复多次，整数表达式给出重复的次数
SOUNDEX(字符表达式)	返回字符表达式所对应的 4 个字符的代码
STUFF(字符表达式 1,整型表达式 1,整型表达式 2,字符表达式 2)	用字符表达式 2 替换字符表达式 1 中从整型表达式 1 开始到整型表达式 2 的字符
NCHAR(整型表达式)	返回 Unicode 的字符
UNICODE(字符表达式)	返回字符表达式最左侧字符的 Unicode 代码

【例 9.25】 CHAR 和 STR 函数的使用。

```
PRINT 'B 对应的 ASCII 码值为：'+CHAR(13)+STR(ASCII('B'),2,0)
```

程序执行结果如图 9.15 所示。

图 9.15　CHAR 和 STR 函数的执行结果

【例 9.26】 其他常用的字符串函数的使用。

```
PRINT CHARINDEX('人民','中华人民共和国')          --运算结果为：3
PRINT UPPER('Hello China!')                      --运算结果为：HELLO CHINA!
```

```
PRINT LOWER('Hello China!')                    --运算结果为：hello china!
PRINT STUFF('ABCDEF',2,4,'mnh')                --运算结果为：AmnhF
PRINT REPLICATE('*',5)+SPACE(2)+REPLICATE('$',2)
--运算结果为：*****  $$
```

2. 数学函数

数学函数用来对数值型数据进行数学运算。表 9.6 给出了常用的数学函数。

表 9.6 数学函数

数学函数	功　能
ABS(数值表达式)	返回表达式的绝对值(正值)
ACOS(浮点表达式)	返回浮点表达式的反余弦值(值为弦度)
ASIN(浮点表达式)	返回浮点表达式的反正弦值(值为弦度)
ATAN(浮点表达式)	返回浮点表达式的反正切值(值为弦度)
ATN2(浮点表达式 1,浮点表达式 2)	返回以弦度为单位的角度，此角度的正切值在所给的浮点表达式 1 和浮点表达式 2 之间
COS(浮点表达式)	返回浮点表达式的三角余弦
COT(浮点表达式)	返回浮点表达式的三角余切
CEILING(数值表达式)	返回大于或等于数值表达式值的最小整数
DEGREES(数值表达式)	将弧度转换为度
EXP(浮点表达式)	返回数值的指数形式
FLOOR(数值表达式)	返回小于或等于数值表达式值的最大整数，CEILING 的反函数
LOG(浮点表达式)	返回数值的自然对数值
LOG10(浮点表达式)	返回以 10 为底的浮点数的对数
PI()	返回 π 的值 3.1415926535897931
POWER(数值表达式,幂)	返回数值表达式的指定次幂的值
RADIANS(数值表达式)	将度转换为弧度，DEGREES 的反函数
RAND([整型表达式])	返回一个 0～1 之间的随机十进制数
ROUND(数值表达式,整型表达式)	将数值表达式四舍五入为整型表达式所给定的精度
SIGN(数值表达式)	符号函数，正数返回 1，负数返回-1，0 返回 0
SQUARE(浮点表达式)	返回浮点表达式的平方
SIN(浮点表达式)	返回角(以弧度为单位)的三角正弦
SQRT(浮点表达式)	返回一个浮点表达式的平方根
TAN(浮点表达式)	返回角(以弧度为单位)的三角正切

【例 9.27】 数学函数的使用。

```
SELECT e 的 1 次幂= EXP(1),约等于=ROUND(EXP(1),2,3)
```

程序执行结果如图 9.16 所示。

图 9.16　EXP 和 ROUND 函数的执行结果

3. 日期时间函数

日期时间函数用来显示日期和时间的信息。它们处理 datatime 和 smalldatatime 类型的值，并对其进行算术运算。表 9.7 给出了常用的日期时间函数。

表 9.7　日期时间函数

日期函数	功　能
GETDATE()	返回服务器的当前系统日期和时间
DATENAME(日期元素,日期)	返回指定日期的名字，返回字符串
DATEPART(日期元素,日期)	返回指定日期的一部分，用整数返回
DATEDIFF(日期元素,日期 1,日期 2)	返回两个日期间的差值并转换为指定日期元素的形式
DATEADD(日期元素,数值,日期)	将日期元素加上日期产生新的日期
YEAR(日期)	返回年份(整数)
MONTH(日期)	返回月份(整数)
DAY(日期)	返回日(整数)
GETUTCDATE()	返回表示当前 UTC 时间(世界时间坐标或格林尼治标准时间)的日期值

表 9.8 给出了日期元素及其缩写和取值范围。

表 9.8　日期元素及其缩写和取值范围

日期元素	缩　写	取　值	日期元素	缩　写	取　值
year	yy	1753～9999	hour	hh	0~23
month	mm	1～12	minute	mi	0~59
day	dd	1～31	quarter	qq	1~4
day of year	dy	1～366	second	ss	0~59
week	wk	0～52	millisecond	ms	0~999
weekday	dw	1～7			

【例 9.28】 日期函数的使用。

```
DECLARE @VAR1 DATETIME
SET @VAR1='1986/1/1'
SELECT 当前日期=GETDATE(),
'30 天后的日期'=DATEADD(DAYOFYEAR,30,GETDATE()),
距离现在年数=DATEDIFF(YY,@VAR1,GETDATE()),
```

```
距离现在月数=DATEDIFF(MM,@VAR1,GETDATE()),
距离现在天数=DATEDIFF(DD,@VAR1,GETDATE())
```

程序执行结果如图 9.17 所示。

	当前日期	30天后的日期	距离现在年数	距离现在月数	距离现在天数
1	2010-09-16 22:02:46.467	2010-10-16 22:02:46.467	24	296	9024

图 9.17 日期函数的执行结果

4. 系统综合函数

系统综合函数用来获得 SQL Server 的有关信息。表 9.9 给出了常用的系统综合函数。

表 9.9 常用的系统综合函数

系统综合函数	功 能
APP_NAME()	返回当前会话的应用程序名(如果应用程序进行了设置)
CASE 表达式	计算条件列表，并返回表达式的多个可能结果之一
CAST (表达式 AS 数据类型)	将表达式显示转换为另一种数据类型
CONVERT(数据类型[(长度)],表达式[,style])	将表达式显示转换为另一种数据类型，并指定转换后的数据样式
COALESCE(表达式[,...n])	返回列表清单中第一个非空表达式
CURRENT_TIMESTAMP	返回当前日期和时间，此函数等价于 GETDATE()
CURRENT_USER	返回当前的用户，此函数等价于 USER_NAME()
DATALENGTH(表达式)	返回表达式所占用的字节数
GETANSINULL(['数据库'])	返回数据库中列值是否为空值设置的默认特性(简称默认为空性)
HOST_ID()	返回主机标识
HOST_NAME()	返回主机名称
IDENT_CURRENT('表名')	任何会话和任何范围中对指定的表生成的最后标识值
IDENT_INCR('表或视图')	返回表的标识列的标识增量
IDENT_SEED('表或视图')	返回种子值，该值是在带有标识列的表或视图中创建标识列时指定的值
IDENTITY(数据类型[,种子,增量])AS 列名	在 SELECT INTO 中生成新表时，指定标识列
ISDATE(表达式)	表达式为有效日期格式时返回 1，否则返回 0
ISNULL(被测表达式,替换值)	表达式值为 NULL 时，用指定的替换值进行替换
ISNUMERIC(表达式)	表达式为数值类型时返回 1，否则返回 0
NEWID()	生成全局唯一标识符
NULLIF(表达式 1,表达式 2)	如果两个指定的表达式相等，则返回空值
PARSENAME('对象名',对象部分)	返回对象名的指定部分

续表

系统综合函数	功　能
PERMISSIONS([对象标识[,'列']])	返回一个包含位图的值，表明当前用户的语句、对象或列权限
ROWCOUNT_BIG()	返回执行最后一个语句所影响的行数
SCOPE_IDENTITY()	插入当前范围 IDENTITY 列中的最后一个标识值
SERVERPROPERTY(属性名)	返回服务器属性的信息
SESSIONPROPERTY(选项)	会话的 SET 选项
STATS_DATE(table_id,index_id)	对 table_id 的 index_id 更新分配页的日期
USER_NAME([id])	返回给定标识号的用户数据库的用户名

【例 9.29】 改写例 9.28，以消息的方式输出结果。

```
DECLARE @VAR1 DATETIME
SET @VAR1='1986/1/1'
PRINT '当前日期是:'+CAST(GETDATE() AS CHAR(21))+CHAR(13)+
  '30 天后的日期: '+
  CAST(DATEADD(DAYOFYEAR,30,GETDATE())
  AS CHAR(21))+CHAR(13)+
  '距离现在年数:'+
  CAST(DATEDIFF(YY,@VAR1,GETDATE()) AS CHAR(2))+'年'+
  '距离现在月数:'+
  CAST(DATEDIFF(MM,@VAR1,GETDATE()) AS CHAR(3))+'月'+
  '距离现在天数:'+
  CAST(DATEDIFF(DD,@VAR1,GETDATE()) AS CHAR(4))+'天'
```

程序执行结果如图 9.18 所示。

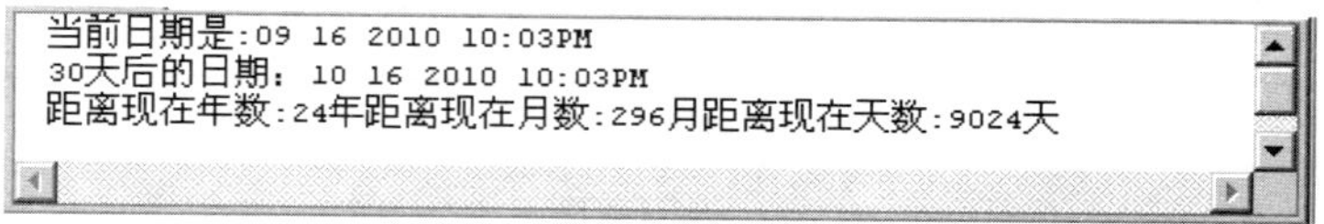

图 9.18　CAST 函数的使用

注意：CAST 函数中的表达式可以是任何有效的 SQL Server 表达式，而数据类型只能是系统数据类型，不能是用户自定义数据类型。

如果希望指定类型转换后数据的样式，则应使用 CONVERT 函数进行数据类型转换。其中表达式可以是任何有效的 SQL Server 表达式，而数据类型只能是系统数据类型，不能是用户自定义数据类型。长度是可选参数，用于指定 nchar、nvarchar、char、varchar 等字符串数据的长度；style 也是可选参数，用于指定将 datetime 或 smalldatetime 转换为字符串数据时所返回日期字符串的日期格式，也用于指定 float、real 转换成字符串数据时所返回的字符串数字格式，或者用于指定将 money、smallmoney 转换为字符串数据所返回字符串的货币格式。表 9.10 给出了 style 参数的典型取值。

表 9.10 style 参数的典型取值

日期 style 取值		返回字符串的日期时间格式
两位数年份	4 位数年份	
2	102	yy-mm-dd 返回年月日
8	108	hh:mm:ss 只返回时间
11	111	yy/mm/dd
–	120	yy-mm-dd hh:mm:ss 返回年月日和时间
实数 style 取值		返回数字字符串的格式
0(默认值)		最大为 6 位数，根据需要使用科学记数法
1		始终为 8 位值，始终使用科学记数法
2		始终为 16 位值，始终使用科学记数法
货币 style 取值		返回货币字符串的格式
0(默认值)		小数点左侧每 3 位数字之间不以逗号分隔，小数点右侧取两位数，例如 1234.56
1		小数点左侧每 3 位数字之间以逗号分隔，小数点右侧取两位数，例如 1,234.56
2		小数点左侧每 3 位数字之间不以逗号分隔，小数点右侧取两位数，例如 1234.5678

下面结合 9.2.1 节中讲过的 SET DATEFORMAT 命令，说明 CONVERT 函数的使用方法。

【例 9.30】 CONVERT 函数的使用。

```
SET DATEFORMAT mdy
DECLARE @DT DATETIME,@R REAL,@MN MONEY
SET @DT='1/29/2008 10:30:50AM'
SET @R=9834572.4578
SET @MN=3750186.6963
SELECT 默认格式=@DT,
  日期 1=CONVERT(VARCHAR(10),@DT,102),
  日期 2=CONVERT(VARCHAR(10),@DT,111),
  时间=CONVERT(VARCHAR(10),@DT,108),
  日期和时间=CONVERT(VARCHAR(10),@DT,120)
SELECT 实数 6 位=CONVERT(VARCHAR(20),@R,0),
  实数 8 位=CONVERT(VARCHAR(20),@R,1),
  实数 16 位=CONVERT(VARCHAR(22),@R,2)
SELECT 货币默认=CONVERT(VARCHAR(20),@MN,0),
  货币 1=CONVERT(VARCHAR(20),@MN,1),
  货币 2=CONVERT(VARCHAR(20),@MN,2)
```

程序执行结果如图 9.19 所示。

图 9.19　CONVERT 函数演示结果

5. 元数据函数

元数据函数返回有关数据库和数据库对象的信息，是一种查询系统表的快捷方法。表 9.11 给出了常用的元数据函数。

表 9.11　常用的元数据函数

元数据函数	功　能
COL_LENGTH('表名','列名')	返回列的长度(以字节为单位)
COL_NAME('table_id','column_id')	返回数据库列的名称
DB_ID(['database_name'])	返回数据库标识(ID)
DB_NAME(database_id)	返回数据库名
FILE_ID('文件名')	返回当前数据库中逻辑文件名所对应的文件标识(ID)
FILE_NAME(文件标识)	返回文件标识(ID)号所对应的逻辑文件名
FILEGROUP_ID('文件组名')	返回文件组名称所对应的文件组标识(ID)
FILEGROUP_NAME(文件组标识)	返回给定文件组标识(ID)号的文件组名
INDEX_COL('table',index_id,key_id)	返回索引列名称
OBJECT_ID('object')	返回数据库对象标识
OBJECT_NAME(object_id)	返回数据库对象名
COLUMNPROPERTY(id,column,property)	返回列的属性值
DATABASEPROPERTY(database, property)	返回数据库属性值
DATABASEPROPERTYEX(database, property)	返回数据库选项或属性的当前设置
FILEGROUPPROPERTY(filegroup_name, property)	返回文件组属性值
INDEXPROPERTY(table_ID,index,property)	返回索引属性值
OBJECTPROPERTY(id,property)	返回当前数据库的对象信息
TYPEPROPERTY(type,property)	返回有关数据类型的信息
SQL_VARIANT_PROPERTY(expression,property)	返回有关 sql_variant 值的基本数据类型和其他信息

续表

元数据函数	功 能
INDEXKEY_PROPERTY(table_ID,index_ID,key_ID,property)	返回有关索引键的信息
FULLTEXTCATALOGPROPERTY(catalog_name,property)	返回有关全文目录属性的信息
FULLTEXTSERVICEPROPERTY(property)	返回有关全文服务级别属性的信息
fn_listextendedproperty	返回数据库对象的扩展属性值

【例 9.31】 元数据函数的使用。

```
SELECT COL_NAME(OBJECT_ID('xs'),2)
```

程序执行结果为：姓名。

6. 安全函数

表 9.12 给出了常用的安全函数。

表 9.12 常用的安全函数

安全函数	功 能
USER	返回当前用户的数据库用户名
USER_ID(['user'])	返回用户标识(ID)
SUSER_SID(['login'])	返回登录帐户的安全标识(SID)
SUSER_SNAME([server_user_sid])	根据用户的安全标识(SID)返回登录帐户名
IS_MEMBER({'group'|'role'})	返回当前用户是否为所给定的 Microsoft Windows NT 组或 Microsoft SQL Server 角色的成员，1 为是，0 为不是，参数无效则返回 NULL
IS_SRVROLEMEMBER('role'[,'login'])	指明当前的用户登录是否为所给定的服务器角色的成员，1 为是，0 为不是，参数无效则返回 NULL
HAS_DBACCESS('database_name')	返回用户是否可以访问所给定的数据库，1 为可以，0 为不可以，数据库名无效则返回 NULL
fn_trace_gettable([@filename=]filename,[@numfiles=]number_files)	以表格格式返回跟踪文件的信息
fn_trace_getinfo([@traceid=]trace_id)	返回给定的跟踪或现有跟踪的信息。所给出的 trace_id 为跟踪的 ID，Property 为跟踪的属性
fn_trace_getfilterinfo([@traceid=]trace_id)	返回有关应用于指定跟踪的筛选的信息
fn_trace_geteventinfo([@traceid=]trace_id)	返回有关跟踪的事件信息

【例 9.32】 返回当前用户的数据库用户名、用户 ID、SA 的登录 ID。

```
SELECT 数据库用户=USER,用户的 ID=USER_ID(USER),
       SA 的登录 ID=SUSER_SID('SA')
```

程序执行结果如图 9.20 所示。

结果 | 消息

	数据库用户	用户的...	SA的登录ID
1	dbo	1	0x01

图 9.20　安全函数的使用

7. 游标函数

表 9.13 给出了常用的游标函数。

表 9.13　常用的游标函数

游标函数	功　能
CURSOR_STATUS({'local','cursor_name'}|{'global','cursor_name'}|{'variable','cursor_variable'})	一个标量函数，显示过程是否已为给定的参数返回游标或结果集
@@CURSOR_ROWS	返回所打开游标的符合条件的记录的行数
@@FETCH_STATUS	返回被 FETCH 语句执行的最后游标的状态，0 为 FETCH 成功，-1 为 FETCH 失败，-2 为要提取的行不存在

9.6 节会给出游标函数的应用实例。

8. 配置函数

配置函数可以给出系统当前的参数，它是全局变量的一部分，表 9.14 给出了常用的配置函数。

表 9.14　常用的配置函数

配置函数	功　能
@@DATEFIRST	返回 SET DATEFIRST 参数的当前值。SET DATEFIRST 设置每周哪一天为第一天，其中 1 对应星期一，2 对应星期二，以此类推
@@DBTS	返回 timestamp 数据类型的当前值
@@LANGID	返回当前使用语言的 ID
@@LANGUAGE	返回当前使用语言的名称
@@LOCK_TIMEOUT	返回当前会话锁定的超时设置，单位为毫秒
@@MAX_CONNECTIONS	返回允许用户同时连接的最大数
@@MAX_PRECISION	返回 decimal 和 numeric 数据类型的精度
@@NESTLEVEL	返回当前存储过程执行的嵌套层次(初始值为 0)
@@OPTIONS	返回当前 SET 选项的信息
@@REMSERVER	返回远程 SQL Server 数据库服务器的名称

续表

配置函数	功　能
@@SERVERNAME	返回运行 SQL Server 的本地服务器名称
@@SERVICENAME	返回 SQL Server 所用的注册表的键值的名称。若当前实例为默认实例，则返回 MSSQLServer；若当前实例是命名实例，则返回实例名
@@SPID	返回当前用户进程的 ID
@@TEXTSIZE	返回 SET 语句 TEXTSIZE 选项的当前值
@@VERSION	返回 SQL Server 当前安装的日期、版本和处理器类型

9. 文本和图像函数

文本和图像函数用于对 text 和 image 数据进行操作，返回有关这些值的信息，表 9.15 给出了常用的文本和图像函数。

表 9.15　常用的文本和图像函数

文本和图像函数	功　能
PATINDEX("%模式%",表达式)	返回指定模式的开始位置，若无则返回 0
TEXTPTR(列名)	以二进制形式返回对应于 text、image 列的 16 字节
TEXTVALID("表名.列名",textptr)	检查 text 或 image 指针对表列有效性，有效则返回 1，否则返回 0

9.5　用户自定义函数

SQL Server 不但提供了系统内置函数，还允许创建用户自定义的函数。用户自定义的函数是由一个或多个 T-SQL 语句组成的子程序，一般也是为了方便重用而创建的。

9.5.1　用户自定义函数的创建与调用

用户自定义函数可以有输入参数并返回值，但没有输出参数。当函数的参数有默认值时，调用该函数时必须明确指定 DEFAULT 关键字才能获取默认值。

SQL Server 支持 3 种类型的用户自定义函数：标量函数、内嵌表值函数和多语句表值函数。所谓标量，就是系统数据类型中所定义的值，例如，整型值、字符串型值等。标量函数返回在 RETURNS 子句中定义的单个数据值。内嵌表值函数和多语句表值函数返回的是一个表，两者不同的是内嵌表值函数，没有函数主体，是通过单个 SELECT 语句的结果集作为返回的表。而多语句表值函数则是通过 BEGIN…END 块中定义的函数主体，由 SQL 语句生成一个临时表返回。

1. 创建标量用户自定义函数

创建标量用户自定义函数的语法格式如下。

```
CREAT FUNCTION[所有者名称.]函数名称
[({@参数名称[AS]标量数据类型=[默认值]}[…n])]
  RETURNS 标量数据类型
  [AS]
  BEGIN
     函数体
     RETURN 标量表达式
  END
```

其中参数名必须是以“@”开始的标识符，每个参数必须指定一种标量数据类型，还可以根据需要设置一个默认值。

【例 9.33】 在 xsgl 数据库中，创建一个计算学生年龄的函数。该函数接收学生的学号，通过查询 xs 表返回该学生的年龄。

```
--如果存在同名函数则删除
IF EXISTS(SELECT NAME FROM SYSOBJECTS
          WHERE NAME='nl' AND TYPE='FN')
  DROP FUNCTION dbo.nl
GO
--建立新的函数
CREATE FUNCTION dbo.nl(@XH AS CHAR(10),
                       @CURRENTDATE AS DATETIME)
  RETURNS INT
  AS
  BEGIN
    DECLARE @CSSJ DATETIME
    SELECT @CSSJ=出生时间 FROM xs WHERE 学号=@XH
    RETURN DATEDIFF(YY,@CSSJ,@CURRENTDATE)
  END
GO
--调用函数显示年龄
SELECT 学号,姓名,年龄=dbo.nl(学号,GETDATE()),专业 FROM xs
GO
```

程序执行部分结果如图 9.21 所示。

	学号	姓名	年...	专业
1	2009030101	秦建兴	20	电子商务
2	2009030102	张吉哲	20	电子商务
3	2009030103	刘鑫	20	电子商务
4	2009030104	王兆伟	19	电子商务
5	2009030105	牛学文	21	电子商务
6	2009030106	马艳玲	20	电子商务
7	2009030107	张玉莹	20	电子商务
8	2009030108	耿娇	19	电子商务
9	2009030109	王丹	20	电子商务
10	2009030110	朱丹	21	电子商务
11	2009030301	尹相桔	20	网络工程
12	2009030302	李楠楠	20	网络工程
13	2009030303	王东冬	20	网络工程
14	2009030304	徐朝海	20	网络工程

图 9.21 显示学生年龄

在用户自定义函数中不能调用不确定函数。函数是确定的是指，如果任何时候用一组相同的输入参数值调用该函数，都能得到同样的函数值；否则，就是不确定的。例如，这里使用的 GETDATE()函数就是不确定的函数，它不能出现在自定义函数中，而是用在查询语句中。

2. 创建内嵌表值函数

创建内嵌表值函数的语法格式如下。

```
CREATE FUNCTION [所有者名称.]函数名称
              [({@参数名称[AS]标量数据类型=[默认值]}[…n])]
RETURNS TABLE
[AS]
RETURN[(SELECT 语句)]
```

其中，TABLE 表示函数的返回值是一个表，SELECT 语句给出内嵌表值函数返回的表。

【例 9.34】 在 xsgl 数据库中创建内嵌表值函数。该函数接收学生的学号，给出该学生的考试科目及成绩。

```
--如果存在同名函数则删除
IF EXISTS(SELECT NAME FROM SYSOBJECTS
        WHERE NAME='kskmcj' AND TYPE='IF')
  DROP FUNCTION dbo.kskmcj
GO
--建立新的函数
CREATE FUNCTION dbo.kskmcj(@XH AS CHAR(10))
   RETURNS TABLE
   AS
   RETURN(SELECT A.学号,A.姓名,A.专业,C.课程名,B.成绩
         FROM xs A INNER JOIN cj B ON A.学号=B.学号
         INNER JOIN kc C ON B.课程号=C.课程号
         WHERE A.学号=@XH
         )
GO
--调用函数显示课程名和成绩
SELECT * FROM dbo.kskmcj(' 2009030301')
GO
```

程序执行结果如图 9.22 所示。

	学号	姓名	专业	课程名	成绩
1	2009030301	尹相桔	网络工程	计算机基础	84
2	2009030301	尹相桔	网络工程	数据结构	90
3	2009030301	尹相桔	网络工程	英语	85
4	2009030301	尹相桔	网络工程	数学	78

图 9.22　显示学生的考试科目及成绩

3. 创建多语句表值函数

创建多语句表值函数的语法格式如下。

```
CREATE FUNCTION [所有者名称.]函数名称
        [({@参数名称[AS]标量数据类型=[默认值]}[...n])]
RETURNS @表名变量 TABLE 表的定义
[AS]
BEGIN
    函数体
    RETURN
END
```

其中，“@表名变量”在函数体中使用，相当于返回表的名字，函数体中使用它对返回表进行操作。表的定义给出返回表的字段或约束的定义。

【例 9.35】 在 xsgl 数据库中，创建多语句表值函数。该函数接收专业名称，给出该专业所有学生的考试科数。

```
--如果存在同名函数则删除
IF EXISTS(SELECT NAME FROM SYSOBJECTS
            WHERE NAME='zy' AND TYPE='TF')
  DROP FUNCTION dbo.zy
GO
--建立新的函数
CREATE FUNCTION dbo.zy(@ZY AS CHAR(8))
  RETURNS @zykm TABLE(
         学号 CHAR(10) PRIMARY KEY,
         姓名 CHAR(6),
         科数 INT
         )
  AS
  BEGIN
    DECLARE @ks TABLE(
                 学号 CHAR(10),
                 科数 INT
                 )
    INSERT @ks
     SELECT 学号,科数=COUNT(学号) FROM cj GROUP BY 学号
    INSERT @zykm
     SELECT A.学号,A.姓名,B.科数 FROM xs A LEFT JOIN @ks B
       ON A.学号=B.学号 WHERE 专业=@ZY
    RETURN
  END
GO
--调用函数显示某一专业的学生的考试科数
SELECT * FROM zy('网络工程')
GO
```

程序执行结果如图 9.23 所示。

	学号	姓名	科数
1	2009030301	尹相桔	4
2	2009030302	李楠楠	4
3	2009030303	王东冬	3
4	2009030304	徐朝海	4
5	2009030305	王小男	4
6	2009030306	贾志儒	4
7	2009030307	孙美娜	4
8	2009030312	沈柯辛	4
9	2009030313	王祥俊	4
10	2009030315	么芳芳	4

图 9.23　显示网络工程专业学生的考试科数

9.5.2　修改与删除用户自定义函数

使用 ALTER FUNCTION 语句可以修改用户自定义函数，但是不能更改函数的类型和名称，因此它不会破坏用户定义函数的依附关系。ALTER FUNCTION 命令不能与其他的 T-SQL 命令位于同一个批处理中。

用 DROP FUNCTION 语句可以删除一个或多个用户自定义函数，在例 9.33、例 9.34 和例 9.35 中都使用过，这里不再重复举例。

9.6　游标及其使用

关系数据库中的操作会对整个行集产生影响。使用 SELECT 语句能返回所有满足条件的行，这一完整的行集被称为结果集。但是在实际开发应用程序时，往往每次只需要处理结果集中的一行或一部分行。游标是提供这种机制的结果集扩展。

游标支持以下功能。

(1) 定位在结果集的特定行。

(2) 从结果集的当前位置检索一行或多行。

(3) 支持对结果集中当前位置的行进行数据修改。

(4) 为由其他用户对显示在结果集中的数据库数据所做的更改提供不同级别的可见性支持。

(5) 提供脚本、存储过程和触发器中使用的访问结果集中的数据的 T-SQL 语句。

为了使用一个游标，需要以下几个步骤：声明游标、打开游标、数据处理、关闭游标和释放游标。

9.6.1　声明游标

声明游标使用 DECLARE CURSOR 语句，这里简单介绍 T-SQL 扩展的语法，具体可参考联机帮助。T-SQL 扩展的语法格式如下。

```
DECLARE 游标名称 CURSOR
[LOCAL|GLOBAL]
[FORWARD_ONLY|SCROLL]
[STATIC|KEYSET|DYNAMIC|FAST_FORWARD]
[READ_ONLY|SCROLL_LOCKS|OPTIMISTIC]
[TYPE_VARNING]
FOR SELECT 语句
[FOR UPDATE[OF 列名[,…n]]]
```

关键字 KEYSET 指定当游标打开时，游标中行的成员资格和顺序已经固定。对行进行唯一标识的键集，内置在 tempdb 中称为 keyset 的一个表中。对基表中的非键值所做的更改(由游标所有者更改或由其他用户提交)在用户滚动游标时是可见的。其他用户进行的插入是不可见的(不能通过 T-SQL 服务器游标进行插入)。如果某行已删除，则对该行的提取操作会返回@@FETCH_STATUS 的值-2。从游标外更新键值类似于删除旧行后接着插入新行的操作。含有新值的行不可见，对含有旧值的行的提取操作将仍返回@@FETCH_STATUS 值-2。如果通过指定 WHERE CURRENT OF 子句，用游标完成键值的更新，则更新之后的行可见。

9.6.2 打开游标

使用 OPEN 语句填充游标。语句将执行声明游标 DECLARE CURSOR 语句中的 SELECT 子句。其语法格式如下。

```
OPEN [GLOBAL]游标名
```

其中 GLOBAL 参数表示要打开的是全局游标。要判断打开游标是否成功，可以通过判断全局变量@@ERROR 是否为 0 来确定。值为 0 表示成功，否则表示失败。游标打开成功之后，可以通过全局变量@@CURSOR_ROWS 来获取游标中的记录行数。@@CURSOR_ROWS 变量有以下几种取值。

(1) -m：游标采用异步方式填充，m 为当前键集中已填充的行数。

(2) -1：游标为动态游标，游标中的行数是动态变化的，因此不能确定。

(3) 0：指定的游标没有被打开，或是打开的游标已被关闭或释放。

(4) n：游标已完全填充。返回值为游标中的行数。

可见只有静态游标或扩展语法的 KEYSET 游标才能知道游标中记录的行数。

【例 9.36】 使用游标的@@CURSOR_ROWS 变量，统计 xs 表中的人数，假定每个学生有一个唯一的记录。

要通过@@CURSOR_ROWS 变量得到记录的个数，则要声明不敏感游标或扩展语法格式的静态游标或键集游标，运行下面的语句。

```
DECLARE rs INSENSITIVE CURSOR FOR SELECT * FROM xs
OPEN rs        --打开游标
IF @@ERROR=0
   BEGIN
    PRINT '游标打开成功。'
    PRINT '学生总数为：'+
```

```
      CONVERT(VARCHAR(3),@@CURSOR_ROWS)
   END
CLOSE rs        --关闭游标
DEALLOCATE rs          --释放游标
GO
```

程序执行结果如图 9.24 所示。

图 9.24 游标的打开

9.6.3 数据处理

1. 获取数据

游标被打开后，可以用 FETCH 语句从结果集中检索单独的行。其语法格式如下。

```
FETCH [NEXT|PRIOR|FIRST|LAST|ABSOLUTE{n|@nvar}|
       RELATIVE{n|@nvar}]
FROM [GLOBAL]游标名称
[INTO@变量名[,…n]]
```

各参数含义如下。

(1) NEXT：返回紧跟当前行之后的结果行。如果 FETCH NEXT 是对游标的第一次提取操作，则返回结果集中的第一行。NEXT 为默认的游标提取选项。

(2) PRIOR：返回紧临当前行前面的结果行，并且当前行递减为结果行。如果 FETCH PRIOR 是对游标的第一次提取操作，则没有行返回并且游标置于第一行之前。

(3) FIRST：返回游标中的第一行并将其作为当前行。

(4) LAST：返回游标中的最后一行并将其作为当前行。

(5) ABSOLUTE{n|@nvar}：如果 n 或@nvar 为正数，返回从游标头开始的第 n 行，并将返回的行变成新的当前行。如果 n 或@nvar 为负数，返回游标尾之前的第 n 行，并将返回的行变成新的当前行。如果 n 或@nvar 为 0，则没有行返回。n 必须为整型常量且@nvar 必须为 smallint、tinyint 或 int。

(6) RELATIVE{n|@nvar}：如果 n 或@nvar 为正数，返回当前行之后的第 n 行并将返回的行变成新的当前行。如果 n 或@nvar 为负数，返回当前行之前的第 n 行并将返回的行变成新的当前行。如果 n 或@nvar 为 0，返回当前行。如果对游标的第一次提取操作时将 FETCH RELATIVE 的 n 或@nvar 指定为负数或 0，则没有行返回。n 必须为整型常量且@nvar 必须为 smallint、tinyint 或 int。

(7) INTO@变量名[,…n]：存入变量。允许将提取操作的列数据放到局部变量中。列表中的各个变量从左到右与游标结果集中的相应列关联。各变量的数据类型必须与相应的结果列的数据类型匹配。变量的数目必须与游标选择列表中的列的数目一致。

可以用@@FETCH_STATUS 返回被 FETCH 语句执行的最后游标的状态。返回类型为 integer。

返回值含义如下。

(1) 0：FETCH 语句成功。

(2) –1：FETCH 语句失败或此行不在结果集中。

(3) –2：被提取的行不存在。

在任何提取操作出现之前，@@FETCH_STATUS 的值没有含义。

注意：由于@@FETCH_STATUS 对于在一个连接上的所有游标是全局性的，因此要注意@@FETCH_STATUS 值的状态。在执行一条 FETCH 语句后，必须在对另一游标执行另一 FETCH 语句前测试@@FETCH_STATUS 值的形状点，以保证操作的正确。

【例 9.37】 使用游标从 xs 表中逐行获取总学分小于 20 的记录。

```
SELECT * FROM xs WHERE 总学分<20
DECLARE xf CURSOR FOR
          SELECT * FROM xs WHERE 总学分<20
OPEN xf
FETCH NEXT FROM xf
WHILE @@FETCH_STATUS=0
  FETCH NEXT FROM xf
CLOSE xf
DEALLOCATE xf
```

程序执行结果如图 9.25 所示。

	学号	姓名	性...	出生时间	专业	总学...	照片	备注
1	2009030108	耿娇	女	1991-06-06 00:00:00.000	电子商务	17	NULL	NULL
2	2009030306	贾志儒	男	1990-04-08 00:00:00.000	网络工程	17	NULL	NULL
3	2009030302	李楠楠	女	1990-12-31 00:00:00.000	网络工程	12	NULL	NULL

	学号	姓名	性...	出生时间	专业	总学...	照片	备注
1	2009030108	耿娇	女	1991-06-06 00:00:00.000	电子商务	17	NULL	NULL

	学号	姓名	性...	出生时间	专业	总学...	照片	备注
1	2009030306	贾志儒	男	1990-04-08 00:00:00.000	网络工程	17	NULL	NULL

	学号	姓名	性...	出生时间	专业	总学...	照片	备注
1	2009030302	李楠楠	女	1990-12-31 00:00:00.000	网络工程	12	NULL	NULL

图 9.25　游标获取数据的顺序

2. 修改数据

在更新数据语句 UPDATE 中使用子句“WHERE CURRENT OF 游标名”，可修改当前指定行字段的值。

【例 9.38】 使用游标更新 xs1 表中专业为“电子商务”的第 2 条记录，将其专业修改为“网络工程”。

```
SELECT * INTO xs1 FROM xs                     --由 xs 表建立表 xs1
DECLARE xgzy CURSOR FOR SELECT * FROM xs1     --声明游标
WHERE 专业='电子商务'
```

```
OPEN xgzy                                  --打开游标
FETCH NEXT FROM xgzy                       --提取游标
FETCH NEXT FROM xgzy
UPDATE xs1 SET 专业='网络工程' WHERE CURRENT OF xgzy
CLOSE xgzy                                 --关闭游标
DEALLOCATE xgzy                            --释放游标
SELECT * FROM xs1 WHERE 专业='网络工程'
```

程序执行结果如图 9.26 所示。

	学号	姓名	性...	出生时间	专业	总学...	照片	备注
1	2009030101	秦建兴	男	1990-08-09 00:00:00.000	电子商务	24	NULL	NULL

	学号	姓名	性...	出生时间	专业	总学...	照片	备注
1	2009030102	张吉哲	男	1990-12-01 00:00:00.000	电子商务	20	NULL	NULL

	学号	姓名	性...	出生时间	专业	总学...	照片	备注
1	2009030102	张吉哲	男	1990-12-01 00:00:00.000	网络工程	20	NULL	NULL
2	2009030301	尹相桔	女	1990-01-01 00:00:00.000	网络工程	17	NULL	NULL
3	2009030302	李楠楠	女	1990-12-31 00:00:00.000	网络工程	12	NULL	NULL
4	2009030303	王东冬	男	1990-06-29 00:00:00.000	网络工程	12	NULL	NULL
5	2009030304	徐朝海	男	1990-10-28 00:00:00.000	网络工程	17	NULL	NULL
6	2009030305	王小男	男	1991-12-03 00:00:00.000	网络工程	17	NULL	NULL
7	2009030306	贾志儒	男	1990-04-08 00:00:00.000	网络工程	17	NULL	NULL
8	2009030307	孙美娜	女	1990-09-03 00:00:00.000	网络工程	17	NULL	NULL
9	2009030312	沈柯辛	女	1990-07-27 00:00:00.000	网络工程	13	NULL	NULL
10	2009030313	王祥俊	女	1989-09-03 00:00:00.000	网络工程	17	NULL	NULL
11	2009030315	么芳芳	女	1990-04-28 00:00:00.000	网络工程	17	NULL	NULL

图 9.26 用游标修改数据

【例 9.39】 使用游标将 cj1 表中小于 60 分的成绩改成 60 分。

```
--显示cj表中成绩小于分的记录
SELECT * FROM cj WHERE 成绩< 60
--将cj表复制到cj1中
SELECT * INTO cj1 FROM cj
--声明和打开游标
DECLARE @xh CHAR(10),@kc CHAR(4)
DECLARE xgcj CURSOR FOR SELECT 学号,课程号
     FROM cj1 WHERE 成绩<60
OPEN xgcj
FETCH NEXT FROM xgcj INTO @xh,@kc
WHILE @@FETCH_STATUS=0
BEGIN
--修改成绩
UPDATE cj1 SET 成绩=60 WHERE 学号= @xh AND 课程号= @kc
--显示修改后的记录
SELECT * FROM cj1 WHERE 学号= @xh AND 课程号= @kc
FETCH NEXT FROM xgcj  INTO @xh,@kc
END
CLOSE xgcj
DEALLOCATE xgcj
```

程序执行结果如图 9.27 所示。

	学号	课程号	成绩
1	2009030102	J001	44
2	2009030105	J002	45
3	2009030302	J002	55
4	2009030312	A001	33

	学号	课程号	成绩
1	2009030102	J001	60

	学号	课程号	成绩
1	2009030105	J002	60

	学号	课程号	成绩
1	2009030302	J002	60

	学号	课程号	成绩
1	2009030312	A001	60

图 9.27　用游标修改成绩

3. 删除数据

在删除数据语句 DELETE 中使用子句“WHERE CURRENT OF 游标名”，可以删除游标名指定的当前行数据。

【例 9.40】 使用游标删除 xs1 表中第 2 条总学分小于 20 的记录。

```
SELECT * INTO xs1 FROM xs
SELECT * FROM xs1 WHERE 总学分<20
DECLARE scxf CURSOR FOR SELECT * FROM xs1
                             WHERE 总学分<20
OPEN scxf
FETCH NEXT FROM scxf
FETCH NEXT FROM scxf
DELETE FROM xs1 WHERE CURRENT OF scxf
CLOSE scxf
DEALLOCATE scxf
SELECT * FROM xs1 WHERE 总学分<20
```

程序执行结果如图 9.28 所示。

	学号	姓名	性...	出生时间	专业	总学...	照片	备注
1	2009030108	耿娇	女	1991-06-06 00:00:00.000	电子商务	17	NULL	NULL
2	2009030306	贾志伟	男	1990-04-08 00:00:00.000	网络工程	17	NULL	NULL
3	2009030302	李楠楠	女	1990-12-31 00:00:00.000	网络工程	12	NULL	NULL

	学号	姓名	性...	出生时间	专业	总学...	照片	备注
1	2009030108	耿娇	女	1991-06-06 00:00:00.000	电子商务	17	NULL	NULL

	学号	姓名	性...	出生时间	专业	总学...	照片	备注
1	2009030306	贾志伟	男	1990-04-08 00:00:00.000	网络工程	17	NULL	NULL

	学号	姓名	性...	出生时间	专业	总学...	照片	备注
1	2009030108	耿娇	女	1991-06-06 00:00:00.000	电子商务	17	NULL	NULL
2	2009030302	李楠楠	女	1990-12-31 00:00:00.000	网络工程	12	NULL	NULL
3	2009030315	么芳芳	女	1990-04-28 00:00:00.000	网络工程	17	NULL	NULL
4	2009030105	牛学文	男	1989-09-20 00:00:00.000	电子商务	19	NULL	NULL

图 9.28　用游标删除数据

9.6.4　关闭游标

使用 CLOSE 语句关闭游标，该过程可以结束动态游标的操作并释放资源，在 CLOSE 语句之后还可以使用 OPEN 语句重新打开。

语法格式：

```
CLOSE 游标名称
```

9.6.5　释放游标

使用 DEALLOCATE 语句从当前的会话中移除游标的引用，该过程完全释放分配给游标的所有资源。游标释放之后不能用 OPEN 语句重新打开，必须使用 DECLARE 语句重建游标。

语法格式：

```
DEALLOCATE 游标名称
```

本 章 实 训

1．实训目的

(1) 掌握局部变量和全局变量的使用方法。
(2) 掌握常用的系统函数。
(3) 掌握流程控制语句的使用方法。
(4) 掌握自定义函数的使用方法。
(5) 掌握游标的使用方法。

2．实训内容

(1) 练习使用局部变量和全局变量。
(2) 练习使用系统函数。
(3) 练习使用流程控制语句。
(4) 练习使用自定义函数。
(5) 练习使用游标。

3．实训过程

(1) 查询销售信息表，将返回的记录数赋给局部变量，并显示。

```
USE marketing
GO
DECLARE @NUM INT
SET @NUM=(SELECT COUNT(*) FROM 销售人员)
```

```
SELECT @NUM AS '总人数'
GO
```

(2) 利用全局变量查看 SQL Server 的版本、当前所使用的语言、服务器及服务的名称、SQL Server 上允许同时连接的最大用户数。

```
SELECT @@VERSION AS 版本
SELECT @@LANGUAGE AS 语言
SELECT @@SERVERNAME AS 服务器
SELECT @@SERVICENAME AS 服务
SELECT @@MAX_CONNECTIONS AS 最大连接数
```

(3) 刘丽丽的生日为 1988/8/28，使用日期函数计算刘丽丽的年龄和天数，并以消息的方式输出。

```
DECLARE @VAR1 DATETIME
SET @VAR1='1988/8/28'
PRINT '年龄:'+
    CAST(DATEDIFF(YY,@VAR1,GETDATE()) AS CHAR(2))
PRI NT '天数:'+
    CAST(DATEDIFF(DD,@VAR1,GETDATE()) AS CHAR(5))+'天'
```

(4) 使用 DATEADD 函数编写查询从今天开始 200 天后日期的语句。

```
SELECT DATEADD(DD,200,GETDATE())
```

(5) 使用 CASE 语句编写程序实现将货品信息表中的“供应商编码”转换为“供应商名称”。

```
SELECT 名称,
    供应商=CASE 供应商编码
              WHEN '1' THEN '哈尔滨市开发区'
              WHEN '2' THEN '上海市浦东开发区'
              WHEN '3' THEN '深圳市龙港区'
              WHEN '4' THEN '重庆市长安路'
              WHEN '5' THEN '天津市南开区'
              WHEN '6' THEN '深圳市福田区'
           END
    FROM 货品信息
```

(6) 用 WHILE 循环控制语句编程求 10 的阶乘，并由 PRINT 语句输出。

```
DECLARE @MY_VAR INT,@MY_RESULT INT
SET @MY_VAR=1
SET @MY_RESULT=1
WHILE @MY_VAR<=10
 BEGIN
   SET @MY_RESULT=@MY_RESULT*@MY_VAR
   SET @MY_VAR=@MY_VAR+1
 END
PRINT @MY_RESULT
```

(7) 在marketing数据库中，创建一个计算货品订单数函数，该函数接收输入的货品编码，通过查询“订单信息”表返回该货品的数量。

```
--如果存在同名函数则删除
IF EXISTS(SELECT NAME FROM SYSOBJECTS
          WHERE NAME='sl' AND TYPE='FN')
  DROP FUNCTION dbo.sl
GO
--建立新的函数
CREATE FUNCTION dbo.sl(@HPBM AS INT)
RETURNS INT AS
BEGIN
DECLARE @A INTEGER
  SELECT @A=数量 FROM 订单信息 WHERE 货品编码=@HPBM
  RETURN @A
END
GO
--调用函数显示货品的数量
SELECT dbo.sl(6)
```

(8) 在marketing数据库中，创建内嵌表值函数，该函数给出指定客户的订单信息，即客户的编号作为输入参数。

```
--如果存在同名函数则删除
IF EXISTS(SELECT NAME FROM SYSOBJECTS
                    WHERE NAME='dd' AND TYPE='IF')
  DROP FUNCTION dbo.dd
GO
--建立新的函数
CREATE FUNCTION dbo.dd(@BH AS INT)
   RETURNS TABLE
   AS
   RETURN(SELECT A.编号,A.姓名,A.地址,C.名称
          FROM 客户信息 A INNER JOIN 订单信息 B
          ON A.编号=B.客户编号
          INNER JOIN 货品信息 C ON B.货品编码=C.货品编码
          WHERE A.编号=@BH
         )
GO
--调用函数显示货品的数量
SELECT * FROM dbo.dd(4)
```

(9) 使用游标操作，统计“货品信息”表中指定供应商提供的货品种类有多少，用货品的供应商编码信息进行检索。

```
DECLARE sl INSENSITIVE CURSOR FOR
    SELECT 名称,供应商编码 FROM 货品信息
    WHERE 供应商编码=5          --声明游标
OPEN sl           --打开游标
IF @@ERROR=0
     PRINT '供应商提供的商品种类为：'+
```

```
          CONVERT(VARCHAR(5),@@CURSOR_ROWS)
CLOSE sl          --关闭游标
DEALLOCATE sl          --释放游标
GO
```

4. 实训总结

通过本章上机实训，掌握使用局部变量和全局变量的方法，常用系统函数的使用方法，流程控制语句与自定义函数的创建和调用方法，以及游标的使用方法。

本 章 小 结

本章讲述了 T-SQL 的数据类型、T-SQL 的常量与变量、运算符与表达式、流程控制语句、系统函数与自定义函数以及游标的使用方法。本章是读者学习 T-SQL 语言的基础，只有理解和掌握它们的用法，才能正确编写 SQL 程序和深入理解 SQL 语言。

习　　题

1. 什么是批处理？批处理的结束标志是什么？
2. SQL Server 的数据类型有哪些？
3. 什么是局部变量？什么是全局变量？
4. 写出 T-SQL 语言中运算符的优先顺序。
5. 使用游标访问数据需要哪几步？

第 10 章　存储过程和触发器

存储过程是一段在服务器上执行的 T-SQL 语句程序，它在服务器端对数据库记录进行处理，对于 C/S 模式的应用系统，只要将结果发给客户端即可，这样既减少了网络上数据的传输量，同时也提高了客户端的工作效率。

触发器是一种特殊类型的存储过程，通常用于实现强制业务规则和数据完整性约束。触发器是通过事件触发而由系统自动执行的。本章主要介绍存储过程和触发器的使用。

通过学习本章，读者应掌握以下内容：

- 存储过程和触发器的作用
- 存储过程的创建、修改和删除
- 存储过程的灵活运用
- 触发器的创建、修改和删除
- 触发器的使用

10.1　存储过程概述

在 SQL Server 中可以定义子程序存放在数据库中，这样的子程序称为存储过程，存储过程是数据库对象之一。

10.1.1　存储过程的基本概念

存储过程是一组单个执行计划中的 T-SQL 语句，将一些固定的操作集中起来交给 SQL Server 数据库服务器完成，以实现某个任务。存储过程是 SQL 语句和部分控制流程语句的预编译集合，存储过程被编译和优化，当存储过程第一次执行时，SQL Server 为其产生查询计划并将其保留在内存中，这样以后在调用该存储过程时就不必再进行编译，这能在一定程度上改善系统的性能。

10.1.2　存储过程的优点

存储过程具有以下优点。

(1) 与其他应用程序共享应用程序逻辑，因而确保了数据访问和修改的一致性。存储过程可以封装业务功能，所有的客户端可以使用相同的存储过程来确保数据访问和修改的一致性。

(2) 防止数据库中表的细节暴露给用户。如果一组存储过程支持用户需要执行的所有业务功能，用户就不用直接访问表了。

(3) 提供安全机制。即使没有访问存储过程引用的表或视图的权限的用户，也可以被

授权执行该存储过程。

(4) 改进性能。如果某一操作包含大量的 T-SQL 代码或被多次执行，那么存储过程要比批处理的执行速度快很多。因为存储过程是预编译的，在首次运行一个存储过程时，查询优化器对其进行分析、优化，并给出最终保存在系统表中的执行计划。而批处理的 T-SQL 语句在每次运行时都要进行编译和优化，因此速度相对要慢一些。

(5) 减少网络流量。用户可以通过发送一个单独的语句实现一个复杂的操作，而不需要在网络上发送大量的 T-SQL 代码，这样就减少了在服务器和客户端之间传递请求的数量。

10.1.3　存储过程的类型

SQL Server 支持五种类型的存储过程：系统存储过程、本地存储过程、临时存储过程、远程存储过程和扩展存储过程。在不同情况下需要执行不同的存储过程。

(1) 系统存储过程。系统存储过程是由系统提供的存储过程，可以作为命令执行各种操作。系统存储过程在系统数据库 master 中定义，其前缀是 sp_，例如我们曾经用过的 sp_help、sp_add 等。

(2) 本地存储过程。本地存储过程是指在用户数据库中创建的存储过程，这种存储过程完成特定数据库操作任务，其名称不能以 sp_开头。

(3) 临时存储过程。临时存储过程属于本地存储过程。如果本地存储过程的名称前面有一个“#”符号，该存储过程就称为局部临时存储过程，这种存储过程只能在一个用户会话中使用；如果本地存储过程的名称前面是“##”，该过程就是全局临时存储过程，这种存储过程可以在所有用户会话中使用。

(4) 远程存储过程。远程存储过程是指从远程服务器上调用的存储过程。

(5) 扩展存储过程。在 SQL Server 环境之外执行的动态链接库称为扩展存储过程，其前缀是 sp_。使用时需要先加载到 SQL Server 系统中，并且按照使用存储过程的方法执行。

10.2　建立和执行存储过程

简单存储过程类似于给一组 SQL 语句起个名字，然后就可以在需要时反复调用，复杂一些的则要有输入和输出参数。

10.2.1　创建简单存储过程

创建简单存储过程的基本语法如下。

```
CREATE  PROCEDURE 存储过程名
[WITH  ENCRYPTION]
[WITH  RECOMPILE]
AS
SQL  语句
```

其中各参数如下。

(1) [WITH ENCRYPTION]：对存储过程进行加密。

(2) [WITH RECOMPILE]：对存储过程重新编译。

【例 10.1】 从 xsgl 数据库的三个表中查询，返回学生的学号、姓名、课程名和成绩。该存储过程实际上只返回一个查询信息。

```
--建立存储过程
USE xsgl
GO
CREATE  PROCEDURE  stu_cj
AS
SELECT  xs.学号,姓名,课程名,成绩
  FROM  xs INNER  JOIN  cj
ON  xs.学号=cj.学号 INNER  JOIN  kc
ON  cj.课程号=kc.课程号
GO
--调用存储过程
EXECUTE  stu_cj
```

存储过程执行结果如图 10.1 所示。

	学号	姓名	课程名	成绩
1	2009030101	秦建兴	英语	97
2	2009030101	秦建兴	数学	93
3	2009030101	秦建兴	体育	94
4	2009030101	秦建兴	计算机基础	99
5	2009030101	秦建兴	数据结构	77
6	2009030101	秦建兴	操作系统	86
7	2009030102	张吉哲	英语	61
8	2009030102	张吉哲	数学	62
9	2009030102	张吉哲	体育	78
10	2009030102	张吉哲	计算机基础	44
11	2009030102	张吉哲	数据结构	76
12	2009030102	张吉哲	操作系统	74
13	2009030103	刘鑫	英语	96
14	2009030103	刘鑫	数学	90
15	2009030103	刘鑫	体育	87
16	2009030103	刘鑫	计算机基础	88

图 10.1　调用简单存储过程后的返回结果

10.2.2　存储过程的执行

存储过程创建成功后，用户可以执行存储过程来检查存储过程的返回结果。执行存储过程的基本语法如下。

```
EXEC[UTE]  存储过程名
```

在例 10.1 中已经使用了存储过程的执行语句。EXECUTE 命令除了可以执行存储过程外，还可以执行存放 T-SQL 语句的字符串变量，或直接执行 T-SQL 语句字符串。此时 EXECUTE 语句的语法格式如下。

```
EXECUTE({@字符串变量| [N]'SQL 语句字符串'}[+…n]
```

其中“@字符串变量”是局部字符串变量名，最大值为服务器的可用内存。“[N] 'SQL

语句字符串”的语句字符串是一个由 SQL 语句构成的字符串常量。如果包含 N，则该字符串将解释为 nvarchar 数据类型。

【例 10.2】 建立一个批处理，查询相应表中的信息。

```
DECLARE  @tab_name varchar(20)
SET @tab_name='xs'
EXECUTE('SELECT * FROM  '+@tab_name)
GO
```

运行结果如图 10.2 所示。

	学号	姓名	性别	出生时间	专业	总学分	照片	备注	电话
1	2009030101	秦建兴	男	1990-08-09 00:00:00.000	电子商务	20	NULL	NULL	NULL
2	2009030102	张吉哲	男	1990-12-01 00:00:00.000	电子商务	20	NULL	NULL	NULL
3	2009030103	刘鑫	男	1990-03-23 00:00:00.000	电子商务	24	NULL	NULL	NULL
4	2009030104	王兆伟	男	1991-05-18 00:00:00.000	电子商务	24	NULL	NULL	NULL
5	2009030105	牛学文	男	1989-09-20 00:00:00.000	电子商务	19	NULL	NULL	NULL
6	2009030106	马艳玲	女	1990-12-20 00:00:00.000	电子商务	20	NULL	NULL	NULL
7	2009030107	张玉莹	女	1990-06-28 00:00:00.000	电子商务	24	NULL	NULL	NULL
8	2009030108	耿娇	女	1991-06-06 00:00:00.000	电子商务	17	NULL	NULL	NULL
9	2009030109	王丹	女	1990-11-23 00:00:00.000	电子商务	17	NULL	NULL	NULL
10	2009030110	朱丹	女	1989-09-28 00:00:00.000	电子商务	17	NULL	NULL	NULL
11	2009030301	尹相桔	女	1990-01-01 00:00:00.000	网络工程	17	NULL	NULL	NULL
12	2009030302	李楠楠	女	1990-12-31 00:00:00.000	网络工程	12	NULL	NULL	NULL
13	2009030303	王东冬	男	1990-06-29 00:00:00.000	网络工程	12	NULL	NULL	NULL
14	2009030304	徐朝海	男	1990-10-28 00:00:00.000	网络工程	17	NULL	NULL	NULL
15	2009030305	王小男	男	1991-12-03 00:00:00.000	网络工程	17	NULL	NULL	NULL
[illegible]	[illegible]	[illegible]	[illegible]	[illegible]	[illegible]	[illegible]	[illegible]	[illegible]	[illegible]

图 10.2　执行字符串语句后的返回结果

10.2.3　带输入参数的存储过程

前面使用的存储过程没有提供参数，灵活性不大，而带参数的存储过程提供了参数，大大提高了系统开发的灵活性。向存储过程指定输入、输出参数的主要目的是通过参数向存储过程输入和输出信息来扩展存储过程的功能。通过使用参数，可以多次使用同一存储过程并按用户要求查找所需要的结果。这里我们首先介绍带输入参数的存储过程。

1．建立带输入参数的存储过程

一个存储过程可以带一个或多个参数，输入参数是指由调用程序向存储过程传递的参数，它们在创建存储过程语句中被定义，在执行存储过程中给出相应的参数值。

声明带输入参数的存储过程的语法格式如下。

```
CREATE  PROCEDURE 存储过程名
@参数名  数据类型[=默认值] [, …n]
[WITH  ENCRYPTION]
[WITH  RECOMPILE]
AS
SQL 语句
```

其中“@参数名”和定义局部变量一样，必须以符号@为前缀，要指定数据类型，尤其注意数据类型及长度的定义，应与引用表的字段定义保持一致或可转换，否则可能出现错误，多个参数定义要用“，”隔开。在执行存储过程时所定义的参数将由指定的参数值来代替，如果执行时未提供参数值，则使用时须定义默认值(默认值可以是常量或空值 null)，否则将产生错误。

【例 10.3】 从 xsgl 数据库的三个表中查询某人指定课程的成绩。

```
USE xsgl
GO
IF EXISTS (SELECT  name  FROM  SYSOBJECTS
             WHERE  name='stu_cj1'  AND  type='P')
   DROP  PROCEDURE  stu_cj1
GO
```

以上操作的目的是为了避免创建存储过程时产生“数据库对象已经存在”的错误，因此在建立存储过程之前应先将同名存储过程删除。下面创建存储过程。

```
CREATE  PROCEDURE  stu_cj1
  @name char(10),@cname char(16)
AS
SELECT xs.学号,姓名,课程名,成绩
  FROM  xs INNER  JOIN  cj
ON  xs.学号=cj.学号 INNER  JOIN  kc
ON  cj.课程号=kc.课程号
  WHERE xs.姓名=@name  AND kc.课程名=@cname
GO
```

2. 执行带输入参数的存储过程

在执行存储过程的语句中，有两种方式传递参数值，分别是使用参数名传递参数值和按参数位置传递参数值。

使用参数名传递参数值，是通过语句“@参数名=参数值”给参数传递值。当存储过程含有多个输入参数时，对数值可以按任意顺序给出，对于允许空值和具有默认值的输入参数可以不给参数值，其语法格式为：

```
EXECUTE 存储过程名 [@参数名=参数值] [, …n]
```

按参数位置传递参数值，不显式地给出“@参数名”，而是按照参数定义的顺序给出参数值。按位置传递参数时，也可以忽略允许为空值和有默认值的参数，但不能因此破坏输入参数的指定顺序。必要时使用关键字 DEFAULT 作为参数值的占位。

例 10.3 中的存储过程可以有下列几种执行方式。

```
EXECUTE stu_cj1 @name='王丹',@cname='计算机基础'
```

或

```
EXECUTE stu_cj1 '王丹','计算机基础'
```

【例 10.4】 从三个表的连接中返回指定学生的学号、姓名、所选课程名称及课程的成绩。如果没有提供参数，则使用预设置的默认值。

```
USE xsgl
GO
CREATE  PROCEDURE stu_cj2
  @name char(10)='王丹'
AS
```

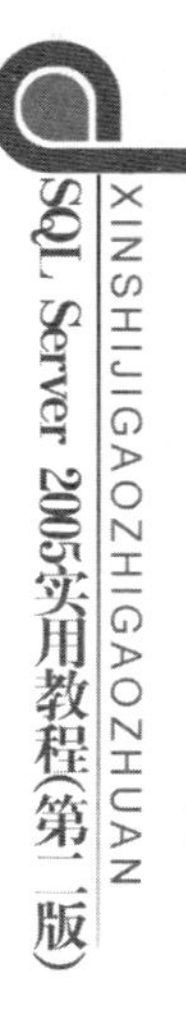


```
SELECT xs.学号,姓名,课程名,成绩
FROM  xs INNER  JOIN  cj
ON  xs.学号=cj.学号 INNER  JOIN  kc
ON  cj.课程号=kc.课程号
    WHERE 姓名= @name
GO
```

上面的存储过程有多种执行形式，下面列了一部分：

```
EXECUTE stu_cj2               /*参数使用默认值*/
```

或

```
EXECUTE stu_cj2  '张吉哲'      /*参数不使用默认值*/
```

从以上语句中可以看出，按参数位置传递参数值比按参数名传递参数值简洁，比较适合参数值较少的情况。而按参数名传递使程序可读性增强，特别是参数数量较多时，建议使用按参数名称传递参数的方法，这样的程序可读性、可维护性都要好些。

10.2.4　带输出参数的存储过程

如果需要从存储过程中返回一个或多个值，可以通过在创建存储过程的语句中定义输出参数来实现，为了使用输出参数，需要在创建存储过程的命令中使用 OUTPUT 关键字。

声明带输出参数的存储过程的语法格式如下。

```
CREATE  PROCEDURE 存储过程名
@参数名  数据类型[VARYING][=默认值] OUTPUT [, …n]
[WITH  ENCRYPTION]
[WITH  RECOMPILE]
AS
SQL 语句
```

【例 10.5】 创建一个存储过程用于计算指定学生各科成绩的总分，存储过程中使用了一个输入参数和一个输出参数。

```
USE xsgl
GO
CREATE  PROCEDURE  stu_sum
  @name char(10),@total int OUTPUT
AS
SELECT @total=SUM(成绩)
  FROM xs,cj
  WHERE 姓名=@name  AND xs.学号=cj.学号
  GROUP  BY  xs.学号
GO
```

注意： OUTPUT 变量必须在定义存储过程和使用该变量时都进行定义。定义时的参数名和调用时的变量名不一定相同，不过数据类型和参数的位置必须匹配。

例 10.5 中存储过程的执行方法如下。运行结果如图 10.3 所示。

```
USE xsgl
```

```
DECLARE  @total int
EXECUTE  stu_sum  '张吉哲', @total  OUTPUT
SELECT '张吉哲',@total
GO
```

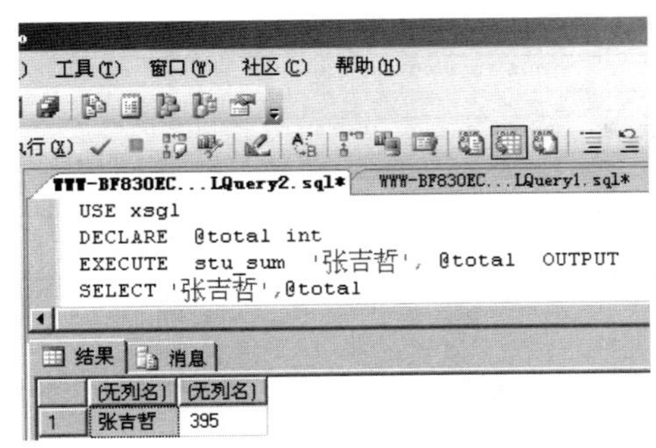

图 10.3　带输出参数的存储过程的执行结果

游标可以作为输出参数，在存储过程中返回产生的结果集，但是不能作为输入参数。其中关键字 VARYING 指定的参数是结果集，专门用于游标作为输出参数的情况。

【例 10.6】 使用存储过程在 xsgl 数据库的 xs 表上声明并打开一个游标。

```
USE xsgl
GO
CREATE  PROCEDURE stu_cursor
@stu_cursor CURSOR  VARYING  OUTPUT      --以游标作为输出参数
AS
SET @stu_cursor=CURSOR  FORWARD_ONLY  STATIC  FOR
SELECT *  FROM xs       --声明游标
OPEN  @stu_cursor         --打开游标
GO
```

下面通过一个批处理来运行上面的存储过程。在批处理中，声明一个局部变量，执行上述存储过程并将游标赋值给局部游标变量，然后通过该游标变量读取记录。

```
USE xsgl
GO
DECLARE @MyCursor CURSOR       --声明输出参数
EXECUTE stu_cursor @stu_cursor=@MyCursor OUTPUT    --执行存储过程
WHILE(@@FETCH_STATUS=0)       --提取游标
  BEGIN
    FETCH NEXT FROM @MyCursor
  END
CLOSE @MyCursor               --关闭游标
DEALLOCATE @MyCursor          --释放游标
GO
```

执行该存储过程的结果如图 10.4 所示。

存储过程也可以通过 SQL Server Management Studio 的“对象资源管理器”来建立，但其实现方法最终还是使用 SQL 语句，所以在这里我们不做介绍，请读者自学了解。

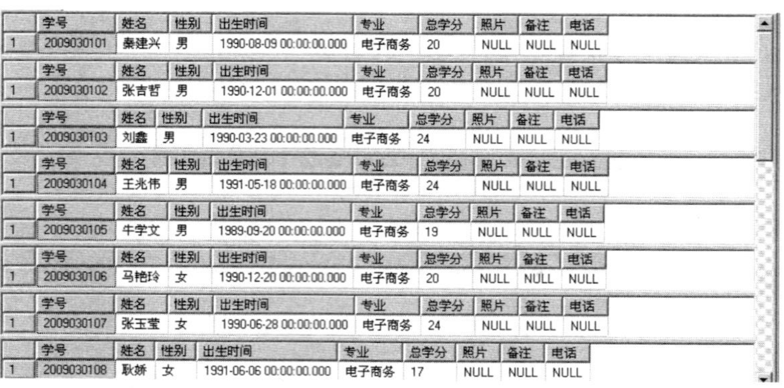

	学号	姓名	性别	出生时间	专业	总学分	照片	备注	电话
1	2009030101	秦建兴	男	1990-08-09 00:00:00.000	电子商务	20	NULL	NULL	NULL
1	2009030102	张吉哲	男	1990-12-01 00:00:00.000	电子商务	20	NULL	NULL	NULL
1	2009030103	刘鑫	男	1990-03-23 00:00:00.000	电子商务	24	NULL	NULL	NULL
1	2009030104	王兆伟	男	1991-05-18 00:00:00.000	电子商务	24	NULL	NULL	NULL
1	2009030105	牛学文	男	1989-09-20 00:00:00.000	电子商务	19	NULL	NULL	NULL
1	2009030106	马艳玲	女	1990-12-20 00:00:00.000	电子商务	20	NULL	NULL	NULL
1	2009030107	张玉莹	女	1990-06-28 00:00:00.000	电子商务	24	NULL	NULL	NULL
1	2009030108	耿娇	女	1991-06-06 00:00:00.000	电子商务	17	NULL	NULL	NULL

图 10.4　带游标输出参数的存储过程的执行结果

10.3　存储过程的管理与维护

存储过程建立完成后，如果希望了解存储过程的实现细节则需要查看其定义信息。有时要根据需要修改存储过程，数据环境变换后要重新编译存储过程，这些就是对存储过程的管理与维护工作。

10.3.1　查看存储过程的定义信息

在 SQL Server Management Studio 的“对象资源管理器”中，可以在要查看信息的存储过程上单击鼠标右键，在弹出的快捷菜单中选择“属性”命令，弹出“存储过程属性”窗口，如图 10.5 所示，可以查看存储过程的常规、权限和扩展属性。在快捷菜单以及其级联菜单中，也可以对存储过程进行修改、删除等操作，如图 10.6 所示。

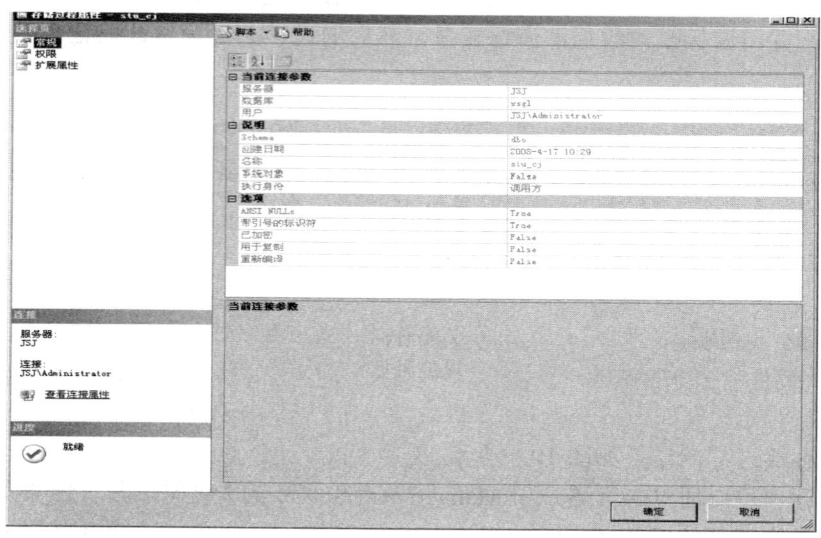

图 10.5　“存储过程属性”窗口

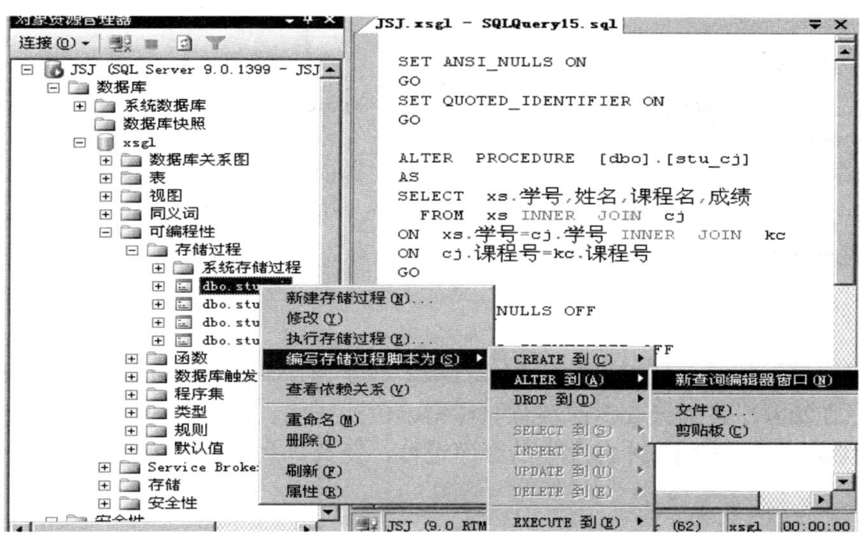

图 10.6 存储过程的其他操作

用户也可以通过系统存储过程 sp_helptext 查看存储过程的定义；通过 sp_help 查看存储过程的参数；通过 sp_depends 查看存储过程的相关性。

【例 10.7】 在 SQL Server Management Studio 服务器中新建查询，使用系统存储过程，查看例 10.6 中所创建的存储过程的定义、参数和相关性。

运行如下 SQL 语句。

```
EXECUTE sp_helptext stu_cursor
EXECUTE sp_help stu_cursor
EXECUTE sp_depends stu_cursor
```

运行后得到存储过程的定义、参数和依赖信息，如图 10.7 所示。

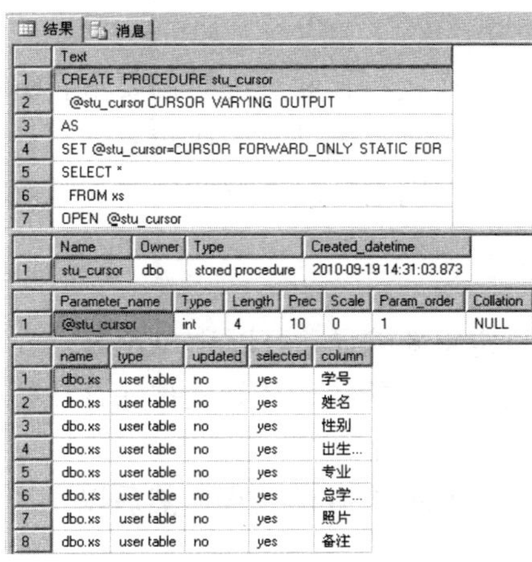

结果 | 消息

	Text
1	CREATE PROCEDURE stu_cursor
2	@stu_cursor CURSOR VARYING OUTPUT
3	AS
4	SET @stu_cursor=CURSOR FORWARD_ONLY STATIC FOR
5	SELECT *
6	FROM xs
7	OPEN @stu_cursor

	Name	Owner	Type	Created_datetime
1	stu_cursor	dbo	stored procedure	2010-09-19 14:31:03.873

	Parameter_name	Type	Length	Prec	Scale	Param_order	Collation
1	@stu_cursor	int	4	10	0	1	NULL

	name	type	updated	selected	column
1	dbo.xs	user table	no	yes	学号
2	dbo.xs	user table	no	yes	姓名
3	dbo.xs	user table	no	yes	性别
4	dbo.xs	user table	no	yes	出生...
5	dbo.xs	user table	no	yes	专业
6	dbo.xs	user table	no	yes	总学...
7	dbo.xs	user table	no	yes	照片
8	dbo.xs	user table	no	yes	备注

图 10.7 查询存储过程的定义及相关信息

10.3.2 存储过程的重编译

存储过程所采用的执行计划，只在编译时优化生成，以后便驻留在高速缓存中。当用户对数据库进行新增索引或其他影响数据库逻辑结构的更改后，已编译的存储过程执行计划可能会失去作用。通过对存储过程进行重新编译，可以重新优化存储过程的执行计划。

SQL Server 为用户提供了三种重新编译的方法。

1. 在创建存储过程时设定

在创建存储过程时，使用 WITH RECOMPILE 子句，SQL Server 不将该存储过程的查询计划保存在缓存中，而是在每次运行时重新编译和优化，并创建新的执行计划。

【例 10.8】 重新创建例 10.3 中的存储过程，使其每次运行时重新编译和优化。

```
USE xsgl
GO
IF EXISTS(SELECT  name  FROM  SYSOBJECTS
WHERE  name='stu_cj1'  AND  type='P')
      DROP  PROCEDURE  stu_cj1
GO
CREATE  PROCEDURE  stu_cj1
  @name char(10),@cname char(16)
WITH  RECOMPILE
AS
SELECT xs.学号,姓名,课程名,成绩
  FROM  xs INNER  JOIN  cj
ON  xs.学号=cj.学号 INNER  JOIN  kc
ON  cj.课程号=kc.课程号
  WHERE xs.姓名=@name  AND  kc.课程名=@cname
GO
```

这种方法并不常用，因为每次执行存储过程时都要重新编译，在整体上降低了存储过程的执行速度。除非存储过程本身进行的是一个比较复杂、耗时的操作，编译的时间相对执行存储过程的时间而言较少，否则这种编译方法显然是低效的。

2. 在执行存储过程时设定

通过在执行存储过程时设定重新编译，可以让 SQL Server 在执行存储过程时重新编译该存储过程，这一次执行完成后，新的执行计划又被保存在缓存中。这样用户就可以根据需要进行重新编译。

【例 10.9】 保留例 10.3 中原有的存储过程，然后以重新编译的方式执行一次该存储过程，实现执行计划的更新。

```
EXECUTE stu_cj1 WITH  RECOMPILE
```

此方法一般在存储过程创建后、数据发生了显著变化时使用。

3．通过系统存储过程设定重编译

通过系统存储过程 sp_recompile 设定重新编译标记，使存储过程在下次运行时重新编译。其语法格式如下。

```
EXECUTE sp_recompile 数据库对象
```

其中“数据库对象”为当前数据库中的存储过程、表或视图的名称。如果是存储过程或触发器的名称，那么该存储过程或触发器将在下次运行时重新编译。如果数据库对象是表或视图名，那么所有引用该表或视图的存储过程都将在下次运行时重新编译。

10.3.3 修改和删除存储过程

1．修改存储过程

存储过程的修改是由 ALTER 语句来完成的，基本语法如下。

```
ALTER  PROCEDURE 存储过程名
[WITH  ENCRYPTION]
[WITH  RECOMPILE]
AS
SQL 语句
```

【例 10.10】 将例 10.5 中所创建的存储过程修改为加密存储过程。

```
USE xsgl
GO
ALTER  PROCEDURE  stu_sum
  @name char(10),@total int OUTPUT
WITH  ENCRYPTION
AS
SELECT @total=SUM(成绩)
  FROM xs,cj
  WHERE 姓名=@name  AND xs.学号=cj.学号
  GROUP  BY xs.学号
GO
```

尝试查看存储过程的定义信息，执行以下命令。

```
EXECUTE  sp_helptext  stu_sum
GO
```

将出现提示信息“对象的文本已加密”。

因为该存储过程已加密，所以即使是 sa 用户和 dbo 用户也不能查看加密后的存储过程的定义内容，所以对加密的存储过程一定要留有其他的备份。要想取消加密，用不带 WITH ENCRYPTION 子句的修改语句，再重新修改即可。

2．删除存储过程

存储过程的删除是通过 DROP 语句来实现的，在 SQL Server Management Studio 的“对

象资源管理器”中也同样可以进行删除。用命令方式删除存储过程的方法也很简单，基本语法格式如下。

```
DROP  PROCEDURE  存储过程名 1,…,存储过程名 n
```

10.4　触发器概述

触发器是一类特殊的存储过程，它是在执行某些特定的 T-SQL 语句时可以自动执行的一种存储过程。

10.4.1　触发器的基本概念

触发器是一类特殊的存储过程，它在某些操作发生时由系统自动触发执行。在 SQL Server 2005 之前的版本中，触发器是针对数据表的特殊存储过程，当这个表发生了 INSERT、UPDATER 或 DELETE 操作时，如果该表有对应操作的触发器，这个触发器就会自动激活执行。在 SQL Server 2005 中，触发器有了更进一步的功能，在数据表(库)发生 CREATE、ALTER 和 DROP 操作时，如果有对应操作的触发器，也会自动激活执行。

10.4.2　触发器的功能

SQL Server 2005 提供了两种方法来保证数据的有效性和完整性：约束和触发器。触发器是针对数据库和数据表的特殊存储过程，它在指定的表中的数据(或表结构)发生改变时自动生效，并可以包含复杂的 T-SQL 语句，用于处理各种复杂的操作。触发器和触发它的语句可作为在触发器内回滚的单个事务对待。如果检测到错误，则整个事务自动回滚。

触发器的常用功能如下。

(1) 完成更复杂的数据约束：触发器可以实现比约束更为复杂的数据约束。

(2) 检查 SQL 所做的操作是否允许：触发器可以检查 SQL 所做的操作是否被允许。

(3) 修改其他数据表里的数据：当一个 SQL 语句对数据表进行操作时，触发器可以根据 SQL 语句的操作情况来对另一个数据表进行操作。

(4) 调用更多的存储过程：约束是不能调用存储过程的，但触发器本身就是一种存储过程，而存储过程是可以嵌套调用的，所以触发器也可能调用一个或多个存储过程。

(5) 返回自定义的错误信息：约束只能通过标准的系统错误信息来传递错误信息，如果应用程序要求使用自定义信息和较为复杂的错误处理，则必须使用触发器。

(6) 更改原本要操作的 SQL 语句：触发器可以修改原本要操作的 SQL 语句。

(7) 防止数据表结构更改或数据表被删除：为了保护已经建立好的数据表，触发器可以在接收到以 DROP 或 ALTER 开头的语句后，不对数据表的结构做任何操作。

10.4.3　触发器的类型

在 SQL Server 2005 中，根据激活触发器执行的 T-SQL 语句类型，可以把触发器分为

两类：一类是 DML 触发器，另一类是 DDL 触发器。

1. DML 触发器

DML 触发器是当数据库服务器中发生数据操纵语言 DML 事件时执行的特殊存储过程，如 INSERT、UPDATE、DELETE 等。

2. DDL 触发器

DDL 触发器是当数据库服务器中发生数据定义语言 DDL 事件时执行的特殊存储过程，如 CREATE、ALTER、DROP 等。DDL 触发器一般用于执行数据库中的管理任务，如审核和规范数据库操作，防止数据库表结构被修改等。

10.5　创建和应用 DML 触发器

10.5.1　DML 触发器的类型

在 SQL Server 2005 中，根据触发器的触发时机可以把 DML 触发器划分为两种类型。

1. AFTER 触发器(后触发)

这类触发器只在记录改变之后，才会被激活执行。它主要用于记录变更后的处理或检查，一旦发现错误，也可以用 ROLLBACK TRANSACTION 语句来回滚本次的操作。

2. INSTEAD OF 触发器(替代触发)

这类触发器一般用来替代原本要进行的操作，在记录变更之前发生。它并不去执行原来的 SQL 语句里的操作，而是去执行触发器本身所定义的操作。

10.5.2　DML 触发器的工作原理

在 SQL Server 2005 中，系统为每个 DML 触发器定义了两个特殊的临时表，一个是 inserted 表，一个是 deleted 表。这两个表建在数据库服务器的内存中，是由系统管理的逻辑表，而不是真正存储在数据库中的物理表。对于这两个表，用户只有读取的权限，没有修改的权限。

这两个表的结构与触发器定义所在数据表的结构完全一致，当触发器的工作完成之后，这两个表也将自动从内存中删除。

inserted 表里存放的是更新后的记录。对于插入记录操作来说，inserted 表里存储的是要插入的数据；对于更新记录的操作来说，inserted 表里存放的是更新后的记录。

deleted 表里存放的是更新前的记录：对于更新记录操作来说，deleted 表里存放的是更新前的记录；对于删除记录操作来说，deleted 表里存储的是被删除的旧记录。

下面我们来看一下 DML 触发器的工作原理。

1. AFTER 触发器的工作原理

AFTER 触发器是在记录变更之后才被激活执行的。以删除记录为例，当 SQL Server 接收到一个要执行删除操作的 SQL 语句时，系统首先执行该删除操作，同时激活基于该表的删除操作建立的触发器，并将删除的记录存放在 deleted 表里，再执行 AFTER 触发器里的 SQL 语句。执行完毕后，删除内存中的 deleted 表，退出操作。

2. INSTEAD OF 触发器的工作原理

INSTEAD OF 触发器与 AFTER 触发器不同。AFTER 触发器是在 INSERT、UPDATE 和 DELETE 操作完成后才激活的；而 INSTEAD OF 触发器是在这些操作进行之前就激活执行的，并且不再去执行原来的 SQL 语句，而去运行 INSTEAD OF 触发器本身所定义的 SQL 语句。

10.5.3 创建 DML 触发器的注意事项

(1) CREATE TRIGGER 语句必须是批处理中的第一个语句，该语句后面的所有语句都被解释为 CREATE TRIGGER 语句定义的一部分。

(2) 创建 DML 触发器的权限默认分配给表的所有者，且不能将该权限转授给其他用户。

(3) DML 可以引用当前数据库以外的对象，但只能在当前数据库中创建 DML 触发器。

(4) 不能对系统表或临时表创建 DML 触发器。

(5) 对于含有 DELETE 或 UPDATE 操作定义的外键表，不能定义 INSTEAD OF 触发器。

10.5.4 创建触发器

在创建触发器时，需要指定触发器的名称、包含触发器的表、引发触发器的条件以及当触发器启动后要执行的语句等内容。创建触发器的语法格式如下。

```
CREATE  TRIGGER 触发器名
ON {表|视图}
[WITH  ENCRYPTION]
{FOR|AFTER|INSTEAD OF} {[INSERT][,][UPDATE][,][DELETE]}
[NOT  FOR  REPLICATION]
AS
[{IF UPDATE(列名)[{AND|OR} UPDATE(列名)][…n]}]
SQL 语句
```

各参数的含义如下。

(1) WITH ENCRYPTION：加密 CREATE TRIGGER 语句文本的条目。

(2) FOR|AFTER：FOR 与 AFTER 同义，指定触发器只有在触发器定义语句中指定的所有操作都已成功后，并且所有的引用级联操作和约束检查也必须成功完成后，才能执行此触发器，即为后触发。

(3) INSTEAD OF：指定执行触发器而不执行造成触发的 SQL 语句，从而替代造成触发

的语句。在表或视图上，每个 INSERT、UPDATE 或 DELETE 语句只能定义一个 INSTEAD OF 触发器，即替代触发。

(4) [INSERT][,][UPDATE][,][DELETE]：是指定在表上执行哪些数据操作语句时将激活触发器的关键字，必须至少指定一个选项。在触发器定义中允许按任意顺序组合这些关键字。当进行触发条件的操作时(INSERT、UPDATE 或 DELETE)，将执行 SQL 语句中指定的触发器操作。

(5) NOT FOR REPLICATION：表示当复制进程更改触发器所涉及的表时，不要执行该触发器。

(6) IF UPDATE(列名)：测试在指定的列上进行的 INSERT 或 UPDATE 操作，不能用于 DELETE 操作，可以指定多列。因为已经在 ON 子句中指定了表名，所以在 IF UPDATE 子句中的列名前不要包含表名。若要测试在多个列上进行的 INSERT 或 UPDATE 操作，要分别单独地指定 UPDATE(列名)子句。在 INSERT 操作中，IF UPDATE 将返回 TRUE 值。

注意： 创建触发器时使用 AFTER 或 FOR 关键字，创建的是后触发，即当引起触发器执行的修改语句完成后，并通过了各种约束检查后，才执行触发器中的语句。后触发只能建立在表上，不能建立在视图上。创建触发器时使用 INSTEAD OF 关键字，创建的是替代触发。

这里需要指出的是，由于 TRUNCATE TABLE 语句的操作不记录在事务日志中，所以它不会激活 DELETE 触发器。

1. INSERT 触发器

【例 10.11】 在数据库 xsgl 中创建一个触发器，当向 cj 表插入一个记录时，检查该记录的学号在 xs 表中是否存在，检查课程号在 kc 表中是否存在，若有一项为否，则不允许插入。

```
USE xsgl
GO
CREATE  TRIGGER  check_trig
ON  cj
FOR  INSERT
AS
IF EXISTS(SELECT * FROM  inserted a
        WHERE a.学号 NOT  IN (SELECT b.学号 FROM xs b)
        OR a.课程号  NOT  IN(SELECT c.课程号 FROM kc c))
BEGIN
  RAISERROR('违背数据的一致性',16,1)
  ROLLBACK  TRANSACTION
END
GO
```

2. UPDATE 触发器

对于 UPDATE 触发器，当 UPDATE 操作在表上执行时，则产生触发。在触发器程序中，有时只关心某些列的变化，则可以使用 IF UPDATE(列名)，仅对指定列的修改做出反应，这点是其他两种触发器没有的。

【例 10.12】 在 xsgl 数据库的 cj 表上创建一个触发器，若对学号列和课程号列修改，则给出提示信息，并取消修改操作。

```
CREATE  TRIGGER  update_trig
  ON  cj
   FOR  UPDATE
AS
IF  UPDATE(学号) OR UPDATE(课程号)
BEGIN
    RAISERROR('学号或课程号不能进行修改!',7,2)
    ROLLBACK  TRANSACTION
END
GO
```

3. DELETE 触发器

当对表执行 DELETE 操作时，激发该表的 DELETE 触发器。

【例 10.13】 当从 xs 表中删除一个学生的记录时，相应地从 cj 表中删除该学生对应的所有记录。

```
CREATE  TRIGGER  delete_trig
ON xs
AFTER  DELETE
AS
DELETE  FROM cj
  WHERE 学号=(SELECT 学号 FROM  deleted)
GO
```

4. INSTEAD OF 触发器

如果视图的数据来自于多个基表，则必须使用 INSTEAD OF 触发器支持引用表中的数据的插入、更新和删除操作。

例如若在一个多视图上定义了 INSTEAD OF INSERT 触发器，视图各列的值可能允许为空，也可能不允许为空，若视图某列的值不允许为空，则 INSERT 语句为该列提供相应的值。

如果视图的列为以下几种情况之一：基表中的计算列、基表中的标识列、具有 timestamp 数据类型的基表列，该视图的 INSERT 语句必须为这些列指定值，INSTEAD OF 触发器在构成将值插入基表的 INSERT 语句时，会忽略指定的值。下面通过一个例子说明。

【例 10.14】 在 xsgl 数据库中创建表、视图和触发器，以说明 INSTEAD OF INSERT 触发器的使用。

```
USE xsgl
GO
CREATE  TABLE books
 (BookKey int IDENTITY(1,1),
  BookName nvarchar(10) NOT NULL,
  Color nvarchar(10) NOT NULL,
```

```
  ComputedCol AS (BookName+Color),
  Pages int)
GO
```

下面建立一个视图，包含基表的所有列。

```
CREATE  VIEW  book_view
AS
SELECT  BookKey,BookName,Color,ComputedCol,Pages
  FROM  books
GO
```

在视图上建立一个 INSTEAD OF INSERT 触发器。

```
CREATE  TRIGGER  instead_ins
ON book_view
INSTEAD  OF  INSERT
AS
BEGIN
  INSERT  INTO  books(BookName,Color,Pages)
    SELECT  BookName,Color,Pages FROM  inserted
END
GO
```

由于其中的 BookKey 为标识列，ComputedCol 为计算列，所以在实际插入时，INSERT 语句中不包含这两个列的值。直接引用 books 表中的 INSERT 语句不能为 BookKey 字段和 ComputedCol 字段提供值，例如：

向表 books 插入数据的正确语句是：

```
INSERT  INTO  books(BookName,Color,Pages)
  Values('数据库应用技术', '红色',200)
```

向表 books 插入数据的不正确语句是：

```
INSERT  INTO  books
  Values(3, '数据库应用技术', '红色', '绿色',200)
```

但对于引用 book_view 视图的 INSERT 语句为每一列都指定值，例如：

```
INSERT INTO
book_view(BookKey,BookName,Color,ComputedCol,Pages)
      VALUES(3,'数据库应用技术','红色','绿色',200)
```

在执行视图的插入语句时，虽然将 BookKey 和 ComputedCol 字段的值传递到了 book_view 触发器，但触发器中的 INSERT 语句没有选择 inserted 表的 BookKey 和 ComputedCol 字段的值，因此也就不会出现错误。

也可以使用图形界面的方式建立触发器，如图 10.8 所示，但同样是采用 SQL 脚本编辑的方式，其方法类似于建立存储过程，请读者自学完成。

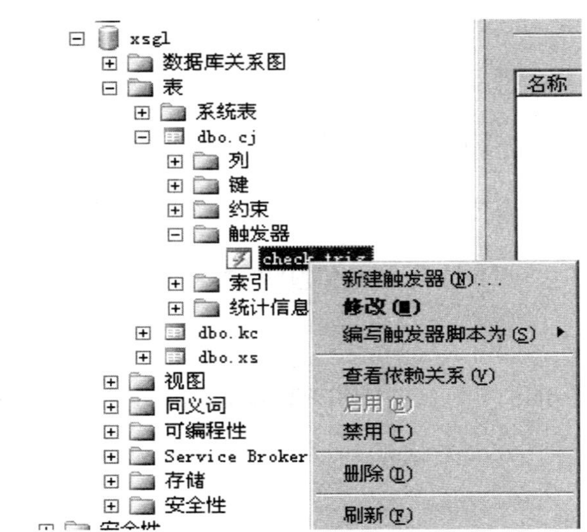

图 10.8　菜单方式管理触发器

10.5.5　使用触发器实现数据一致性

触发器作为一种更为有效的实现数据完整性和一致性的方法，在实际应用中更多地为用户用来实现数据的一致性操作，而且这种操作是其他操作无法替代的。下面通过一个实例来说明用触发器实现数据一致性的方法。

我们知道在 xs 表中有总学分列，而总学分列值的来源应该是当学生选修了一门课程并且成绩达到合格标准以上时，为其累加该课程的相应学分值。因此，总学分值的生成应当与 cj 表中学生成绩的输入有着紧密的关系。

【例 10.15】 当向 cj 表中添加某学生某课程的成绩时，判断如果成绩在 60 分以上，则将该课程的学分值累加到该学生的总学分值上。建立一个触发器实现上面的操作。

```
CREATE  TRIGGER  update_总学分
ON cj
FOR INSERT
AS
DECLARE @xf int,@cj numeric,@kch char(4),@xh char(10)
SET @cj=(SELECT 成绩 FROM inserted)
SET @kch=(SELECT 课程号 FROM inserted)
SET @xh=(SELECT 学号 FROM inserted)
SET @xf=(SELECT 学分 FROM kc WHERE 课程号=@kch)
IF @cj>=60
  BEGIN
     UPDATE xs SET 总学分=总学分+@xf WHERE 学号=@xh
END
GO
```

10.6　触发器的管理与维护

触发器建立后，如果希望了解触发器的定义则需要查看其定义信息。有时要根据需要修改和删除触发器，或者在必要的时候禁止或启用触发器等，这些就是对触发器的管理与维护工作。

10.6.1　查看触发器的定义信息

在 SQL Server Management Studio 的“对象资源管理器”中，可以对触发器进行管理和维护。其大致步骤如下。

(1) 在 SQL Server Management Studio 的“对象资源管理器”中依次展开到“数据库”节点，例如展开 xsgl 数据库，展开表的节点，再展开指定的表，例如 cj 表。

(2) 在 cj 表中出现了“触发器”节点，展开触发器节点，找到要进行操作的触发器，例如 check_trig，单击右键，则在弹出的快捷菜单中会包含关于触发器操作的各个命令，如图 10.8 所示。

(3) 在此快捷菜单中可以根据需要选择修改、查看、禁用(启用)或删除等命令进行相应的操作。

同存储过程一样，可以运行系统存储过程 sp_helptext、sp_help、sp_depends 来查看触发器的定义、参数和相关性等。

10.6.2　修改和删除触发器

前面已经介绍了使用快捷菜单对触发器进行修改、删除等操作的方法，这里仅介绍使用 SQL 语句操作的情况。

1. 修改触发器

用户可以使用 ALTER TRIGGER 语句修改触发器，它可以在保留现有的触发器名称的情况下，修改触发器的触发动作和执行内容。

修改触发器的语法格式如下。

```
ALTER  TRIGGER 触发器名
ON {表|视图}
[WITH  ENCRYPTION]
{FOR|AFTER|INSTEAD OF} {[INSERT][,][UPDATE][,][DELETE]}
[NOT  FOR  REPLICATION]
AS
[{IF UPDATE(列名)[{AND|OR} UPDATE(列名)][…n]}]
SQL 语句
```

其中各参数的意义与建立触发器语句中的意义相同。

【例 10.16】 对例 10.12 所创建的触发器进行加密。

运行如下 SQL 语句。

```
ALTER  TRIGGER  update_trig
  ON  cj
  WITH  ENCRYPTION
  FOR  update
AS
IF  UPDATE(学号) OR UPDATE(课程号)
BEGIN
    RAISERROR('学号或课程号不能进行修改! ',7,2)
    ROLLBACK  TRANSACTION
END
GO
```

测试是否能查看触发器的定义信息。

```
EXECUTE sp_helptext update_trig
GO
```

查看触发器的定义信息将显示“对象'update_trig' 的文本已加密”。

因为该触发器已加密，所以和加密的存储过程一样，即使是sa用户和dbo用户也不能查看加密后的触发器的内容，所以对加密的触发器一定要留有备份。要想取消加密，用不带WITH ENCRYPTION子句的修改触发器命令重新修改回来即可。

2．删除触发器

触发器的删除是通过DROP语句来实现的，在SQL Server Management Studio的查询服务中，使用DROP TRIGGER <触发器名>命令，即可删除触发器。

10.6.3 禁止或启用触发器

在有些情况下，用户会希望暂停触发器的作用，但并不删除它。例如，当学生毕业时，要清理xs表中部分学生的信息，但是并不希望这个删除操作激活触发器delete_trig。在这种情况下就可以先“禁止”触发器，等清理完成后再“启用”触发器。

禁止和启用触发器的语法格式如下。

```
ALTER TABLE 表名
{ENABLE|DISABLE} TRIGGER
{ALL|触发器名[,…n]}
```

使用该语句可以禁用或启用指定表上的某些触发器或所有触发器。

10.7 DDL触发器

DDL触发器是SQL Server 2005新增的一个触发器类型。像常规触发器一样，DDL触发器将激发存储过程以响应事件。但与DML触发器不同的是，DDL触发器不会为响应针对表或视图的UPDATE、INSERT或DELETE语句而激活。相反，DDL触发器会为响应多种数据定义语言语句而激活。这些语句主要是以CREATE、ALTER和DROP开头的语句。DDL触发器可用于管理任务，如审核和控制数据库操作。

一般来说，以下几种情况可以使用 DDL 触发器。

(1) 防止数据库架构进行某些修改。

(2) 防止数据库或数据表被误操作而删除。

(3) 希望数据库发生某种情况以响应数据库架构中的更改。

(4) 要记录数据库架构的更改或事件。

仅在运行 DDL 触发器的 DDL 语句后，DDL 触发器才会激发。DDL 触发器无法作为 INSTEAD OF 触发器而使用。

10.7.1　创建 DDL 触发器

创建 DDL 触发器的语法格式如下：

```
CREATE  TRIGGER 触发器名
ON {服务器|数据库}
[WITH  ENCRYPTION]
{FOR|AFTER } {DDL 语句名称}
AS
SQL 语句
```

【例 10.17】 建立用于保护数据库 xsgl 中的数据表不被删除的触发器。

运行如下命令。

```
CREATE TRIGGER dis_drop_table
  ON xsgl
  FOR DROP_TABLE
AS
BEGIN
    RAISERROR('对不起，xsgl 数据库中的表不能删除',16,10)
END
GO
```

触发器执行之后，如果试图删除 xsgl 中的表 xs，则会出现如图 10.9 所示的“删除对象”窗口，窗口中提示删除表操作出现错误，单击“确定”按钮即可。

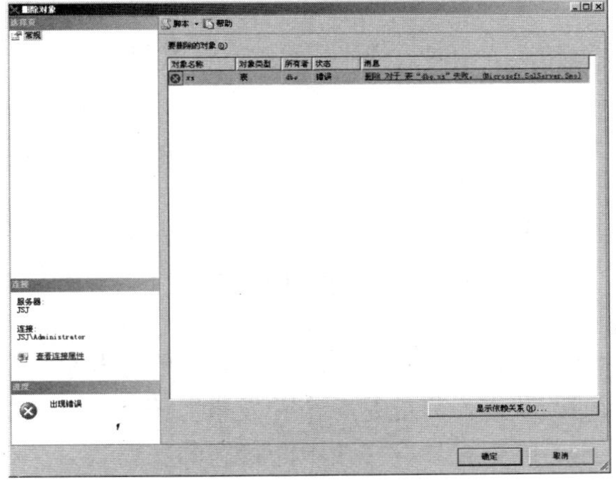

图 10.9　“删除对象”窗口

10.7.2 查看和修改 DDL 触发器

DDL 触发器有两种，一种是作用在当前 SQL Server 服务器上的，另一种是作用在当前数据库中的。这两种 DDL 触发器在 SQL Server Management Studio 的“对象资源管理器”中的位置是不同的。

1) 作用在当前 SQL Server 服务器上的 DDL 触发器所在的位置

选择当前 SQL Server 服务器，定位到“服务器对象”中的“触发器”，在“摘要”对话框中就可以看到所有作用在当前 SQL Server 服务器上的 DDL 触发器。

2) 作用在当前数据库中的 DDL 触发器所在的位置

在 SQL Server 服务器上，选择指定的数据库，然后定位到“可编程性”中的“数据库触发器”，在摘要对话框中就可以看到当前数据库中所有的 DDL 触发器。

在 SQL Server Management Studio 中没有直接提供修改 DDL 触发器的方法，如果要修改 DDL 触发器，一般还是采用命令的方式。其修改命令同 DML 类似，使用 ALTER TRIGGER 命令。

10.8 事　　务

10.8.1 基本概念

事务是作为单个逻辑工作单元执行的一系列操作。这一系列操作或者都被执行，或者都不被执行。例如，两个银行帐号之间转帐，将 A 帐号的 1 万元转到 B 帐号上，这个过程在处理时是先将 A 帐号减去 1 万元，然后再将 B 帐号加上 1 万元。如果当 A 帐号减去 1 万元后系统发生错误，使得 B 帐号加上 1 万元的操作无法执行，这样的结果将造成帐务混乱。有了事务机制，就可以利用事务避免上述情况发生，保证减去和加上两个操作同时成功，或者同时回退。

事务作为一个逻辑工作单元有 4 个属性，称为 ACID(原子性、一致性、隔离性和持久性)属性。

(1) 原子性。事务必须是原子工作单元，对于其数据修改，要么全都执行，要么全都不执行。

(2) 一致性。事务在完成时，必须使所有的数据都保持一致状态。在相关数据库中，所有规则都应用于事务的修改，以保持所有数据的完整性。事务结束时，所有的内部数据结构都必须是正确的。

(3) 隔离性。由并发事务所做的修改必须与任何其他并发事务所做的修改隔离。保证事务查看数据时数据所处的状态，只能是一个并发事务修改它之前的状态或者是另一个事务修改它之后的状态，而不能查看事务修改中间状态的数据。

(4) 持久性。事务完成之后对系统的影响是永久的。

SQL Server 有以下 3 种事务模式。

(1) 自动提交事务。这是 SQL Server 的默认模式。每个单独的 SQL 语句都是一个事务，并在其完成后提交。不必指定任何语句控制事务。

(2) 显式事务。每个事务均以 BEGIN TRANSACTION 语句显式开始，以 COMMIT 或 ROLLBACK 语句显式结束。

(3) 隐性事务。通过 API 函数或 T-SQL 的 SET IMPLICIT_TRANSACTION ON 语句，将隐性事务模式设置为打开。这样在前一个事务结束时新事务隐式启动，但每个事务仍以 COMMIT 或 ROLLBACK 语句显式结束。

10.8.2　事务应用

为了讨论的方便，下面以显式的运行模式说明事务的应用，其他两种模式与此相同。

事务组织结构的一般形式如下。

(1) 定义一个事务的开始：BEGIN TRANSACTION。

(2) 提交一个事务：COMMIT TRANSACTION。

(3) 回滚事务：ROLLBACK TRANSACTION。

BEGIN TRANSACTION 代表一个事务的开始点，事务执行到 COMMIT TRANSACTION 提交语句后结束事务，完成对数据库所做的永久改动。如果遇上错误，用 ROLLBACK TRANSACTION 语句可以撤销所有改动。

下面详细说明事务组织语句。

1) BEGIN TRANSACTION

标志一个显式本地事务的起始点。语法格式如下。

```
BEGIN TRANSACTION [事务名]
```

显式事务可以指定一个名称。

2) COMMIT TRANSACTION

标志一个成功的显式事务或隐性事务的结束。语法格式如下。

```
COMMIT TRANSACTION [事务名]
```

事务名称可以向程序员指明 COMMIT TRANSACTION 与哪些嵌套的 BEGIN TRANSA CTION 相关联。实际上 SQL Server 忽略该参数。但事务名称能够提高程序的可读性。

COMMIT TRANSACTION 语句后的数据已永久修改，所以不能再回滚事务。

当在嵌套事务中使用 COMMIT TRANSACTION 时，内部事务的提交并不释放资源，也没有执行永久修改。只有在提交了外部事务时，数据修改才具有永久性，而且资源才会被释放。

3) ROLLBACK TRANSACTION

将显式事务或隐式事务回滚到事务的起点或事务内的某个保存点的语法格式如下。

```
ROLLBACK TRANSACTION [事务名称]
```

事务名称是在 BEGIN TRANSACTION 上指派的事务名称。

不带事务名称的 ROLLBACK TRANSACTION 回滚到事务的起点。嵌套事务时，该语句将所有内层事务回滚到最外层的 BEGIN TRANSACTION 语句，事务名称也只能是来自最外层的 BEGIN TRANSACTION 语句中指定的事务名称，否则出错。

在执行 COMMIT TRANSACTION 语句后不能回滚事务。

如果在事务执行过程中出现任何错误，SQL Server 实例将回滚事务。某些错误(如死锁)会自动回滚事务。

如果在事务活动时由于任何原因(如客户端应用程序终止；客户端计算机关闭或重新启动；客户端网络连接中断等)中断了客户端和 SQL Server 实例之间的通信，SQL Server 实例将在收到网络或操作系统发出的中断通知时自动回滚事务。在所有这些错误情况下，将回滚任何未完成的事务以保护数据的完整性和一致性。

本 章 实 训

1. 实训目的

(1) 掌握存储过程的创建及使用方法。
(2) 掌握存储过程的调用方法。
(3) 掌握触发器的使用方法。
(4) 掌握如何使用触发器实现数据的完整性和一致性。

2. 实训内容

(1) 掌握设计存储过程和触发器的方法。
(2) 掌握存储过程的调用方法。
(3) 掌握存储过程和触发器的管理维护方法。

3. 实训过程

(1) 在 marketing 数据库上创建一个带输入参数的存储过程，它能根据指定的表名关键字显示相应表的信息。

```
CREATE  PROCEDURE  DispTab
   @selectkey  varchar(20)
AS
   DECLARE @tabName varchar(20)
   SELECT @tabName=
  CASE
    WHEN @selectKey LIKE '%客户%' THEN '客户信息'
    WHEN @selectKey LIKE '%销售%' THEN '销售信息'
    WHEN @selectKey LIKE '%订单%' THEN '订单信息'
  END
   IF @tabName IS NULL
   PRINT '没有找到对应的表!'
   ELSE
```

```
    EXECUTE('SELECT * FROM '+@tabName)
GO
--调用存储过程:
EXECUTE DispTab '客户'
```

(2) 在 marketing 数据库上创建一个存储过程，利用该存储过程统计某销售人员的销售总和。

```
CREATE PROCEDURE sum_订货
@No int
AS
SELECT SUM(数量) FROM 订单信息
  WHERE 销售工号=@No
  GROUP BY 销售工号
GO
```

调用存储过程：

```
EXECUTE sum_订货 4
```

(3) 在 marketing 数据库上创建一个“订单信息”表上的后触发器，当用户插入新的订单行时，按照订货量应相应地减少该货品的库存量。

```
CREATE TRIGGER upda_库存量 ON 订单信息
FOR INSERT
AS
DECLARE @orderNum INT, @goodNo INT
SELECT @goodNo=货品编码, @orderNum=数量 FROM INSERTED
UPDATE 货品信息
  SET 库存量=库存量-@orderNum
  WHERE 编码=@goodNo
GO
```

请读者向订单信息表中插入记录测试触发器的作用。

(4) 在 marketing 数据库上创建一个触发器，在“订单信息”表上建立替代触发的插入触发器，当用户插入新的订单行时，如果订货量不超过库存量则可以插入订货信息，如果订货量超过库存量，则不能实现插入操作，并给出提示信息。

```
CREATE TRIGGER Check_库存量 ON 订单信息
INSTEAD OF INSERT
AS
DECLARE @orderNum INT, @stored INT, @goodNo INT
SELECT @goodNo=货品编码, @orderNum=数量 FROM INSERTED
SELECT @stored=库存量 FROM 货品信息 WHERE 编码=@goodNo
IF @orderNum>@stored
  RAISERROR('订货量超出库存量，不能订货！',7,1)
ELSE
  INSERT 订单信息 SELECT * FROM INSERTED
GO
```

(5) 测试该触发器。

```
INSERT 订单信息(订单号,销售工号,货品编码,客户编号,数量)
 VALUES(9,4,6,1,100)
```

4. 实训总结

通过本章上机实训，应当掌握使用存储过程的目的和存储过程的创建及调用方法，触发器的作用及其使用方法，以及使用触发器实现数据的完整性和一致性的方法。

本 章 小 结

存储过程是存储在服务器上的一组预编译的SQL语句的集合，触发器可看成特殊的存储过程。本章通过大量实例说明了存储过程和触发器的使用方法。

读者通过本章的学习，应掌握各种存储过程的定义、修改、删除及调用方法。

触发器是在数据更新后执行的后置过滤器，当有操作影响到触发器保护的数据时，触发器就会自动触发执行，而规则、约束、默认值是在数据更新前进行的检查。如果触发器的操作与规则、约束、默认值检查发生冲突，则不执行触发器的操作。

习　　题

1. 简述使用存储过程有哪些优缺点？
2. 说明存储过程的定义与调用方法？
3. 简述使用触发器有哪些优缺点？
4. 说明创建触发器命令中FOR、AFTER、INSTEAD OF各表示什么含义？
5. 为xsgl数据库创建对各表进行插入、修改、删除操作的存储过程，然后再调用这些存储过程。
6. 为xsgl数据库和xs表创建触发器，要求学生的学号和姓名字段不能修改，当修改时启动触发器并给出提示信息。
7. 为xsgl数据库中的xs表和cj表创建一个实现数据参照完整性的触发器，当从学生表中删除学生时，同时将该学生的成绩信息从cj表中删除。

第 11 章　备份恢复与导入/导出

数据库的备份与恢复是数据库管理中一项十分重要的工作，采用适当的备份策略增强数据备份的效果，能把数据损失控制在最小。本章主要介绍数据库的备份与恢复，同时也讲述了数据导入/导出的内容，以及实现不同数据系统间的数据交换与共享。

通过学习本章，读者应掌握以下内容：

- 熟练掌握备份与恢复数据库的方法
- 掌握导入与导出数据的方法

11.1　备份与恢复的基本概念

任何系统都不可避免地会出现各种故障，而某些故障可能会导致数据库灾难性的损坏，所以做好数据库的备份工作极其重要。

备份可以创建在磁盘、磁带等备份设备上，与备份对应的是恢复。这里主要介绍数据库到磁盘的备份与恢复。

备份与恢复还有其他的用途。例如，将一个服务器上的数据库备份下来，再把它恢复到其他的服务器上，实现数据库的快捷转移。

11.1.1　备份与恢复的需求分析

在实际生活中，造成数据损失的因素有很多，如存储介质错误、用户误操作、服务器的永久性毁坏等，这些都可以靠事先做好的备份来恢复原状。此外，数据的备份和恢复对于完成一些数据库操作也是很方便的。

数据库备份是复制数据库结构、对象和数据的副本，以便数据库遭受破坏时能够修复数据库。数据库恢复是指将备份的数据库再加载到数据库服务器中。

备份数据库，不但要备份用户数据库，也要备份系统数据库。因为系统数据库中存储了 SQL Server 的服务器配置信息、用户登录信息、用户数据库信息、作业信息等。

通常在下列情况下需要备份系统数据库。

(1) 修改 master 数据库之后。master 数据库中包含 SQL Server 中所有数据库的相关信息，在创建用户数据库、创建和修改用户登录帐户或执行任何修改 master 数据库的语句后，都应当备份 master 数据库。

(2) 修改 msdb 数据库之后。msdb 数据库中包含 SQL Server 代理程序调度的作业、警报和操作员的信息。在修改 msdb 之后应当备份它。

(3) 修改 model 数据库之后。model 数据库是系统中所有数据库的模板，如果用户通过修改 model 数据库来调整所有新用户数据库的默认配置，就必须备份 model 数据库。

通常在下列情况下需要备份用户数据库。

(1) 创建数据库之后。在创建或装载数据库之后，都应当备份数据库。

(2) 创建索引之后。创建索引的时候，需要分析以及重新排列数据，这个过程会耗费时间和系统资源。在这个过程之后备份数据库，备份文件中会包含索引的结构，一旦数据库出现故障，再恢复数据库后不必重建索引。

(3) 清理事务日志之后。使用 BACKUP LOG WITH TRUNCATE_ONLY 或 BACKUP LOG WITH NO_LOG 语句清理事务日志后，应当备份数据库，此时，事务日志将不再包含数据库的活动记录，所以不能通过日志恢复数据。

(4) 执行大容量数据操作之后。当执行完大容量数据装载语句或修改语句后，SQL Server 不会将这些大容量的数据处理活动记录到日志中，所以应当进行数据库备份。例如执行完 SELECT INTO、WRITETEXT、UPDATETEXT 语句后。

11.1.2　备份数据库的基本概念

备份是指将数据库复制到一个专门的备份服务器、活动磁盘或者其他能够长期存储数据的介质上，作为副本。一旦数据库因意外而遭到损坏，这些备份可用来恢复数据库。

SQL Server 支持在线备份，因此，通常情况下可以一边备份，一边进行其他操作，但是在备份过程中不允许执行以下操作。

(1) 创建或删除数据库文件。

(2) 创建索引。

(3) 执行非日志操作。

(4) 自动或手工缩小数据库或数据库文件大小。

1. 数据库备份方式

SQL Server 提供了 4 种数据库备份方式。用户可以根据自己的备份策略选择不同的备份方式，如图 11.1 所示。在 SQL Server Management Studio 的“对象资源管理器”中，可以通过 SQL Server 备份数据库对话框选择相应的备份方式。

(1) 数据库完全备份(Database-complete)：备份数据库的所有数据文件、日志文件和在备份过程中发生的任何活动(将这些活动记录在事务日志中，一起写入备份设备)。完全备份是数据库恢复的基础，日志备份、差异备份的恢复完全依赖于在其前面进行的完全备份。

(2) 数据库差异备份(Database-differential)：差异备份只备份自最近一次完全备份以来被修改的那些数据。当数据频繁修改的时候，用户应当执行差异备份；差异备份的优点在于所占用备份空间的容量小，减少数据损失并且恢复的时间快。数据库恢复时，先恢复最后一次的完全数据库备份，然后再恢复最后一次的差异备份。

(3) 事务日志备份(Transaction log)：只备份最后一次日志备份后所有的事务日志记录，备份所用的时间和空间更少。利用日志备份恢复时，可以恢复到某个指定的事务(如误操作执行前的那一点)。这是差异备份和完全备份所不能做到的。但是利用日志备份进行恢复时，需要重新执行日志记录中的修改命令来恢复数据库中的数据，所以通常恢复操作占用的时间较长。通常可以采用这样的备份计划：每周进行一次完全备份，每天进行一次差异备份，每小时进行一次日志备份，这样最多只会丢失 1 小时的数据。恢复时，先恢复最后一次的完全备份，再恢复最后一次的差异备份，再顺序恢复最后一次差异备份后的所有事务日志备份。

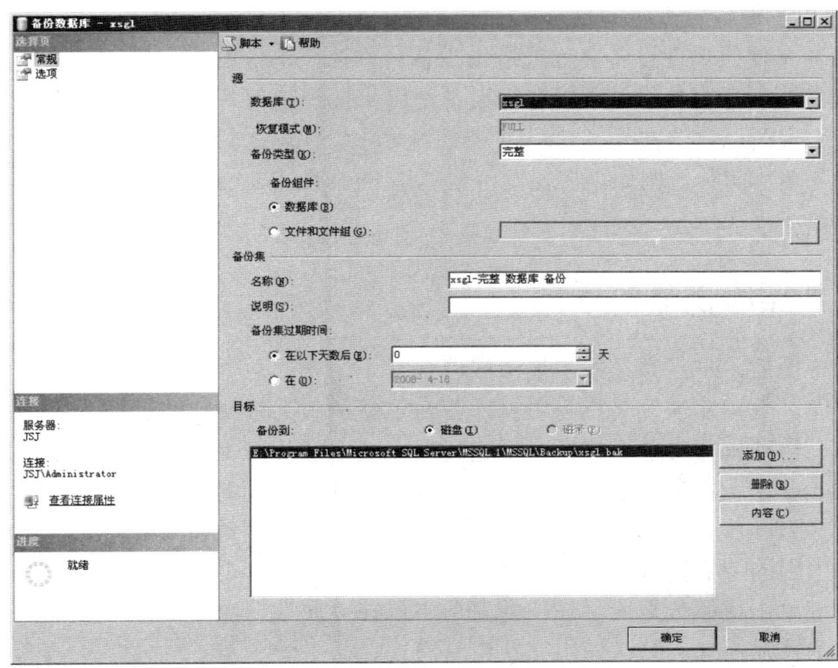

图 11.1 选择数据库备份的方式

(4) 文件或文件组备份(File and Filegroup)：备份数据库文件或数据库文件组。该备份方式必须与事务日志备份配合执行才有意义。在执行文件或文件组备份时，SQL Server 会备份某些指定的数据文件或文件组。为了使恢复文件与数据库中的其余部分保持一致，在执行文件和文件组备份后，必须执行事务日志备份。

2．备份设备

备份设备是指用于存放备份文件的设备。创建备份时，必须选择备份设备。SQL Server 将数据库、数据库文件和日志文件备份到磁盘和磁带设备上。

1) 磁盘备份设备

磁盘备份设备是硬盘或其他磁盘存储媒体上的文件，引用磁盘备份设备与引用其他任何操作系统文件一样，可以在服务器的本地磁盘上或共享网络资源的远程磁盘上定义磁盘备份设备，磁盘备份设备根据需要可大可小，最大文件的大小相当于磁盘上可用的闲置空间。

2) 命名管道备份设备

这是微软专门为第三方软件供应商提供的一个备份和恢复方式，命名管道设备不能通过 SQL Server Management Studio 的“对象资源管理器”来建立和管理，若要将数据备份到一个命名管道设备，必须在 BACKUP 语句中提供管道的名字。

3) 磁带备份设备

磁带设备的用法与磁盘设备相同，但必须将磁带设备物理连接到运行 SQL Server 实例的计算机上，不支持备份到远程磁带设备上。若要将 SQL Server 数据备份到磁带，需使用 Windows NT 4.0 或 Windows 2000 支持的磁带备份设备或磁带驱动器。

4) 物理和逻辑备份设备

SQL Server 使用物理设备名称或逻辑设备名称标识备份设备。物理备份设备是操作系统用来标识备份设备的名称。逻辑备份设备是用来标识物理备份设备的别名或公用名称。逻辑设备名称永久地存储在 SQL Server 的系统表中。使用逻辑备份设备的优点是引用它比引用物理设备名称简单。例如，物理设备名称是 D:\SQL\Backup\xsgl.bak，而逻辑设备名称则可以是 xsgl_Backup。

11.1.3 数据库恢复的概念

数据库备份后，一旦系统发生崩溃或者执行了错误的数据库操作，就可以从备份文件中恢复数据库。数据库恢复是指将数据库备份重新加载到系统中的过程。系统在恢复数据库的过程中，自动执行安全性检查、重建数据库结构以及完成填写数据库内容。

SQL Server 所支持的备份是和恢复模式相关联的，不同的恢复模式决定了相应的备份策略。SQL Server 提供了三种恢复模式，即完整模式、大容量模式和简单模式，用户可以根据数据库应用的特点选择相应的恢复模式，图 11.2 给出了数据库恢复模式的设置方法。用户可以右键单击目标数据库，在快捷菜单中选择“属性”命令，在“选项”设置界面中修改数据库的恢复模式。默认使用完整恢复模式。

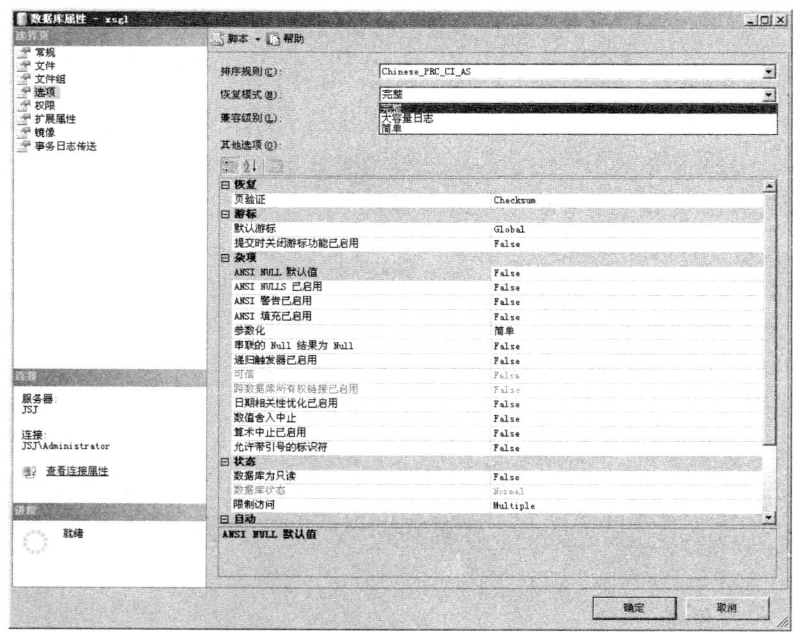

图 11.2 数据库恢复模式的设置

(1) 完整模式。默认采用完整模式，它使用数据库备份和日志备份，能够较为完全地防范媒体故障。采用该模式，SQL Server 事务日志会记录对数据进行的全部修改，包括大容量数据操作。因此，能够将数据库还原到特定的即时点。

(2) 大容量日志记录模式。该模型和完整模式类似，也是使用数据库备份和日志备份。不同的是，对大容量数据操作的记录，采用提供最佳性能和最少的日志空间方式。这样，事务日志只记录大容量操作的结果，而不记录操作的过程。所以，当出现故障时，虽然能够恢复全部的数据，但是不能恢复数据库到特定的时间点。

(3) 简单模式。使用简单模式可以将数据库恢复到上一次的备份。事务日志不记录数据的修改操作，采用该模式，进行数据库备份时，不能进行“事务日志备份”和“文件/文件组备份”。对于小数据库或数据修改频率不高的数据库，通常采用简单模式。

11.2 备份数据库

备份数据库的方法有多种，可以在 SQL Server Management Studio 的“对象资源管理器”中完成，也可以使用 SQL 语句来实现。由于该过程和通常的数据库操作相比频率较低，所以，使用 SQL Server Management Studio 的“对象资源管理器”的图形界面来操作更方便。并且 SQL Server Management Studio 的“对象资源管理器”的操作环境具有更强的集成性，一个操作步骤能够实现多条 SQL 语句的功能。

11.2.1 使用 SQL Server Management Studio 备份数据库

在 SQL Server Management Studio 的“对象资源管理器”中创建 xsgl 数据库备份的操作步骤如下。

(1) 在 SQL Server Management Studio 的“对象资源管理器”中，依次展开节点到要备份的数据库 xsgl。

(2) 右击 xsgl 数据库，在弹出的快捷菜单中选择“任务”|“备份”命令，出现如图 11.1 所示的窗口。

(3) 在“名称”文本框中输入备份名称，默认为“xsgl-完整 数据库 备份”。如果需要，在“说明”文本框中输入对备份集的描述，默认没有任何描述。

(4) 在“备份”选项下选择备份的方式。其中，“完整”表示执行完整的数据库备份；“差异”表示仅备份自上次完全备份以后，数据库中新修改的数据；“事务日志”表示仅备份事务日志。

(5) 指定备份目标。在“目标”区域中单击“添加”按钮，并在如图 11.3 所示的“选择备份目标”对话框中，指定一个备份文件名。这个指定会出现在图 11.1 中“备份到：”下面的列表框中。在一次备份操作中，可以指定多个目的文件。这样可以将一个数据库备份到多个文件中。单击“确定”按钮。

(6) 在图 11.1 中单击“选项”标签，会弹出如图 11.4 所示的“选项”设置界面，根据需要设置以下选项。

① 是否覆盖媒体：选择“追加到现有备份集”单选按钮，则不覆盖现有备份集，将数

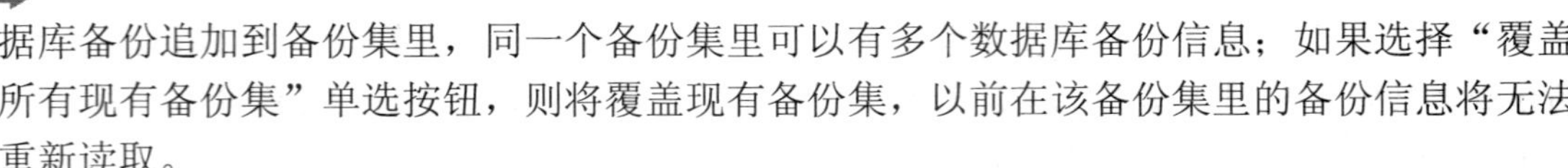

据库备份追加到备份集里，同一个备份集里可以有多个数据库备份信息；如果选择“覆盖所有现有备份集”单选按钮，则将覆盖现有备份集，以前在该备份集里的备份信息将无法重新读取。

② 是否检查媒体集名称和备份集过期时间：如果需要可以选中“检查媒体集名称和备份集过期时间”复选框，来要求备份操作验证备份集的名称和过期时间；在“媒体集名称”文本框里可以输入要验证的媒体集名称。

③ 是否使用新媒体集：选择“备份到新媒体集并清除所有现在备份集”单选按钮可以清除以前的媒体集，并使用新的媒体集备份数据库。在“新建媒体集名称”文本框里输入媒体集的新名称，在“新建媒体集说明”文本框里输入新建媒体集的说明。

④ 设置数据库备份的可靠性：选择“完成后验证备份”复选框将会验证备份集是否完整以及所有卷是否都可读；选择“写入媒体前检查校验和”复选框将会在写入备份媒体前验证校验和，如果选中此项，可能会增大工作负荷，并降低备份操作的备份吞吐量。

(7) 返回到“备份数据库”窗口后，单击“确定”按钮，开始执行备份操作，此时会出现相应的提示信息。单击“确定”按钮，完成数据库备份。

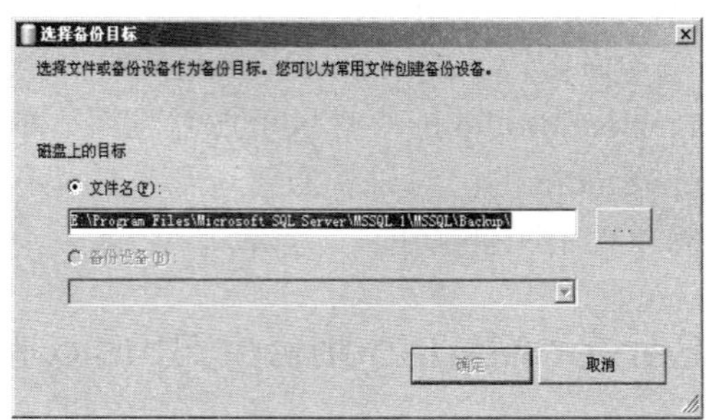

图 11.3 “选择备份目标”对话框

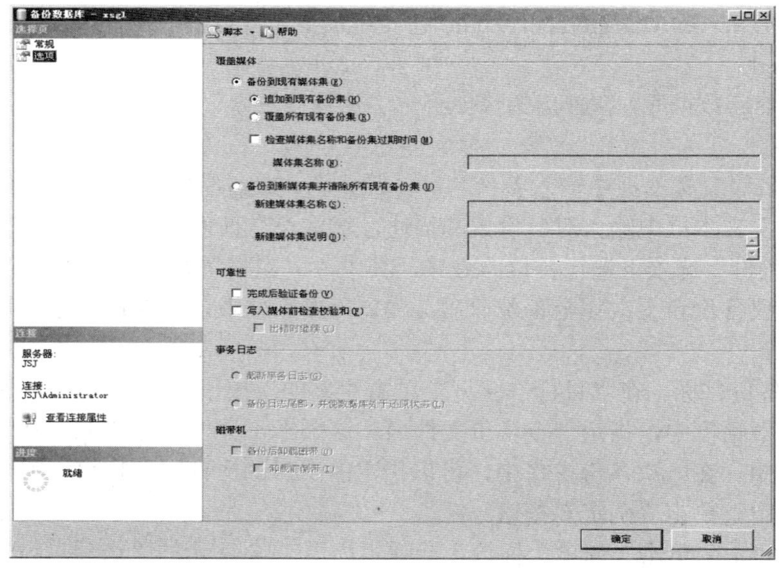

图 11.4 “选项”设置界面

11.2.2　创建备份设备

进行数据库备份时，通常要先生成备份设备，如果不生成备份设备就要直接将数据备份到当前存储设备上。在 SQL Server Management Studio 的“对象资源管理器”中生成备份设备可以在数据库备份的集成环境下同时进行，也可以单独进行。

(1) 启动 SQL Server Management Studio 工具，在“对象资源管理器”中展开“服务器对象”树形目录，鼠标右键单击“备份设备”，如图 11.5 所示。

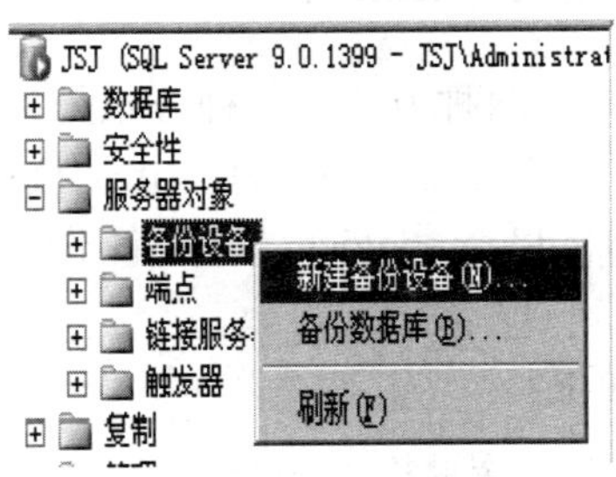

图 11.5　“备份设备”节点快捷菜单

(2) 在弹出的快捷菜单中选择“新建备份设备”命令，将弹出“备份设备”对话框，如图 11.6 所示。

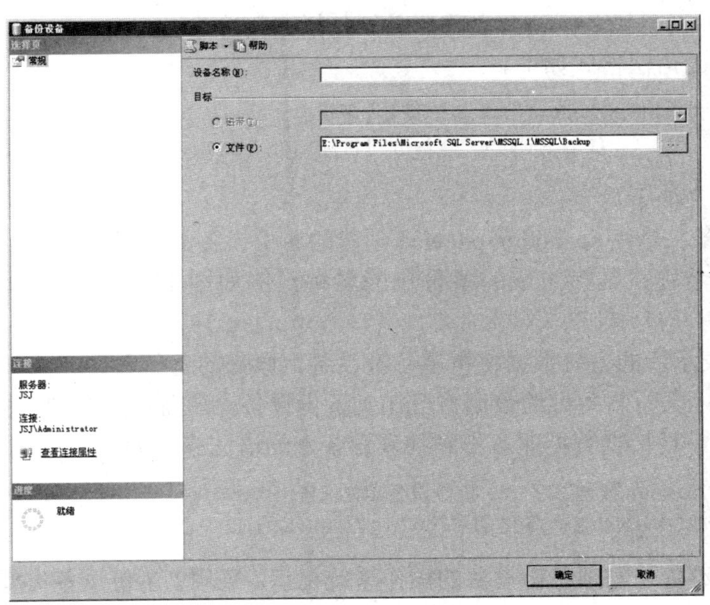

图 11.6　“备份设备”对话框

(3) 在“设备名称”文本框中输入备份设备的名称。

(4) 在“文件”文本框中输入备份设备的路径和文件名。

(5) 单击“确定”按钮，开始创建备份设备操作。

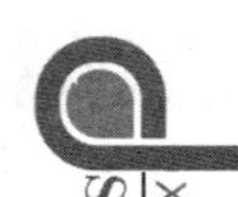

SQL Server 使用物理设备名或逻辑设备名标识备份设备。物理备份设备是指操作系统所标识的磁盘文件、磁带等各种设备，例如 D:\SQL\ xsgl.bak。逻辑备份设备名是用来标识物理备份设备的别名或公用名称。逻辑设备名存储在 xsgl 数据库的 sysdevices 系统表中。使用逻辑备份设备名的优点是比引用物理设备名简短。

在使用 SQL 语句方式进行数据库备份时，同样可以直接备份到物理设备，或先创建备份设备后再以该设备的逻辑名进行备份。

11.2.3 使用 SQL 语句备份数据库

使用 SQL 语句备份数据库，有两种方式：一种方式是先将一个物理设备建成一个备份设备，然后将数据库备份到该备份设备上；另一种方式是直接将数据库备份到物理设备上。

在方式一中，先使用 sp_addumpdevice 创建备份设备，然后再使用 BACKUP DATABASE 备份数据库。

创建备份设备的语法格式如下。

```
sp_addumpdevice '设备类型','逻辑名','物理名'
```

各参数的含义如下。

(1) 设备类型：备份设备的类型，如果是以硬盘作为备份设备，则为“disk”。

(2) 逻辑名：备份设备的逻辑名称。

(3) 物理名：备份设备的物理名称，必须包括完整的路径。

备份数据库的语法格式如下。

```
BACKUP DATABASE 数据库名 TO 备份设备(逻辑名)
                    [WITH[NAME='备份的名称'][,INIT|NOINIT]
```

各参数的含义如下。

(1) 备份设备：是由 sp_addumpdevice 创建的备份设备的逻辑名称，不要加引号。

(2) 备份的名称：是指生成的备份包的名称，例如图 11.1 中的“xsgl-完整 数据库备份”。

(3) INIT：表示新的备份数据将覆盖备份设备上原来的备份数据。

(4) NOINIT：表示新备份的数据将追加到备份设备上已备份数据的后面。

在方式二中，直接将数据库备份到物理设备上的语法格式如下。

```
BACKUP DATABASE 数据库名 TO 备份设备(物理名)
          [WITH [NAME='备份的名称'][,INIT|NOINIT]
```

其中，备份设备是物理备份设备的操作系统标识。采用“备份设备类型=操作系统设备标识”的形式。

前面给出的备份数据库的语法是完全备份的格式，对于差异备份则在 WITH 子句中增加限定词 DIFFERENTIAL。

对于日志备份采用如下的语法格式。

```
BACKUP LOG 数据库名 TO 备份设备(逻辑名|物理名)
  [WITH[NAME='备份的名称'][,INIT|NOINIT]]
```

对于文件和文件组备份则采用如下的语法格式。

```
BACKUP DATABASE 数据库名
  FILE='数据库文件的逻辑名'|FILEGROUP='数据库文件组的逻辑名'
  TO 备份设备(逻辑名|物理名)
  [WITH[NAME='备份的名称'][,INIT|NOINIT]]
```

【例 11.1】 使用 sp_addumpdevice 创建数据库备份设备 SJBACK，使用 BACKUP DATABASE 在该备份设备上创建 xsgl 数据库的完全备份，备份名为 xsglbak。

先在 E 盘上创建 SQL 文件夹，然后运行如下命令。

```
--使用 sp_addumpdevice 创建数据库备份设备
EXEC sp_addumpdevice 'DISK','SJBACK','E:\SQL\xsgl.bak'
--EXEC sp_dropdevice 'SJBACK'  --执行删除该设备
BACKUP DATABASE xsgl TO SJBACK WITH INIT,NAME='xsglbak'
```

命令执行结果如图 11.7 所示。

```
已为数据库 'xsgl'，文件 'xsgl' (位于文件 1 上)处理了 184 页。
已为数据库 'xsgl'，文件 'xsgl_log' (位于文件 1 上)处理了 1 页。
BACKUP DATABASE 成功处理了 185 页，花费 0.336 秒(4.510 MB/秒)。
```

图 11.7　用逻辑名备份数据库

【例 11.2】 使用 BACKUP DATABASE 直接将数据库 xsgl 的差异数据和日志备份到物理文件 E:\SQL\DIFFER.BAK 上，备份名为 differbak。

```
BACKUP DATABASE xsgl TO DISK='E:\SQL\DIFFER.BAK'
   WITH DIFFERENTIAL,INIT,NAME='differbak'      --进行差异备份
BACKUP LOG xsgl
   TO DISK='E:\SQL\DIFFER.BAK'
   WITH NOINIT,NAME='differbak'                 --进行事务日志备份
```

命令执行结果如图 11.8 所示。

```
已为数据库 'xsgl'，文件 'xsgl' (位于文件 1 上)处理了 40 页。
已为数据库 'xsgl'，文件 'xsgl_log' (位于文件 1 上)处理了 1 页。
BACKUP DATABASE WITH DIFFERENTIAL 成功处理了 41 页，花费 0.201 秒(1.668 MB/秒)。
已为数据库 'xsgl'，文件 'xsgl_log' (位于文件 2 上)处理了 8 页。
BACKUP LOG 成功处理了 8 页，花费 0.072 秒(0.910 MB/秒)。
```

图 11.8　备份数据库的差异数据和日志

11.3　恢复数据库

恢复数据库就是将原来备份的数据库还原到当前的数据库中，通常是在当前的数据库出现故障或操作失误时进行。还原数据库时，SQL Server 会自动将备份文件中的数据库备份全部还原到当前的数据库中，并回滚任何未完成的事务，以保证数据库中数据的一致性。

11.3.1 恢复数据库前的准备

执行恢复操作之前，应当验证备份文件的有效性，确认备份中是否含有恢复数据库所需要的数据，然后关闭该数据库上的所有用户，备份事务日志。

1. 验证备份文件的有效性

通过 SQL Server Management Studio 的“对象资源管理器”可以查看备份设备的属性，如图 11.9 所示。右击相应备份设备，在弹出的快捷菜单中选择“属性”命令，在属性对话框中单击“查看内容”按钮，即可查看相应备份设备上备份集的信息，如图 11.10 所示。也可以在恢复操作进行前，查看选定备份集中的内容列表。

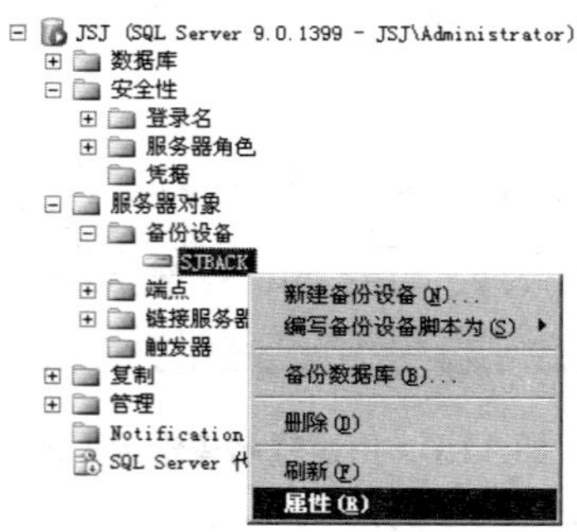

图 11.9 查看备份设备的属性

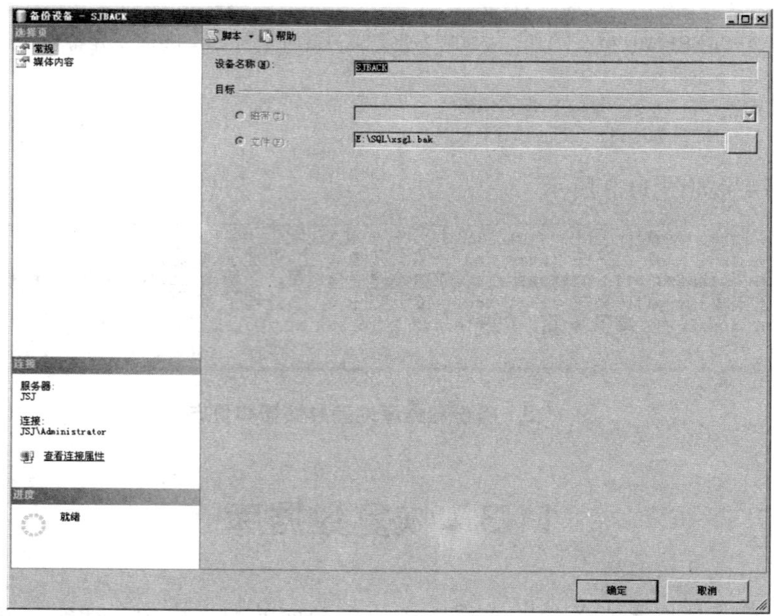

图 11.10 备份集的信息

使用 SQL 语句也可以获得备份媒体上的信息。使用 RESTORE HEADERONLY 语句，

获得指定备份文件中所有备份设备的文件首部信息。使用 RESTORE FILELISTONLY 语句，获得指定备份文件中的原数据库或事务日志的有关信息。使用 RESTORE VERIFYONLY 语句，检查备份集是否完整，以及所有卷是否可读。

【例 11.3】 使用 SQL 语句查看并验证备份文件的有效性。

```
--查看头信息
RESTORE HEADERONLY FROM
DISK='E:\SQL\DIFFER.BAK'
RESTORE HEADERONLY FROM SJBACK
--查看文件列表
RESTORE FILELISTONLY FROM
DISK='E:\SQL\DIFFER.BAK'
RESTORE FILELISTONLY FROM SJBACK
--验证有效性
RESTORE VERIFYONLY FROM
DISK='E:\SQL\DIFFER.BAK'
RESTORE VERIFYONLY FROM SJBACK
```

命令执行结果如图 11.11 所示。

	BackupName	BackupDescription	BackupTy...	ExpirationDate	Compressed	Position	DeviceTy...	UserName	ServerNam
1	differbak	NULL	5	NULL	0	1	2	JSJ\Administrator	JSJ
2	differbak	NULL	2	NULL	0	2	2	JSJ\Administrator	JSJ

	BackupName	BackupDescription	BackupTy...	ExpirationDate	Compressed	Position	DeviceTy...	UserName	ServerNam
1	xsglbak	NULL	1	NULL	0	1	102	JSJ\Administrator	JSJ

	LogicalName	PhysicalName	Ty...	FileGroupName	Size	MaxSize	FileId	CreateLSN	DropLSN	Uni
1	xsgl	E:\SQL Server\学生管理\xsgl.mdf	D	PRIMARY	5242880	104857600	1	0	0	9A
2	xsgl_log	E:\SQL Server\学生管理\xsgl_l...	L	NULL	2097152	2199023...	2	0	0	FB

	LogicalName	PhysicalName	Ty...	FileGroupName	Size	MaxSize	FileId	CreateLSN	DropLSN	Uni
1	xsgl	E:\SQL Server\学生管理\xsgl.mdf	D	PRIMARY	5242880	104857600	1	0	0	9A
2	xsgl_log	E:\SQL Server\学生管理\xsgl_l...	L	NULL	2097152	2199023...	2	0	0	FB

图 11.11　查看备份信息

2. 断开用户与数据库的连接

恢复数据库之前，应当断开用户与该数据库的一切连接。所有用户都不准访问该数据库，执行恢复操作的用户也必须将连接的数据库更改为 master 数据库或其他数据库，否则不能启动还原任务。例如，使用 USE master 命令将连接数据库改为 master。

3. 备份事务日志

在执行恢复操作之前，如果用户备份事务日志，将有助于保证数据的完整性，在数据库还原后可以使用备份的事务日志，进一步恢复数据库的最新操作。

11.3.2 使用 SQL Server Management Studio 恢复数据库

将上一节备份的数据库恢复到当前数据库中，操作步骤如下。

(1) 在 SQL Server Management Studio 的“对象资源管理器”中，右键单击“数据库”，在

弹出的快捷菜单中选择“还原数据库”命令，弹出如图 11.12 所示的“还原数据库”对话框。

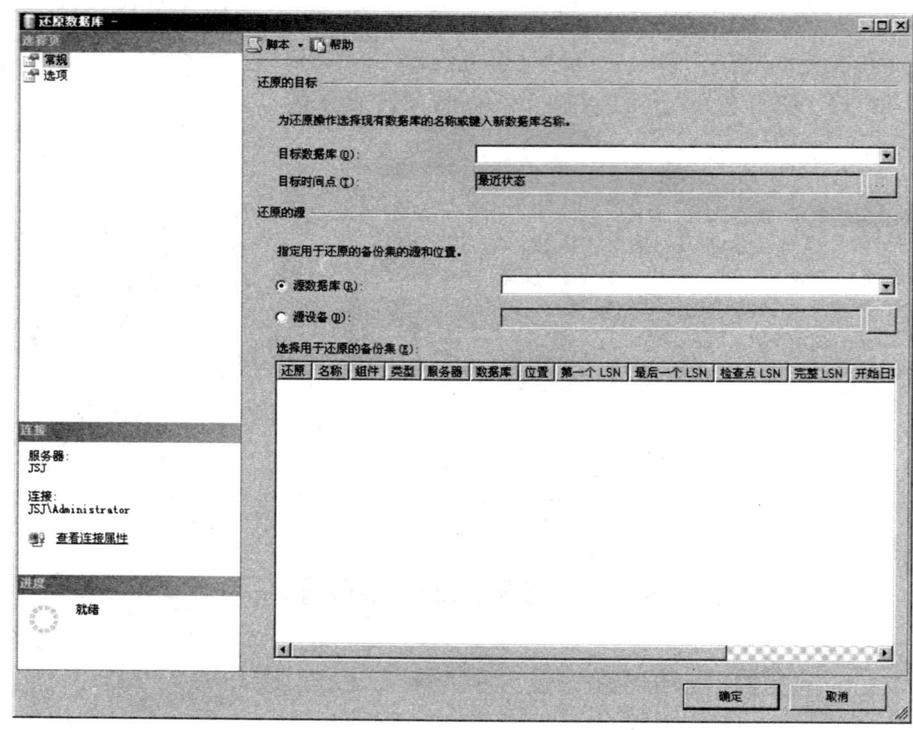

图 11.12 “还原数据库”对话框

(2) 在“目标数据库”下拉列表框中可以选择或输入要还原的数据库名。

(3) 如果备份文件或备份设备中的备份集很多，还可以选择“目标时间点”，只要有事务日志备份支持，就可以还原到某个时刻的数据库状态。在默认情况下该项为“最近状态”。

(4) 在“还原的源”区域里，指定用于还原的备份集的源和位置。

如果选择“源数据库”单选按钮，则从 msdb 数据库中的备份历史记录里查得可用的备份，并显示在“选择用于还原的备份集”区域里。此时不需要指定备份文件的位置或指定备份设备，SQL Server 会自动根据备份记录找到这些文件。

如果选择“源设备”单选按钮，则要指定还原的备份文件或备份设备。单击“...”按钮，弹出“指定备份”对话框。在“备份媒体”下拉列表框中可以选择是备份文件还是备份设备，选择完毕后单击“添加”按钮，将备份文件或备份设备添加进来后，返回如图 11.12 所示的窗口。

(5) 在“选项”设置界面里可以设置如下内容，如图 11.13 所示。

① 还原选项：如果选中“覆盖现有数据库”复选框，则会覆盖所有现有数据库以及相关文件，包括已存在的同名的其他数据库或文件。

如果选中“保留复制设置”复选框，则会将已发布的数据库还原到创建该数据库的服务器之外的服务器上，保留复制设置。

如果选中“还原每个备份之前进行提示”复选框，则在还原每个备份设备前都会要求

确认。

如果选中“限制访问还原的数据库”复选框，则使还原的数据库仅供 db_owner、dbcreator 或 sysadmin 的成员使用。

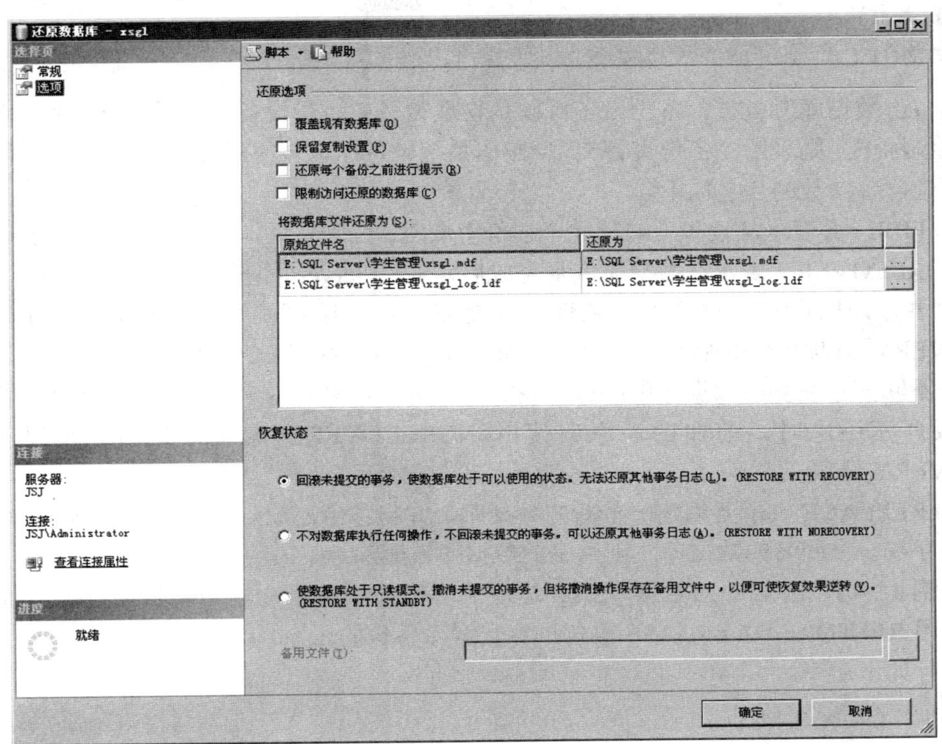

图 11.13 “选项”设置界面

② 将数据库文件还原为：在该区域里可以更改目的文件的路径和名称。

③ 恢复状态。如果选择“回滚未提交的事务，使数据库处于可以使用状态。无法还原其他事务日志”单选按钮，则数据库在还原后进入可正常使用的状态，并自动恢复尚未完成的事务。如果本次还原是还原的最后一次操作，可以选择该单选按钮；如果选择“不对数据库执行任何操作，不回滚未提交的事务。可以还原其他事务日志”单选按钮，则在还原后数据库仍然无法正常使用，也不恢复未完成的事务操作，但可再继续还原事务日志备份或差异备份，使数据库能恢复到最接近目前的状态；如果选择“使数据库处于只读模式。撤销未提交的事务，但将撤销操作保存在备用文件中，以便可使恢复效果逆转”单选按钮，则在还原后恢复未完成事务的操作，并使数据库处于只读状态。为了可以继续使用还原后的事务日志备份，还必须指定一个还原文件来存放被恢复的事务日志。

(6) 单击“确定”按钮，开始执行还原操作。

11.3.3 使用 SQL 语句恢复数据库

与在 SQL Server Management Studio 的“对象资源管理器”中恢复数据库一样，使用 SQL 语句也可以完成对整个数据库的还原、部分数据库的还原和日志文件的还原。

1. 恢复数据库

恢复完全备份数据库和差异备份数据库的语法格式如下。

```
RESTORE DATABASE 数据库名 FROM 备份设备
[WITH[FILE=n][,NORECOVERY|RECOVERY],[REPLACE]]
```

和备份数据库时一样，备份设备可以是物理设备或逻辑设备。如果是物理备份设备的操作系统标识，则采用“备份设备类型=操作系统设备标识”的形式。

其中，各参数的含义如下。

(1) FILE=n 表示从设备上的第几个备份中恢复。

(2) RECOVERY 表示在数据库恢复完成后，SQL Server 回滚被恢复的数据库中所有未完成的事务，以保持数据库的一致性。恢复完成后，用户就可以访问数据库了。所以 RECOVERY 选项用于最后一个备份的还原。如果使用 NORECOVERY 选项，那么 SQL Server 不回滚被恢复的数据库中所有未完成的事务，恢复后用户不能访问数据库。所以，进行数据库还原时，前面的还原应使用 NORECOVERY 选项，最后一个还原使用 RECOVERY 选项。

(3) REPLACE 表示要创建一个新的数据库，并将备份还原到这个新的数据库，如果服务器上存在一个同名的数据库，则原来的数据库被删除。

【例 11.4】 例 11.1 对数据库 xsgl 进行了一次完全备份，这里再进行一次差异备份，然后使用 RESTORE DATABASE 语句进行数据库备份的还原。

运行如下命令。

```
--进行数据库差异备份
BACKUP DATABASE xsgl TO SJBACK
WITH DIFFERENTIAL, NAME='abBak'
GO
--确保不再使用 xsgl
USE master
--还原数据库完全备份
RESTORE DATABASE xsgl FROM SJBACK
WITH FILE=1,NORECOVERY
--还原数据库差异备份
RESTORE DATABASE xsgl FROM SJBACK
WITH FILE=2,RECOVERY
GO
```

命令执行结果如图 11.14 所示。

```
已处理 16 页，这些页属于数据库 'xsgl' 的文件 'xsgl_Data'(位于文件 2 上)。
已处理 1 页，这些页属于数据库 'xsgl' 的文件 'xsgl_Log'(位于文件 2 上)。
BACKUP DATABASE WITH DIFFERENTIAL 操作成功地处理了 17 页，花费了 0.333 秒(0.396 MB/秒)。
已处理 128 页，这些页属于数据库 'xsgl' 的文件 'xsgl_Data'(位于文件 1 上)。
已处理 1 页，这些页属于数据库 'xsgl' 的文件 'xsgl_Log'(位于文件 1 上)。
RESTORE DATABASE 操作成功地处理了 129 页，花费了 0.084 秒(12.495 MB/秒)。
已处理 8 页，这些页属于数据库 'xsgl' 的文件 'xsgl_Data'(位于文件 2 上)。
已处理 1 页，这些页属于数据库 'xsgl' 的文件 'xsgl_Log'(位于文件 2 上)。
RESTORE DATABASE 操作成功地处理了 9 页，花费了 0.072 秒(0.924 MB/秒)。
```

图 11.14 还原数据库

2. 恢复事务日志

恢复事务日志采用下面的语法格式。

```
RESTORE LOG 数据库名 FROM 备份设备
[WITH[FILE=n][,NORECOVERY|RECOVERY]]
```

其中各选项的意义与恢复数据库中的相同。

【例 11.5】 在例 11.4 的基础上再进行一次日志备份，然后使用 RESTORE 语句进行数据库备份的还原。

```
--进行数据库日志备份
BACKUP LOG xsgl TO SJBACK
WITH NAME='abBak'
GO
--确保不再使用 xsgl
USE master
--还原数据库完全备份
RESTORE DATABASE xsgl FROM SJBACK
WITH FILE=1,NORECOVERY
--还原数据库差异备份
RESTORE DATABASE xsgl FROM SJBACK
WITH FILE=2,NORECOVERY
RESTORE LOG xsgl FROM SJBACK
WITH FILE=3,RECOVERY
GO
```

注意：前两个还原语句的选项都是使用 NORECOVERY，只有最后一个使用了 RECOVERY。

3. 恢复部分数据库

通过从整个数据库的备份中还原指定文件的方法，SQL Server 提供了恢复部分数据库的功能。所用的语法格式如下。

```
RESTORE DATABASE 数据库名 FILE=文件名|
FILEGROUP=文件组名 FROM 备份设备
[WITH PARTIAL[,FILE=n][,NORECOVERY][,REPLACE]]
```

4. 恢复文件或文件组

和恢复文件或文件组备份相对应的，有对指定文件或文件组的还原，其语法格式如下。

```
RESTORE DATABASE 数据库名 FILE=文件名|
FILEGROUP=文件组名 FROM 备份设备
[WITH[,FILE=n][,NORECOVERY][,REPLACE]]
```

11.4 导入与导出

SQL Server 2005 提供了一个数据导入/导出的工具，这是一个向导程序，用于在不同的 SQL Server 服务器之间，以及 SQL Server 与其他类型的数据库或数据文件之间进行数据交换。这里主要是通过 SQL Server 数据库与 Access 和 Excel 进行数据格式转换的实例，说明数据导入/导出工具的使用方法。

11.4.1 SQL Server 与 Excel 的数据格式转换

1. 导出数据

【例 11.6】 将 xsgl 数据库中，学生管理系统的部分数据表导出至 Excel 表中。

在导出数据之前，先使用 Excel 软件建立一个空文件 xsgl.xls，不需要建立任何表或视图。这里建立的是“E:\SQL\xsgl.xls”，然后开始导出数据，操作步骤如下。

(1) 启动 SQL Server Management Studio 工具，在“对象资源管理器”中展开“数据库”树型目录，右击 xsgl 数据库，在弹出的快捷菜单中选择“任务”|“导出数据”命令，弹出“SQL Server 导入和导出向导”对话框，单击“下一步”按钮。

(2) 在“数据源”下拉列表框中选择 Microsoft OLE DB Provider for SQL Server。在“服务器名称”文本框中选择或输入服务器的名称。“服务器的登录方式”可以选择使用 Windows 身份验证模式，也可以选择使用 SQL Server 身份验证模式。如果选择后一种方式，还需要在“用户名”文本框中输入登录时使用的用户帐户名称，然后在“密码”文本框中输入登录密码，这里的默认数据库就是要导出的 xsgl 数据库，如图 11.15 所示。

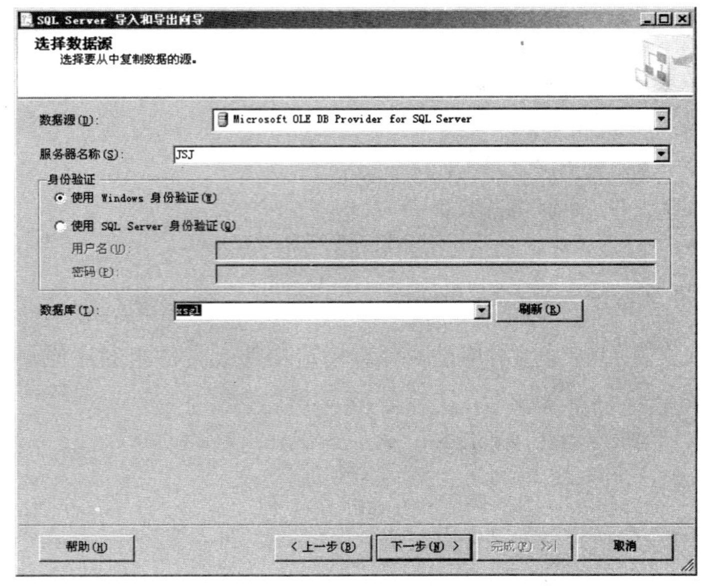

图 11.15 “选择数据源”设置界面(Excel 导出)

(3) 单击图 11.15 所示的“下一步”按钮，弹出如图 11.16 所示的“选择目标”界面。在“目标”下拉列表框中选择目的数据库的格式为“Microsoft Excel”。在“Excel 文件路径”文本框中输入目的数据库的路径和文件名，这里为“E:\SQL\xsgl.xls”。

图 11.16　“选择目标”界面(Excel 导出)

(4) 单击图 11.16 所示的“下一步”按钮，弹出如图 11.17 所示的“指定表复制或查询”界面。

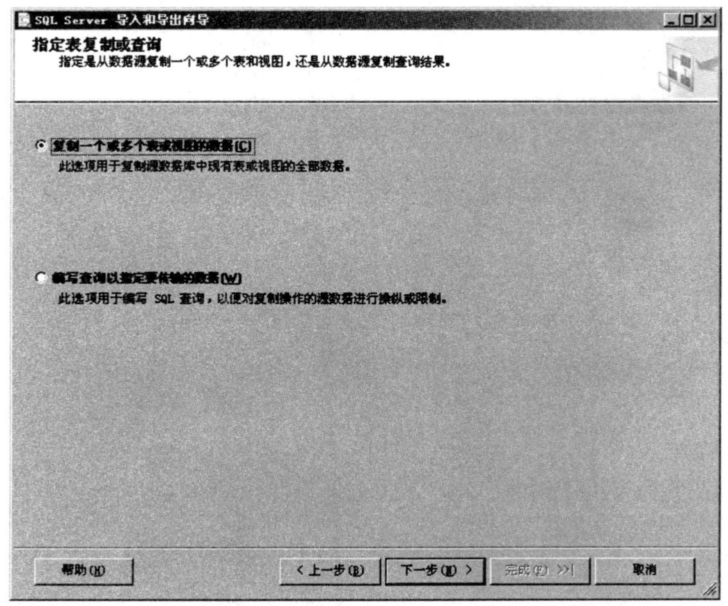

图 11.17　“指定表复制或查询”界面(Excel 导出)

选择整个表或部分数据进行复制。若要把整个源表全部复制到目标数据库中，选择“复制一个或多个表或视图的数据”单选按钮；若只想使用一个查询将指定数据复制到目标数据库中，选择“编写查询以指定要传输的数据”单选按钮。

(5) 单击图 11.17 所示的“下一步”按钮，弹出如图 11.18 所示的“选择源表和源视图”界面。

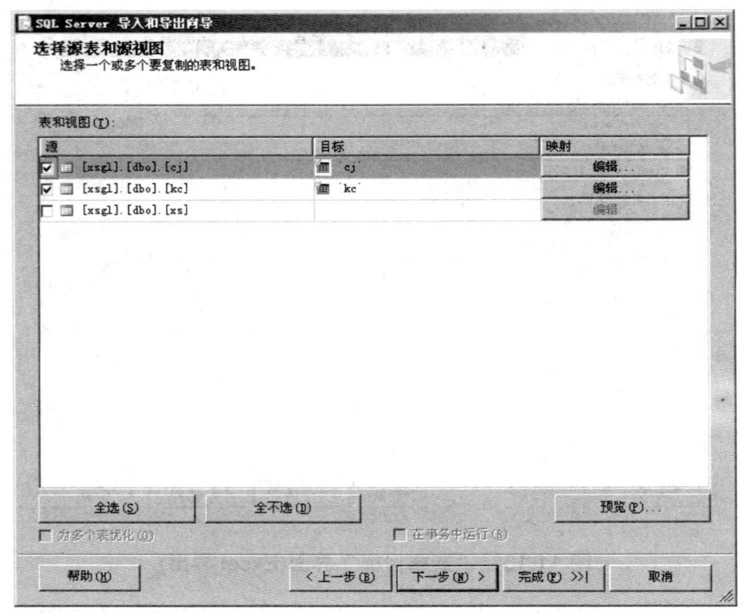

图 11.18 “选择源表和源视图”界面(Excel 导出)

(6) 单击如图 11.18 所示的“下一步”按钮，弹出如图 11.19 所示的“保存并执行包”界面，选中“立即执行”复选框。

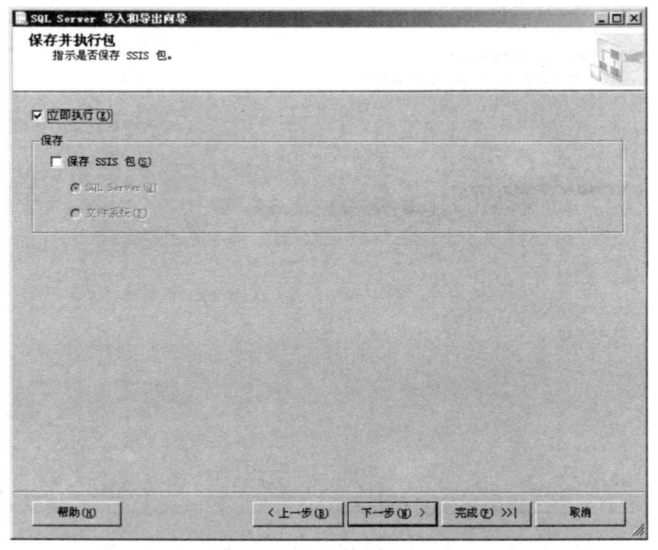

图 11.19 “保存并执行包”界面(Excel 导出)

(7) 单击图 11.19 所示的“下一步”按钮，弹出如图 11.20 所示的“完成该向导”界面。

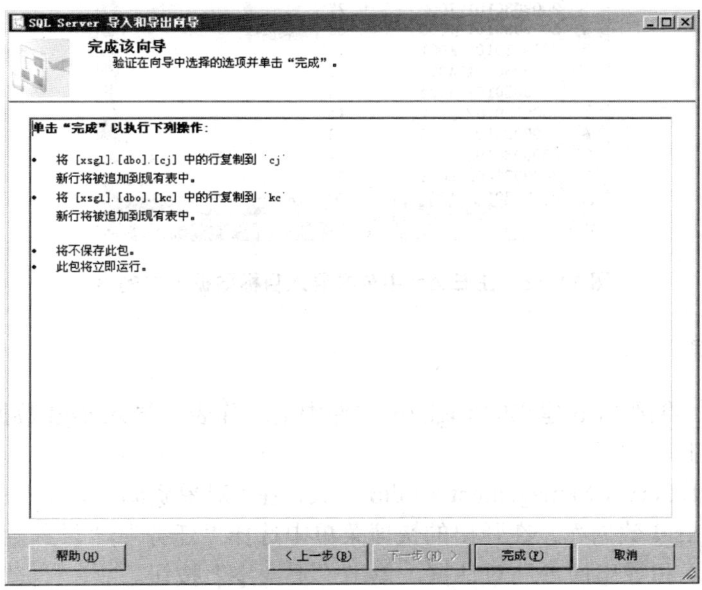

图 11.20 “完成该向导”界面(Excel 导出)

(8) 单击图 11.20 所示的“完成”按钮，开始执行数据导出操作，最后出现如图 11.21 所示的界面。

图 11.21 “执行成功”界面(Excel 导出)

通过以上操作，SQL Server 数据库中的源表被导入 Excel 目标数据库中。在 Excel 中打开目标数据库，便可以查看这些表，如图 11.22 所示。

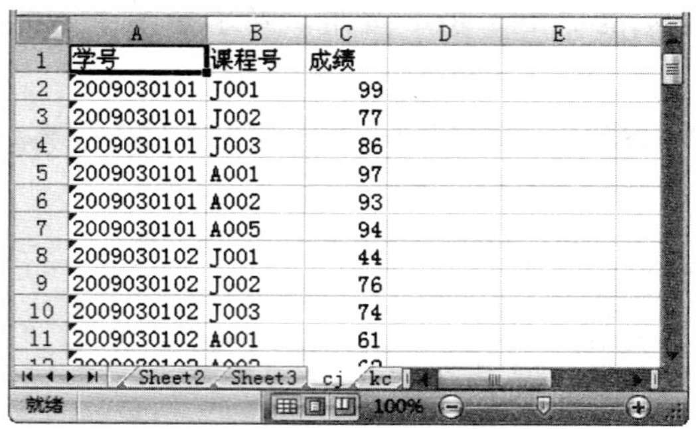

	A	B	C	D	E
1	学号	课程号	成绩		
2	2009030101	J001	99		
3	2009030101	J002	77		
4	2009030101	J003	86		
5	2009030101	A001	97		
6	2009030101	A002	93		
7	2009030101	A005	94		
8	2009030102	J001	44		
9	2009030102	J002	76		
10	2009030102	J003	74		
11	2009030102	A001	61		

图 11.22　在 Excel 中查看导入目标数据库中的表

2．导入数据

【例 11.7】 将例 11.6 建立的 xsgl.xls 文件中的工作表，导入 xsgl 数据库中。

操作步骤如下。

(1) 启动 SQL Server Management Studio 工具，在“对象资源管理器”中展开“数据库”树形目录，右击 xsgl 数据库，在弹出的快捷菜单中选择“任务”|“导入数据”命令，弹出“SQL Server 导入和导出向导”对话框，单击“下一步”按钮。

(2) 弹出如图 11.23 所示的“选择数据源”界面。在“数据源”下拉列表框中选择 Microsoft Excel。在“Excel 文件路径”文本框中输入源数据库的文件名和路径，这里是“E:\SQL\xsgl.xls”。

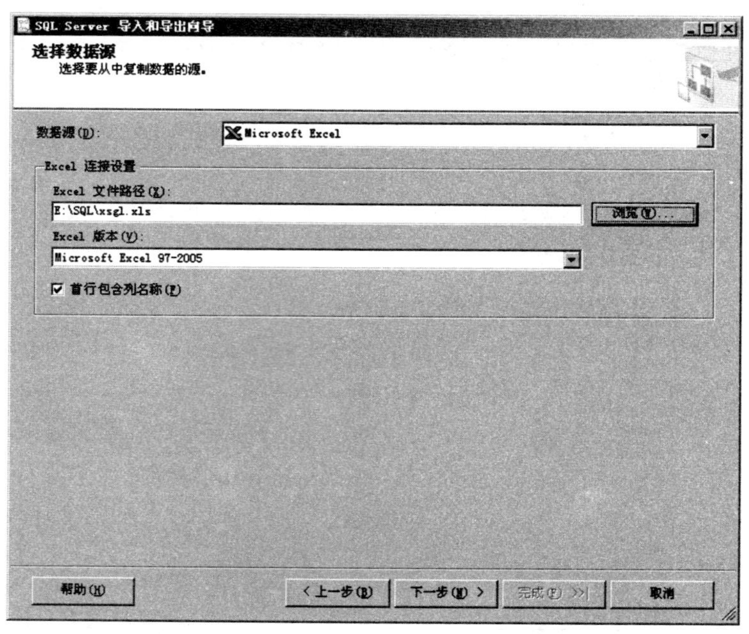

图 11.23　“选择数据源”界面(Excel 导入)

(3) 单击图 11.23 所示的“下一步”按钮，弹出如图 11.24 所示的“选择目标”界面。在“目标”下拉列表框中选择 Microsoft OLE DB Provider for SQL Server。在“服务器名称”

下拉列表框中选择或输入服务器的名称。

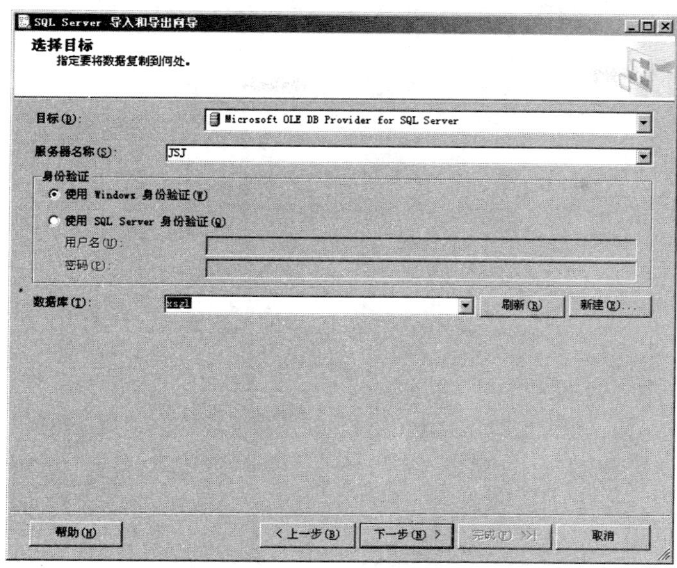

图 11.24 “选择目标”界面(Excel 导入)

(4) 单击图 11.24 所示的“下一步”按钮，弹出如图 11.25 所示的“指定表复制或查询”界面。

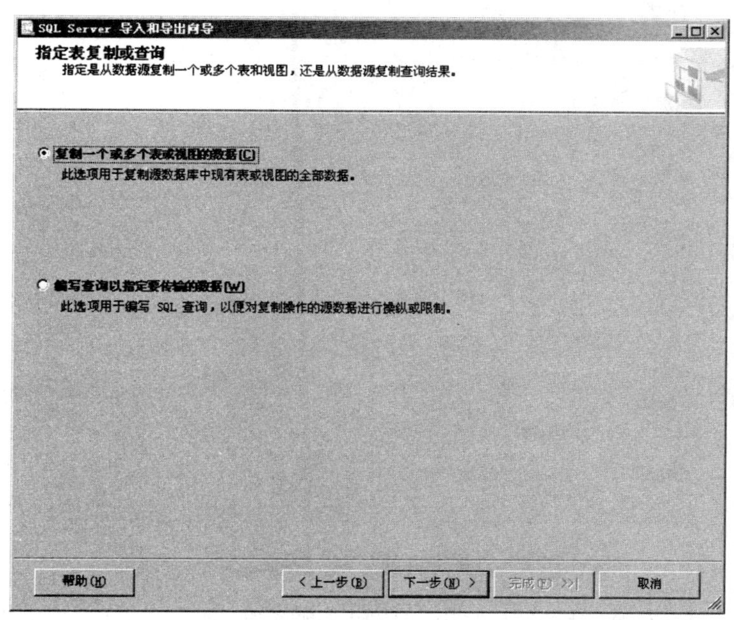

图 11.25 “指定表复制或查询”界面(Excel 导入)

(5) 单击图 11.25 所示的“下一步”按钮，弹出如图 11.26 所示的“选择源表和源视图”界面。在图 11.26 中列出了源数据库中所包含的表，可以从中选择一个或多个表作为源表。

图 11.26　“选择源表和视图”界面(Excel 导入)

(6) 单击图 11.26 所示的“下一步”按钮，弹出如图 11.27 所示的“保存并执行包”界面，选中“立即执行”复选框。

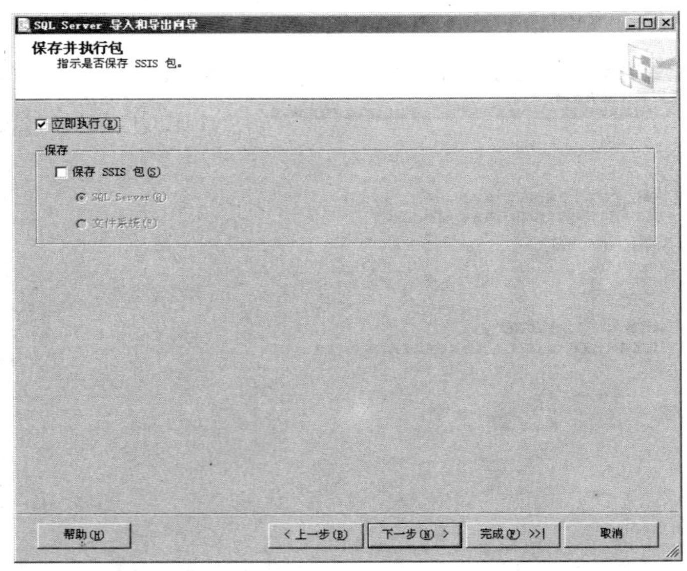

图 11.27　“保存并执行包”界面(Excel 导入)

(7) 单击图 11.27 所示的“下一步”按钮，弹出如图 11.28 所示的“完成该向导”界面。

(8) 单击图 11.28 所示的“完成”按钮，开始执行数据导入操作。

通过以上操作，Excel 数据库中源表被导入 SQL Server 目标数据库中。

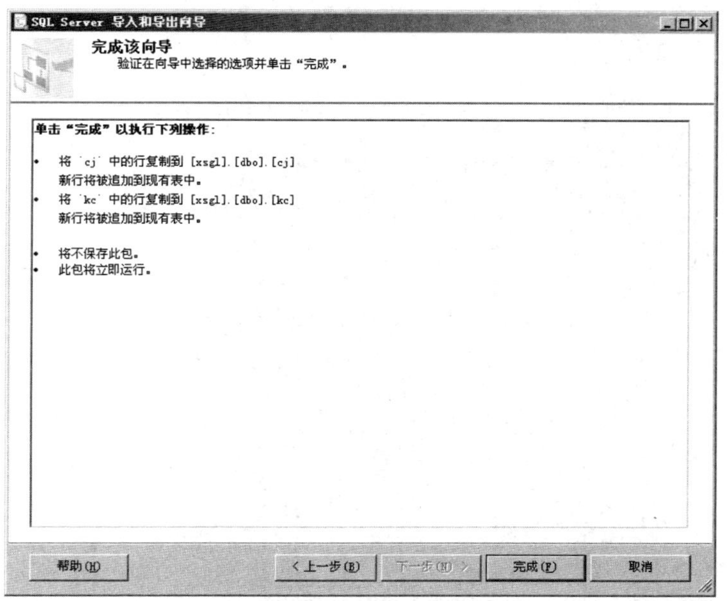

图 11.28　“完成该向导”界面(Excel 导入)

11.4.2　SQL Server 与 Access 的数据格式转换

1. 导出数据

【例 11.8】 将 xsgl 数据库中学生管理系统的主要数据表，导出至 Access 数据库中，文件名为 xsgl.mdb。

在导出数据之前，先使用 Access 软件建立一个空的 Access 文件 xsgl.mdb，不需要建立任何表或视图。这里建立的是“E:\SQL\xsgl.mdb”，然后开始导出数据。导出到 Access 数据库文件的过程和导出到 Excel 表文件的过程类似。这里只给出重点步骤。

(1) 启动 SQL Server Management Studio 工具，在“对象资源管理器”中展开“数据库”树形目录，右击 xsgl 数据库，在弹出的快捷菜单中选择“任务”|“导出数据”命令，弹出“SQL Server 导入和导出向导”界面，单击“下一步”按钮。

(2) 在“选择数据源”界面的“数据源”下拉列表框中选择 Microsoft OLE DB Provider for SQL Server，单击“下一步”按钮。

(3) 在“选择目标”界面的“目标”下拉列表框中选择目的数据库的格式为 Microsoft Access。在“文件名”文本框中输入目的数据库的文件名和路径，这里为“E:\SQL\xsgl.mdb”。如果需要登录到目标数据库，应分别在“用户名”和“密码”文本框中输入登录用户名和密码，如图 11.29 所示。如果需要对目标数据库 OLE DB 驱动程序的进程选项进行设置，单击“高级”按钮，然后在“高级连接属性”界面中设置有关选项。

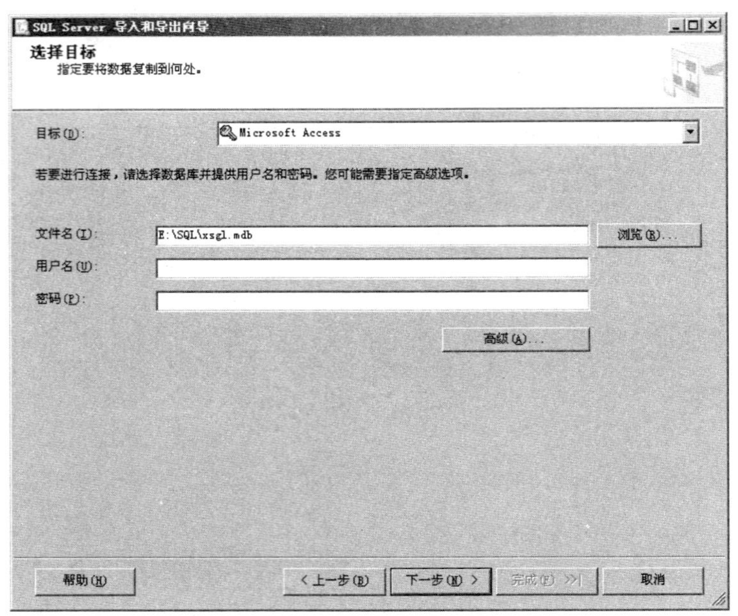

图 11.29 “选择目标”界面(Access 导出)

(4) 依次进入“指定表复制或查询”界面、“选择源表和源视图”界面、“保存并执行包”进行设置，最后完成数据导出操作，出现如图 11.30 所示的界面。

图 11.30 “执行成功”界面(Access 导出)

通过以上操作，SQL Server 数据库中的源表被导入 Access 目标数据库中。在 Access 中打开目标数据库，便可以查看这些表，如图 11.31 所示。

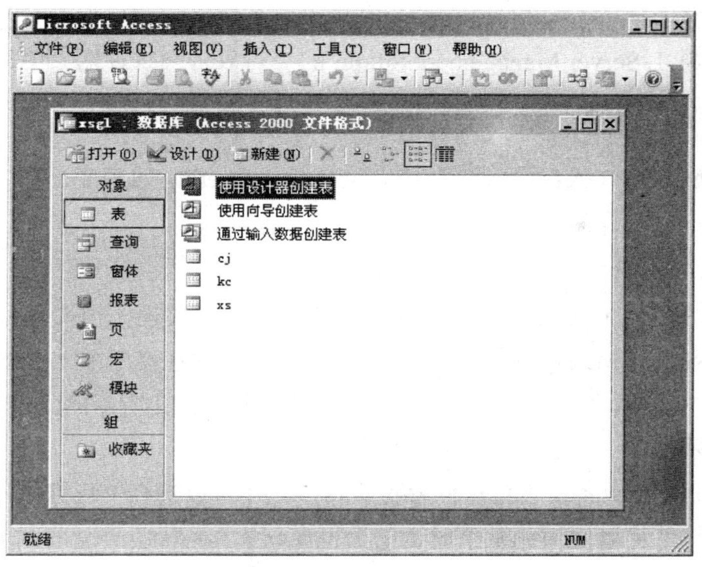

图 11.31　在 Access 中查看导入目标数据库中的表

2. 导入数据

【例 11.9】 将例 11.8 建立的 xsgl.mdb 文件中的表导入 xsgl 数据库中。

由 Access 数据库文件导入 SQL Server 数据库的过程和 Excel 表文件导入的过程类似。这里只给出重点步骤。

(1) 启动 SQL Server Management Studio 工具，在“对象资源管理器”中展开“数据库”树形目录，右击 xsgl 数据库，在弹出的快捷菜单中选择“任务”|“导入数据”命令，弹出“SQL Server 导入和导出向导”界面。

(2) 在如图 11.23 所示的“选择数据源”界面中的“数据源”下拉列表框中选择 Microsoft Access。在“文件名”文本框中输入源数据库的文件名和路径，这里是“E:\SQL\xsgl.mdb”。

(3) 依次进入“选择目标”界面、“指定表复制或查询”界面、“选择源表和源视图”界面、“保存并执行包”界面进行设置，然后将 xsgl.mdb 文件中的所有表导入该数据库中。具体过程可参考 SQL Server 与 Excel 之间的导入和导出操作。

本 章 实 训

1. 实训目的

(1) 掌握数据库备份与恢复的方法。

(2) 掌握数据导入/导出的方法。

2. 实训内容

(1) 使用 BACKUP DATABASE 命令备份数据库。

(2) 使用 SQL Server Management Studio 的“对象资源管理器”恢复数据库。

(3) 练习在 SQL Server Management Studio 的“对象资源管理器”中导出数据。

3. 实训过程

(1) 使用 BACKUP DATABASE 命令完全备份 marketing 数据库。

```
BACKUP DATABASE marketing TO
     DISK='E:\SQL\MARKET.BAK' WITH INIT,NAME='marketingbak'
```

(2) 在 SQL Server Management Studio 的“对象资源管理器”中恢复 marketing 数据库。

① 在 SQL Server Management Studio 的“对象资源管理器”中，右击“数据库”并在弹出的快捷菜单中选择“还原数据库”命令，弹出如图 11.12 所示的“还原数据库”窗口。

② 在“目标数据库”下拉列表框中输入 marketing。

③ 如果备份文件或备份设备里的备份集很多，还可以选择“目标时间点”，只要有事务日志备份支持，就可以还原到某个时刻的数据库状态。在默认情况下该项为“最近状态”。

④ 单击“确定”按钮开始还原数据库。

(3) 使用导入/导出工具将 marketing 数据库中的主要数据表或视图转换成 Excel 表。

① 启动 SQL Server Management Studio 工具，在“对象资源管理器”中展开“数据库”树形目录，右击 marketing 数据库并在弹出的快捷菜单中选择“任务”|“导出数据”命令，弹出“SQL Server 导入和导出向导”界面，单击“下一步”按钮。

② 在“选择数据源”界面的“数据源”下拉列表框中选择 Microsoft OLE DB Provider for SQL Server。在“服务器”下拉列表框中选择或输入服务器的名称。

③ 单击 “下一步”按钮，在“目标”下拉列表框中选择目的数据库的格式为 Microsoft Excel。在“文件名”文本框中输入目的数据库的文件名和路径。

④ 依次进入“指定表复制或查询”界面、“选择源表和源视图”界面、“保存并执行包”界面、“完成该向导”界面进行设置，最后单击“完成”按钮，开始执行数据导出操作。

4. 实训总结

通过本章上机实训，应当掌握使用 SQL Server Management Studio 的“对象资源管理器”和使用命令方式备份与恢复数据库的方法，还应该能够灵活运用各种数据导入与导出的方式。

本 章 小 结

本章主要讨论了数据库的备份与恢复以及数据库中数据的导入与导出。通过本章的学习，应该熟练掌握使用 SQL Server Management Studio 的“对象资源管理器”进行数据库备份和恢复的方法，使用 BACKUP、RESTORE 命令进行数据库备份恢复的方法，以及使用

SQL Server Management Studio 的“对象资源管理器”进行数据导入/导出的方法。

习　　题

1. 什么是备份设备？物理设备标识和逻辑名之间有什么关系？
2. 4 种数据库备份和恢复的方式分别是什么？
3. 存储过程 sp_addumpdevice 的作用是什么？
4. 数据库中选项 NORECOVERY 和 RECOVERY 的含义是什么？分别在什么情况下使用？

第 12 章　SQL Server 的安全管理

数据库中存放着大量的数据，保护数据库不受内部和外部的侵害是一项重要的任务。SQL Server 在安全管理上以 Windows 的安全机制为强大支持，同时融入自身的一些特点。本章主要介绍 SQL Server 中数据库的安全管理。

通过学习本章，读者应掌握以下内容：

- SQL Server 的安全特性以及安全模型
- 使用 SQL Server 的安全管理工具构造灵活、安全的管理机制

12.1　SQL Server 的安全模型

SQL Server 的安全性管理是建立在认证和访问许可两种机制上的。认证是指确定登录 SQL Server 的用户的登录帐号和密码是否正确，以此来验证其是否具有连接 SQL Server 的权限。但是，通过认证并不代表能够访问 SQL Server 中的数据。用户只有在获取访问数据的权限后，才能对服务器上的数据库进行权限许可下的各种操作。用户访问数据库权限的设置是通过数据库用户帐号和授权来实现的。因此 SQL Server 的安全模型分为 3 层结构，分别为服务器安全管理、数据库安全管理和数据库对象的访问权限管理。

服务器安全管理实现对 SQL Server 服务器实例的登录帐户、服务器配置、设备、进程等方面的管理，这部分工作通过固定的服务器角色来分工和控制。数据库安全管理实现对服务器实例上的数据库用户帐号、数据库备份、恢复等功能的管理，这部分工作通过数据库角色来分工和控制。数据库对象的访问权限的管理，决定对数据库中最终数据的安全性管理。数据对象的访问权限决定了数据库用户帐号，对数据库中数据库对象的引用以及使用数据操作语句的许可权限。

12.1.1　SQL Server 访问控制

与 SQL Server 安全模型的 3 层结构相对应，SQL Server 的数据访问要经过 3 关的访问控制。

第 1 关，用户必须登录 SQL Server 的服务器实例。要登录到服务器实例，用户首先要有一个登录帐户，即登录名，对该登录名进行身份验证，确认合法才能登录到 SQL Server 服务器实例。固定的服务器角色可以指定给登录名。

第 2 关，在要访问的数据库中，用户的登录名要有对应的用户帐号。在一个服务器实例上，有多个数据库，一个登录名要想访问哪个数据库，就要在该数据库中将登录名映射到哪个数据库中，这个映射称为数据库用户帐号或用户名。一个登录名可以在多个数据库中建立映射的用户名，但是在每个数据库中只能建立一个用户名。用户名的有效范围是在其数据库内。数据库角色可以指定给数据库用户。

第 3 关，数据库用户帐号要具有访问相应数据库对象的权限。通过数据库用户名的验证，用户可以使用 SQL Server 语句访问数据库，但是用户可以使用哪些 SQL 语句，以及通过这些 SQL 语句能够访问哪些数据库对象，则还要通过语句执行权限和数据库对象访问权限的控制。

通过上述 3 关的访问控制，用户才能访问数据库中的数据。

12.1.2　SQL Server 身份验证模式

在第 2 章中已经对身份验证模式进行了说明。SQL Server 有两种安全验证机制：Windows 验证机制和 SQL Server 验证机制。由这两种验证机制产生了两种 SQL Server 身份验证模式：Windows 身份验证模式和混合验证模式。顾名思义，Windows 验证模式就是只使用 Windows 验证机制的身份验证模式；而混合模式则是用户既可以使用 Windows 验证机制也可以使用 SQL Server 验证机制。

用户可以在系统安装过程中或安装后配置 SQL Server 的身份验证模式。安装完成后修改身份验证模式的方法为：右击需要修改的服务器实例，在弹出的快捷菜单中选择“属性”命令，在弹出的属性窗口的左侧列表中选择“安全性”选项，如图 12.1 所示，在该对话框中的身份验证栏中，选择“Windows 身份验证模式”或者“SQL Server 和 Windows 身份验证模式”。

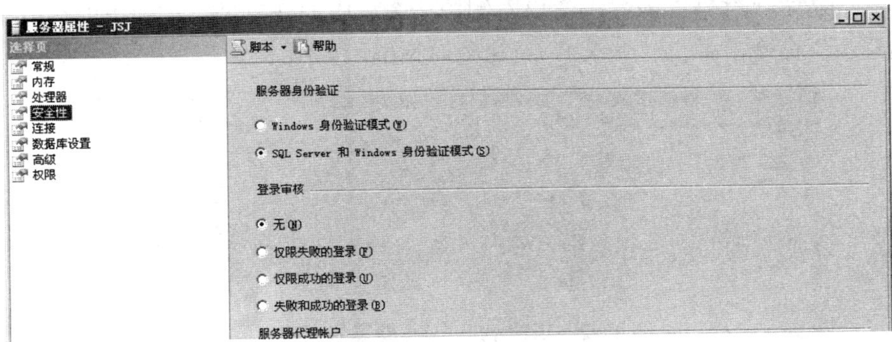

图 12.1　“安全性”设置界面

注意： 使用“Windows 身份验证模式”的时候，SQL Server 仅接受 Windows 系统中的帐户的登录请求，这时如果用户使用 SQL Server 身份验证的登录帐户请求，则会收到登录失败的信息。

12.2　服务器的安全性

服务器的安全性是通过建立和管理 SQL Server 登录帐户来保证的。安装完成后，SQL Server 会存在一些内置的登录帐户，例如数据库管理员帐户 sa，通过该登录帐户，可以建立其他的登录帐户。

12.2.1 创建和修改登录帐户

使用图形界面方式或使用 SQL 命令都能创建或修改登录帐户。通常情况下，创建登录帐户一般是一次性的，所以，在图形界面下操作更方便，它集成了使用 SQL 语句的多个环节。创建登录帐户时，需要指出该帐户的登录是使用 Windows 身份验证还是使用 SQL Server 身份验证。如果使用 Windows 身份验证登录 SQL Server，则该登录帐户必须是 Windows 的系统帐户。

1. 使用 SQL Server Management Studio 创建使用 Windows 身份验证的登录帐户

使用 Windows 身份验证的登录帐户是 Windows 系统帐户到 SQL Server 登录帐户的映射，这种映射有两种形式，一种是将一个系统帐户映射到一个登录帐户；另一种是将一个登录帐户组映射到一个登录帐户。这一点是采用 Windows 身份验证的特色。所以在创建新的登录帐户时，系统帐户有帐户或帐户组两种选择。

在 Windows 系统下已经建好了一个系统帐户“SQLtest”和一个帐户组“test”，并将系统帐户“SQLtest”加入该组中。在 SQL Server 中创建使用 Windows 身份验证的登录帐户“JSJ\test”的步骤如下。

(1) 在 SQL Server Management Studio 的“对象资源管理器”中，展开服务器，再展开“安全性”，右击“登录”或右击窗口右侧摘要窗格中的任意处，在弹出的快捷菜单中选择“新建登录”命令，弹出“登录名-新建”对话框，如图 12.2 所示。

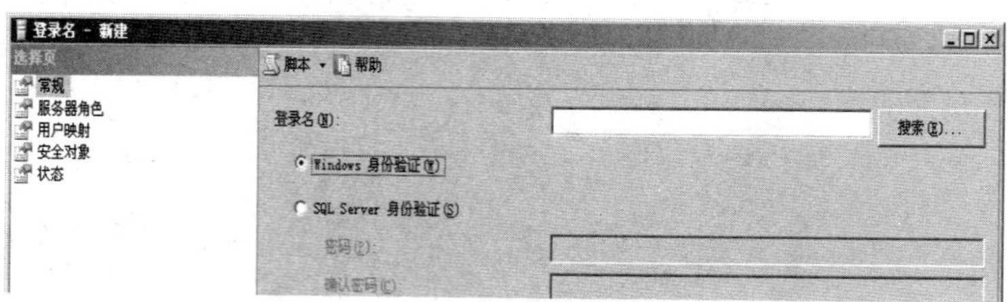

图 12.2 新建 Windows 登录帐户界面

(2) 选择“常规”选项，并在身份验证栏中选中 Windows 身份验证，单击“登录名”文本框旁的“搜索”按钮，出现如图 12.3 所示的“选择用户或组”对话框。

图 12.3 “选择用户或组”对话框

(3) 单击“对象类型”按钮，弹出“对象类型”对话框，如图 12.4 所示，选中其中的“组”和“用户”后，单击“确定”按钮返回“选择用户或组”对话框。

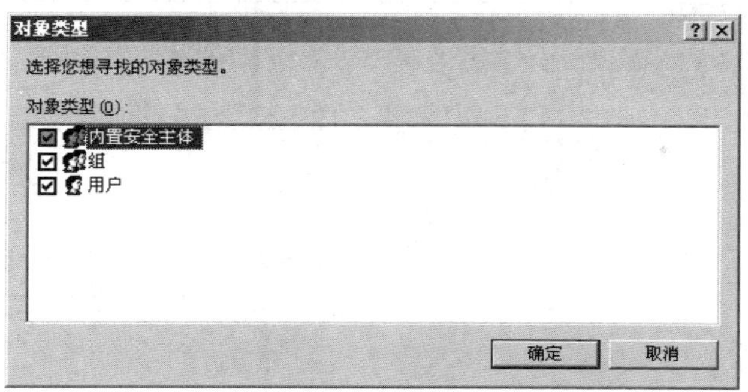

图 12.4　“对象类型”对话框

(4) 在“选择用户或组”对话框中，单击“高级”按钮，再单击“立即查找”按钮，这时界面中会显示 Windows 系统中的所有帐户和组，如图 12.5 所示。

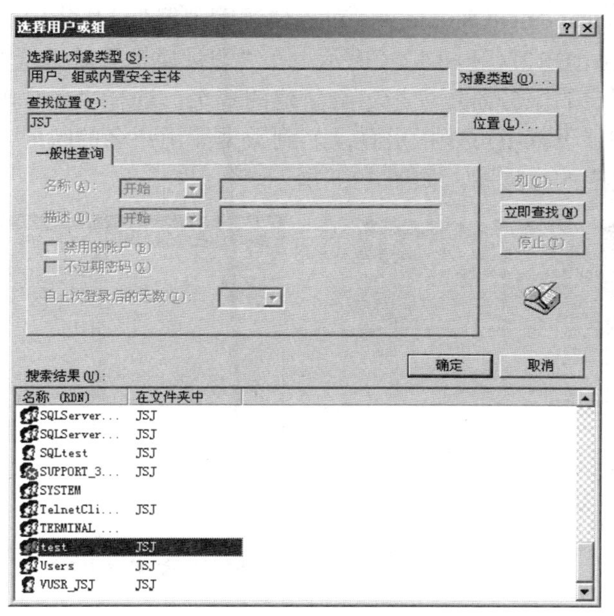

图 12.5　Windows 系统中的所有帐户和组

(5) 如果希望“test”系统帐户组映射为一个登录帐户，则在名称列表中找到名为“test”的帐户组，选中后单击“确定”按钮。如果希望将系统帐户“SQLtest”映射为一个登录帐户，则在名称列表中找到名为“SQLtest”的帐户。这里选择将“test”的帐户组映射为一个登录帐户“test”。

(6) 单击“确定”按钮。回到“登录名-新建”界面。注意到“登录名称”文本框中显示为“JSJ\test”，如图 12.6 所示。其中“JSJ”代表使用的机器名称(根据不同环境会显示不同的内容)，“\”后是 Windows 下创建的系统帐户组名“test”。当然也可以采用直接输入的方式。

注意：在“登录名”文本框中，如果填写的名称在系统帐户组或帐户中找不到，则显示出错信息。

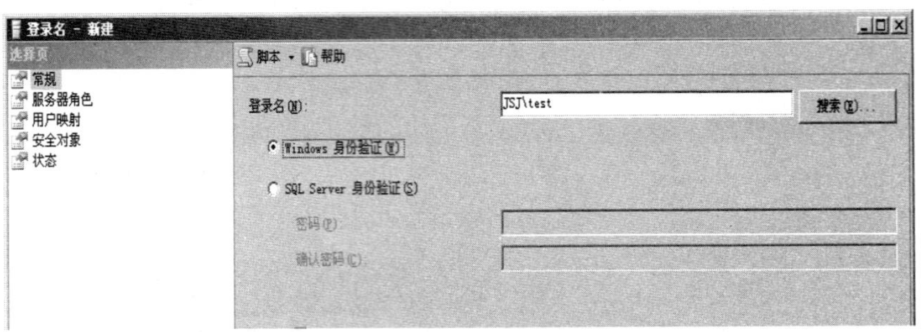

图 12.6 “登录名-新建”窗口

(7) 然后可以依次选择“服务器角色”、“用户映射”等选项，选择要指定给 JSJ\test 登录的服务器角色和所使用的数据库等，各项设置完成后，单击“确定”按钮。

在 SQL Server Management Studio 的“对象资源管理器”窗格指定“服务器角色”和“用户映射”的操作界面如图 12.7 和图 12.8 所示。在“登录属性”对话框中，选择“服务器角色”选项，可以将固定的服务器角色指定给新建的登录；选择“用户映射”选项，进入数据库访问的设置，在该设置中可以指定登录名到数据库用户名的映射，指定该用户以什么数据库角色来访问相应的数据库，如图 12.8 所示。

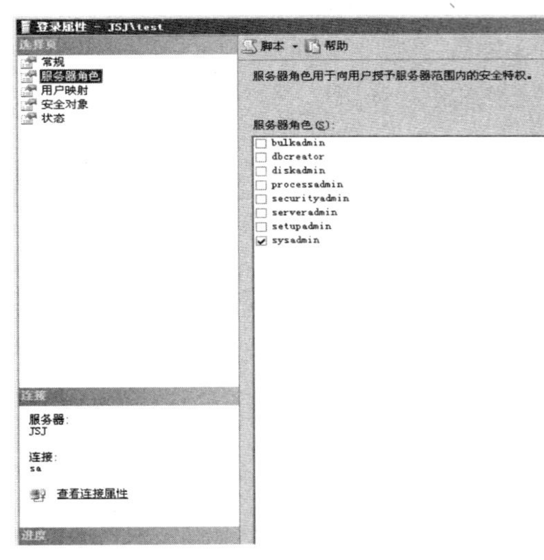

图 12.7 “服务器角色”界面

图 12.8 “用户映射”界面

通过“登录属性”对话框同样可以修改登录帐户的属性。具体方法和创建登录时相同。

2. 使用 SQL Server Management Studio 创建使用 SQL Server 身份验证的登录帐户

SQL Server 身份验证的登录帐户，是由 SQL Server 自身负责身份验证的，不要求有对应的系统帐户，这也是许多大型数据库所采用的方式，程序员通常更喜欢采用这种方式。创建 SQL Server 身份验证的登录帐户“stu03”的步骤如下。

(1) 在 SQL Server Management Studio 的“对象资源管理器”中，展开服务器，再展开“安全性”，右击“登录”或右击窗口右侧摘要窗格中的任意处，在弹出的快捷菜单中选择“新建登录”命令。

(2) 当出现“登录名-新建”界面时，选择“常规”选项。确认身份验证栏中选中的是 SQL Server 身份验证，在“登录名”文本框旁输入新建登录的名称“stu03”，在“密码”文本框中输入登录密码，如图 12.9 所示。

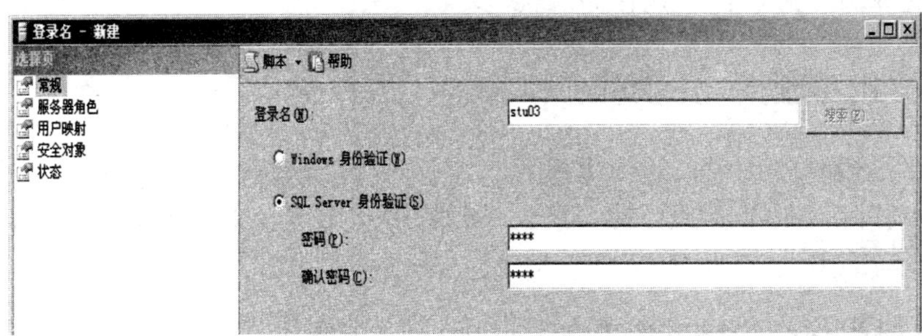

图 12.9　新建 SQL Server 身份验证登录的界面

(3) 分别选择“服务器角色”和“用户映射”选项，指定服务器角色和访问的数据库及数据库角色，并单击“确定”按钮。这样就创建了一个使用 SQL Server 身份验证的登录名。

同样地，修改 SQL Server 身份验证的登录的方法也是使用“登录属性”界面，与 Windows 不同的是，SQL Server 身份验证的登录名和密码的指定与修改都是在这里完成的。

3．使用 SQL 语句创建两种登录帐户

除了可以使用图形界面的方式创建登录帐户外，也可以用 SQL 命令方式建立 SQL Server 登录帐户。使用系统存储过程 sp_addlogin 创建使用 SQL Server 身份验证的登录帐户的基本语法格式如下。

```
EXECUTE sp_addlogin '登录名', '登录密码', '默认数据库', '默认语言'
```

其中，登录名不能含有反斜线“\”、保留的登录名(如 sa 或 public)或者已经存在的登录名，也不能是空字符串或 NULL 值。

在 sp_addlogin 中，除登录名以外，其余参数均为可选项。如果不指定登录密码，则登录密码为 NULL；如果不指定默认数据库，则使用系统数据库 master；如果不指定默认语言，则使用服务器当前的默认语言。

执行系统存储过程 sp_addlogin 时，必须具有相应的权限，只有 sysadmin 和 securityadmin 固定服务器角色的成员才可以执行该存储过程。

【例 12.1】 创建一个名为“stu04”，使用 SQL Server 身份验证的登录帐户，其密码为“stu04”，默认数据库为 xsgl，使用系统默认语言。

运行如下命令。

```
EXECUTE sp_addlogin 'stu04','stu04','xsgl'
```

可以使用系统存储过程 sp_grantlogin 将一个 Windows 系统帐户映射为一个使用 Windows 身份验证的 SQL Server 登录帐户，语法格式如下。

```
EXECUTE sp_grantlogin '登录帐户'
```

这里的登录名是要映射的 Windows 系统帐户名或帐户组名，必须使用“域名\用户”的格式。执行该系统存储过程同样需要具有相应的权限，只有 sysadmin 和 securityadmin 固定服务器角色的成员才可以执行该存储过程。

12.2.2 禁止或删除登录帐户

禁止用户是暂时停止用户的使用权利，需要时可以恢复；而删除用户则是彻底地将用户从服务器中移除，是不能恢复的。禁止或删除用户均可以采用图形界面方式或命令方式来完成。

1. 使用 SQL Server Management Studio 禁止登录帐户

(1) 在 SQL Server Management Studio 的“对象资源管理器”窗格中，展开服务器节点，在目标服务器下，展开“安全性”节点，单击“登录”按钮。

(2) 在“登录”的详细列表中，右击要禁止的登录帐户，在弹出的快捷菜单中选择“属性”命令。

(3) 当出现“登录属性”对话框时，选择“状态”选项，如图 12.10 所示，然后根据要求，在设置的“是否允许连接到数据库引擎”下选择“拒绝”单选按钮，在“登录”选项下选择“禁用”单选按钮，单击“确定”按钮，使所做的设置生效。

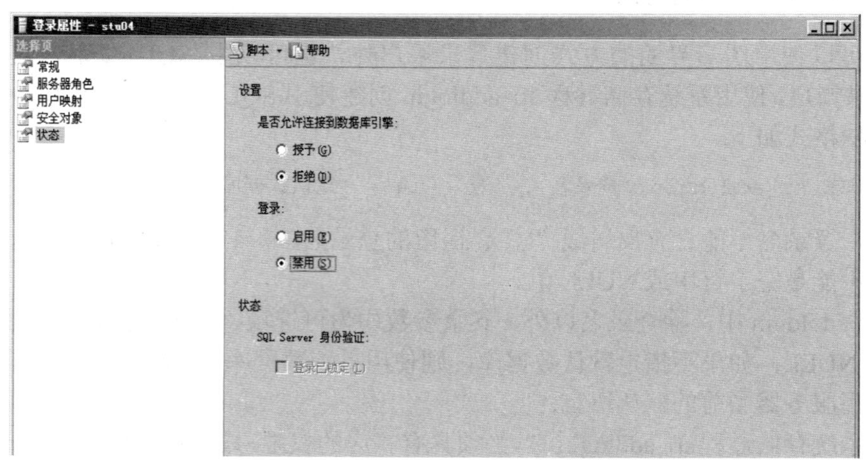

图 12.10 使用 SQL Server Management Studio 禁止登录帐户

2. 使用 SQL Server Management Studio 删除登录帐户

(1) 在 SQL Server Management Studio 的“对象资源管理器”窗格中，展开服务器节点，在目标服务器下，展开“安全性”节点，单击“登录”按钮。

(2) 在“登录”的详细列表中，右击要删除的登录帐户，在弹出的快捷菜单中选择“删除”命令或直接按 Delete 键。

(3) 在弹出的“删除对象”对话框中单击“确定”按钮确认删除。

3. 使用 SQL 语句禁止 Windows 身份验证的登录帐户

系统存储过程 sp_denylogin 可以暂时禁止一个 Windows 身份验证的登录帐户，语法格式如下。

```
EXECUTE sp_denylogin '登录帐户'
```

其中，登录名是一个 Windows 用户或用户组的名称。

注意： 该存储过程只能用于禁止 Windows 身份验证的登录帐户，而不能用于禁止 SQL Server 身份验证的登录帐户。

【例 12.2】 使用 SQL 语句，禁止 Windows 身份验证的登录帐户 JSJ\test。

运行如下命令。

```
EXECUTE sp_denylogin 'JSJ\test'
```

执行该语句后，将显示消息“命令已成功完成。”同时从“JSJ\test”的属性中会看到已经拒绝该用户连接到数据库引擎。

使用 sp_grantlogin 可以恢复 Windows 用户的访问权。

4. 使用 SQL 语句删除登录帐户

系统存储过程 sp_droplogin 用于删除一个 SQL Server 身份验证的登录帐户，其语法格式如下。

```
EXECUTE sp_droplogin '登录名'
```

其中，登录名只能是 SQL Server 身份验证的登录帐户。

系统存储过程 sp_revokelogin 用于删除 Windows 身份验证的登录帐户，其语法格式如下。

```
EXECUTE sp_revokelogin '登录名'
```

其中，登录名只能是 Windows 身份验证的登录帐户。

【例 12.3】 使用 SQL 语句删除 Windows 身份验证的登录帐户“JSJ\test”和 SQL Server 身份验证的登录帐户“stu04”。

```
EXECUTE sp_droplogin 'stu04'
EXECUTE sp_revokelogin 'JSJ\test'
```

12.2.3 服务器角色

固定的服务器角色是在服务器安全模式中定义的管理员组，它们的管理工作与数据库无关。SQL Server 在安装后给定了几个固定的服务器角色，具有固定的权限。可以在这些

角色中添加登录帐户以获得相应的管理权限。固定服务器角色的内容及描述如图 12.11 及图 12.12 所示。

图 12.11　固定服务器角色

名称	描述
bulkadmin	可以执行大容量插入操作。
dbcreator	可以创建和更改数据库。
diskadmin	可以管理磁盘文件。
processadmin	可以管理运行在 SQL Server 中的进程。
securityadmin	可管理服务器的登录。
serveradmin	可配置服务器范围的设置。
setupadmin	可以管理扩展的存储过程。
sysadmin	可执行 SQL Server 安装中的任何操作。

图 12.12　服务器角色说明

设置登录指定服务器角色的操作前面已经介绍过，是通过“登录属性”对话框中“服务器角色”选项卡来指定的，也可以通过指定的服务器角色属性的“添加”命令按钮来实现。这里我们将说明使用系统存储过程 sp_addsrvrolemember 指定服务器角色，使用系统存储过程 sp_dropsrvrolemember 取消服务器角色的操作。

每个服务器角色代表在服务器上操作的一定的权限，具有这样角色的登录帐户则成为与该角色相关联的一个登录帐户组。为登录帐户指定服务器角色，在实现上就是将该登录名添加到相应的角色组中。相对地，取消登录帐户的一个角色，就是从该角色的组中删除该登录帐户。

【例 12.4】 使用 SQL 语句，为 Windows 身份验证的登录帐户“JSJ\test”和 SQL Server 身份验证的登录帐户“stu04”指定磁盘管理员的服务器角色 diskadmin。完成后再取消该角色。其中“6E137BC21534459”为计算机名，针对不同机器会有所不同。

运行如下命令。

```
EXECUTE sp_addsrvrolemember '6E137BC21534459\test','diskadmin'
EXECUTE sp_addsrvrolemember 'stu04','diskadmin'
EXECUTE sp_dropsrvrolemember '6E137BC21534459\test','diskadmin'
EXECUTE sp_dropsrvrolemember 'stu04','diskadmin'
```

12.3　数据库的安全性

一般情况下，用户登录 SQL Server 后，还不具备访问数据库的条件，用户要访问数据库，管理员还必须要访问的数据库中为其映射一个数据库用户。数据库的安全性主要是靠管理数据库用户帐号来控制的。

12.3.1　添加数据库用户

添加数据库用户有多种方式。在创建和修改登录帐户时，可以在“登录属性”窗口的

“用户映射”选项下建立登录名到指定数据库的映射，即在要访问的数据库中建立用户名，同时给该用户指定相应的数据库角色，如图 12.4 所示。

在数据库的管理界面中也可以添加数据库用户。

1．使用 SQL Server Management Studio 添加数据库用户

(1) 在 SQL Server Management Studio 的“对象资源管理器”窗格中，依次展开“数据库”、“安全性“及“用户”。

(2) 右击“用户”节点，在弹出的快捷菜单中选择“新建用户”命令。出现“数据库用户-新建”对话框，如图 12.13 所示，输入用户名，输入登录名或单击“登录名”右侧的“...”按钮，弹出“查找对象”对话框，如图 12.14 所示，选择要授权访问数据库的 SQL Server 登录帐户，返回“数据库用户-新建”对话框。

(3) 在“此用户拥有的框架”中指定用户所使用的框架，在“数据库角色成员身份”下为用户指定相应的数据库角色，单击“确定”按钮，关闭对话框，完成数据库用户的添加和角色的指定。

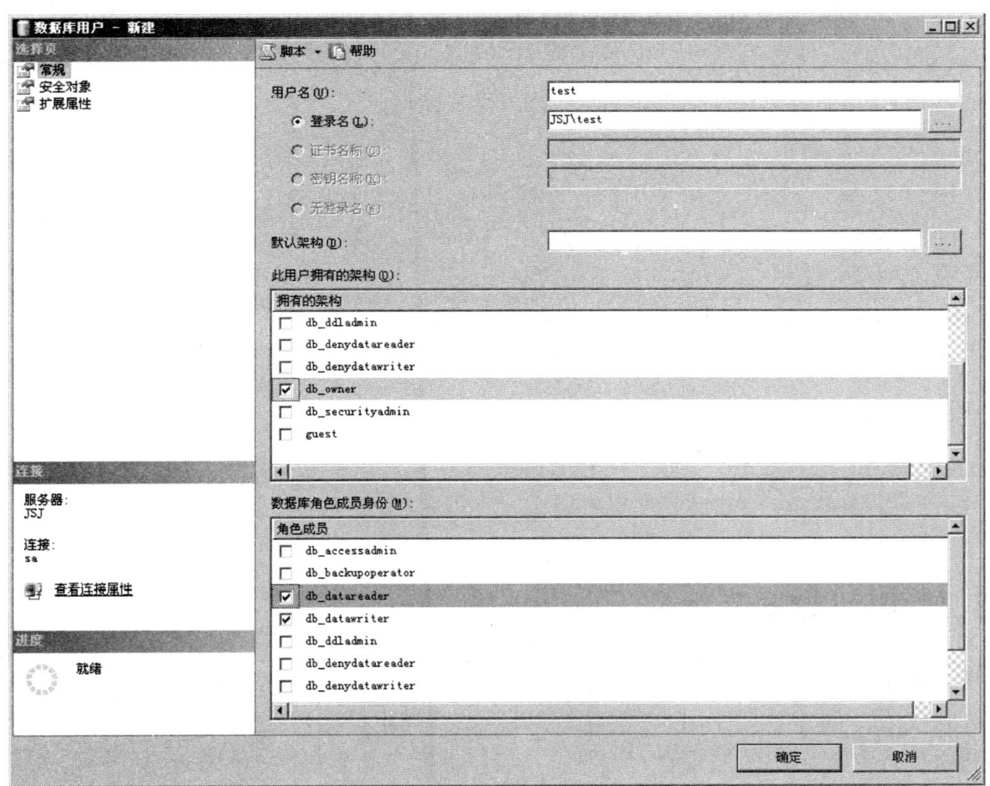

图 12.13　“数据库用户-新建”对话框

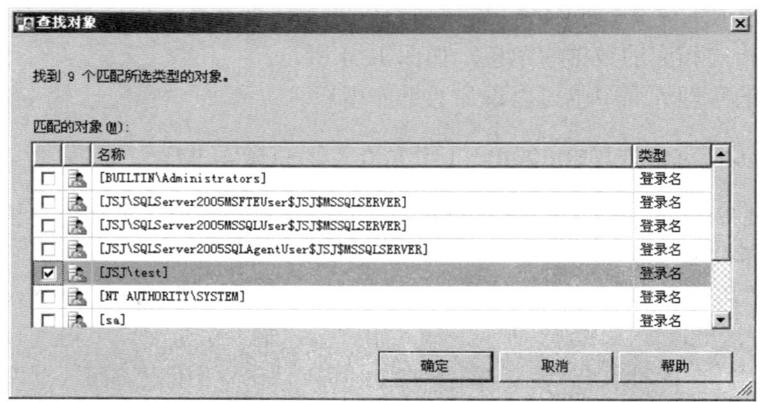

图 12.14 “查找对象”对话框

2. 使用 sp_grantdbaccess 添加数据库用户

使用系统存储过程 sp_grantdbaccess 可以为一个登录帐户在当前数据库中映射一个或多个数据库用户，使它具有默认的数据库角色 public。执行这个存储过程的语法格式如下。

```
EXECUTE sp_grantdbaccess '登录名', '用户名'
```

其中，登录名可以是 Windows 身份验证的登录名，也可以是 SQL Server 身份验证的登录名。用户名是在该数据库中使用的，如果没有指定，则直接使用登录名。使用该存储过程，只能向当前数据库中添加用户登录帐户的用户名，而不能添加 sa 的用户名。

【例 12.5】 使用 SQL 语句，在数据库 xsgl 中分别为 Windows 身份验证的登录帐户“JSJ\test”和 SQL Server 身份验证的登录帐户“stu04”建立用户名“test”和“stu04”。

由于登录帐户“stu04”的登录名和用户名相同，可以不用指定，运行如下命令。

```
USE xsgl
GO
EXECUTE sp_grantdbaccess  'JSJ\test','test'
EXECUTE sp_grantdbaccess  'stu04'
GO
```

12.3.2 修改数据库用户

修改数据库用户主要是修改它的访问权限，通过数据库角色可以有效地管理数据库用户的访问权限。创建数据库用户可以指定角色，同样也能修改指定给用户的角色。读者可以参见添加数据库用户的过程自己完成。

同样可以通过 SQL 语句修改用户的角色。实现该功能的系统存储过程是使用 sp_addrolemembe 指定数据库角色，使用系统存储过程 sp_droprolemember 取消数据库角色。固定的数据库角色如表 12.1 所示。

表 12.1　固定的数据库角色

固定数据库角色	说　明
db_owner	在数据库中有全部权限
db_accessadmin	可以添加或删除用户
db_securityadmin	可以管理全部权限、对象所有权、角色和角色成员
db_ddladmin	可以发出 ALL DDL，但不能发出 GRANT、REVOKE 或 DENY 语句
db_backupoperator	可以发出 DBCC、CHECKPOINT 和 BACKUP 语句
db_datareader	可以选择数据库内任何用户表中的所有数据
db_datawriter	可以更改数据库内任何用户表中的所有数据
db_denydatareader	不能选择数据库内任何用户表中的所有数据
db_denydatawriter	不能更改数据库内任何用户表中的所有数据
public(非固定角色)	数据库中的每个用户都属于 public 数据库角色。如果没有给用户专门授予对某个对象的权限，它们就使用指派给 public 角色的权限

【例 12.6】 使用 SQL 语句，为数据库用户 test 指定固定的数据库角色 db_accessadmin。完成后再取消该角色。

运行如下命令。

```
USE xsgl
GO
EXECUTE sp_addrolemember  'db_accessadmin', 'test'
GO
EXECUTE sp_droprolemember  'db_accessadmin', 'test'
GO
```

12.3.3　删除数据库用户

从当前数据库中删除一个数据库用户，就删除了一个登录帐户到当前数据库中的映射。

1. 使用 SQL Server Management Studio 删除数据库用户

(1) 在 SQL Server Management Studio 的“对象资源管理器”中，依次展开“数据库”、“安全性”、“用户”，右击要删除的用户名称节点，在弹出的快捷菜单中选择“删除”命令或直接按 Delete 键。

(2) 在弹出的对话框中单击“确定”按钮确认删除。

2. 使用 sp_revokedbaccess 删除数据库用户

【例 12.7】 使用 SQL 语句删除用户“stu04”。

运行如下命令。

```
USE xsgl
GO
EXECUTE sp_revokedbaccess 'stu04'
GO
```

12.4 数据库用户角色

数据库用户角色在 SQL Server 中联系着两个集合，一个是权限的集合，另一个是数据库用户的集合。由于角色代表一组权限，因此具有相应角色的用户，就具有该角色的权限。另一方面，一个角色也代表了一组具有同样权限的用户，所以在 SQL Server 中为用户指定角色，就是将该用户添加到相应角色组中。通过角色简化了直接向数据库用户分配权限的烦琐操作，对于用户数目多、安全策略复杂的数据库系统，能够简化安全管理工作。

数据库角色分为固定的数据库角色和用户自定义的数据库角色，固定的数据库角色预定义了数据库的安全管理权限和对数据库对象的访问权限，用户定义的数据库角色由管理员创建并且定义对数据库对象的访问权限。

12.4.1 固定数据库角色

每个数据库都有一系列固定的数据库角色。用户不能添加、删除或修改固定的数据库角色。数据库中角色的作用只在其对应的数据库内。表 12.1 给出了数据库中固定数据库角色的信息。

12.4.2 自定义数据库角色

当固定的数据库角色不能满足用户的需要时，可以通过执行 SQL 语句来添加数据库角色。用户自定义数据库角色有两种：标准角色和应用程序角色。标准角色是指可以通过操作界面或应用程序访问的角色，而应用程序访问角色则只能通过应用程序访问使用。这里只讨论标准角色。

1．使用 SQL Server Management Studio 创建数据库角色

(1) 在 SQL Server Management Studio 的“对象资源管理器”中，依次展开到“数据库”节点，选中要使用的数据库。

(2) 在目标数据库的安全性选项中，右击“角色”，在弹出的快捷菜单中选择“新建”命令，在级联菜单中选择“新建数据库角色”命令，弹出“数据库角色-新建”对话框，如图 12.15 所示。

(3) 在“角色名称”文本框中输入新角色的名称，这里输入“role1”。

(4) 在此角色拥有的架构中，指定角色所拥有的架构，还可以单击“添加”按钮为角色添加用户或其他角色成员，如图 12.16 所示。

(5) 完成设置后，单击“确定”按钮完成创建。

创建角色时只是建立了一个角色名，此时，不能指定角色的权限，但可以添加具有该角色的数据库用户。下一步首先要给该角色指定权限，具体过程见 12.4.3 节。

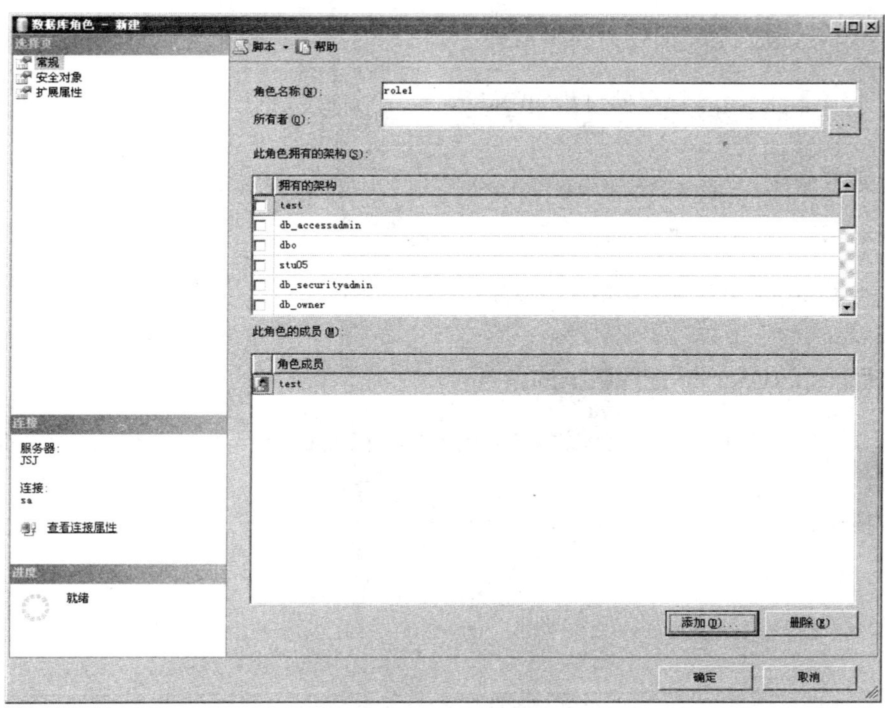

图 12.15　“数据库角色-新建”对话框

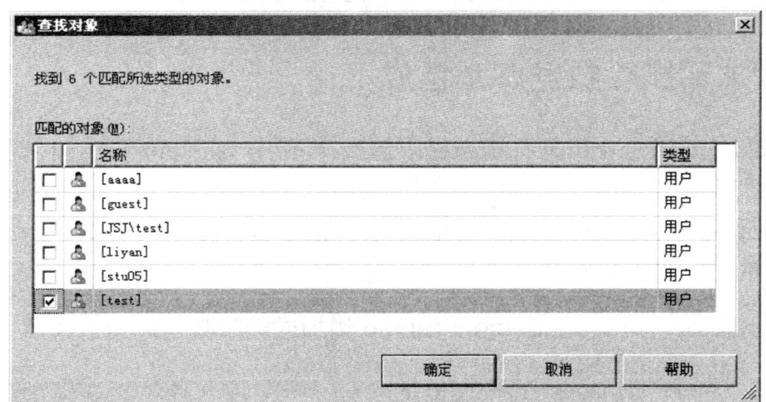

图 12.16　“查找对象”对话框

2．使用 SQL Server Management Studio 删除数据库角色

(1) 在 SQL Server Management Studio 的“对象资源管理器”中，依次展开到目标数据库。

(2) 在目标数据库下，单击“角色”节点，在角色详细列表中，右击要删除的数据库角色，在弹出的快捷菜单中选择“删除”命令。

(3) 在弹出的窗口中单击“确定”按钮确认删除。

3. 使用 sp_addrole 创建数据库角色

【例 12.8】 使用系统存储过程 sp_addrole，在 xsgl 数据库中添加名为“role2”的数据库角色。

运行如下命令。

```
USE xsgl
GO
EXECUTE sp_addrole 'role2'
GO
```

4. 使用 sp_droprole 删除数据库角色

【例 12.9】 使用系统存储过程 sp_droprole，在 xsgl 数据库中删除名为“role2”的数据库角色。

运行如下命令。

```
USE xsgl
GO
EXECUTE sp_droprole 'role2'
GO
```

注意：在删除角色时，如果角色中有成员，则会产生删除失败的错误，为保证操作的成功运行，首先要删除角色中的所有成员。

12.4.3 增加和删除数据库角色成员

建立角色的目的就是要将具有相同权限的数据库用户组织到一起，同时也是将一组权限用一个角色来表示。实际上，将用户增加到相应的角色组中，就是给该用户指定了该角色的权限。相应地，从角色组中删除某个用户，就是取消该用户的相对于该角色的权限。关于角色权限的指定将在下一节介绍。

1. 使用 SQL Server Management Studio 增加或删除数据库角色成员

(1) 在 SQL Server Management Studio 的“对象资源管理器”中，依次展开到要管理的数据库。

(2) 在目标数据库中，单击“角色”节点，然后在详细列表窗口双击要增加或删除成员的数据库角色，或右击角色名称并在快捷菜单中选择“属性”命令。

(3) 在弹出的“数据库角色属性”窗口中，执行下列操作：如果要添加新的数据库用户成为该角色的成员，可单击“添加”按钮，然后在“选择数据库用户或角色”对话框中单击“浏览”按钮，弹出“查找对象”对话框，选择一个或多个数据库用户，将其添加到数据库角色中，如图 12.17 所示。如果要删除一个成员，可以在“数据库角色属性”窗口成员列表中选中该成员，然后单击“删除”按钮。

(4) 依次单击“确定”按钮，关闭“数据库角色属性”对话框。

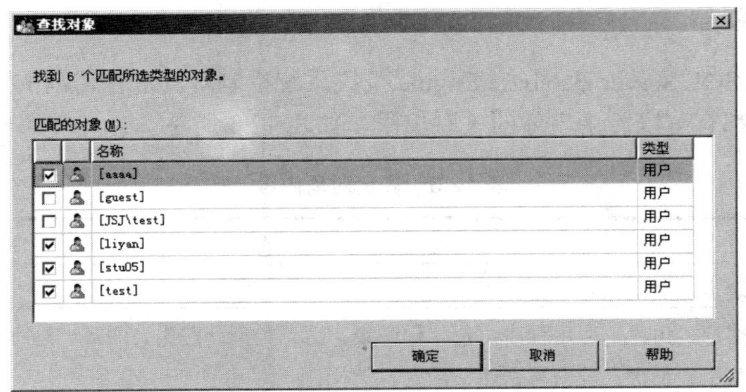

图 12.17　为角色添加用户

2. 用 SQL 语句增加或删除数据库角色成员

使用系统存储过程 sp_addrolemember 将数据库用户添加为角色成员，使用系统存储过程 sp_droprolemember 将数据库用户从角色成员中删除。这两个系统存储过程在前面已使用过，参见例 12.6。两个存储过程的语法格式如下。

```
EXECUTE sp_addrolemember '数据库角色名', '用户名'
EXECUTE sp_droprolemember '数据库角色名', '用户名'
```

12.5　权　　限

权限管理是 SQL Server 安全管理的最后一关，访问权限指明了用户可以获得哪些数据库对象的使用权，以及用户能够对这些对象执行何种操作。将一个登录名映射为一个用户名，并将用户名添加到某种数据库角色中，其实都是为了对数据库的访问权限进行设置，以便让各用户能够进行适合其工作职能的操作。

12.5.1　概述

权限管理是指将安全对象的权限授予主体、取消或禁止主体对安全对象的权限。SQL Server 通过验证主体是否已获得适当的权限来控制主体对安全对象执行的操作。

1. 主体

“主体”是可以请求 SQL Server 资源的个体、组和过程。主体分类如表 12.2 所示。

表 12.2　主体分类

主　体	内　容
Windows 级别的主体	Windows 域名登录名、Windows 本地登录名
SQL Server 级别的主体	SQL Server 登录名
数据库级别的主体	数据库用户、数据库角色、应用程序角色

2. 安全对象

安全对象是 SQL Server Database Engine 授权系统控制对其进行访问的资源。每个 SQL Server 安全对象都有可以授予主体的关联权限，如表 12.3 所示。

表 12.3 安全对象内容

安全对象	内 容
服务器	端点、登录帐户、数据库
数据库	用户、角色、应用程序角色、程序集、消息类型、路由、服务、远程服务绑定、全文索引、证书、非对称密钥、约定、架构
架构	类型、XML 架构集合、对象
对象	聚合、约束、函数、过程、队列、统计信息、同义词、表、视图

3. 架构

架构是形成单个命名空间的数据库实体的集合。命名空间是一个集合，其中每个元素的名称都是唯一的。在 SQL Server 2005 中，架构独立于创建它们的数据库用户而存在。可以在不更改架构名称的情况下转让架构的所有权，这是与 SQL Server 2000 不同的地方。

完全限定的对象包括 4 部分：server .database .schema .object。

SQL Server 2005 还引入了默认架构的概念，用于解析未使用其完全限定名称引用的对象的名称。在 SQL Server 2005 中每个用户都有一个默认架构，用于指定服务器在解析对象的名称时将要搜索的第一个架构。如果未定义默认架构，则数据库用户将把 DBO 作为其默认架构。

4. 权限

在 SQL Server 2005 中，能够授予的安全对象和权限的组合有 181 种。GRANT、DENY、REVOKE 语句格式和具体的安全对象有关。使用时请参阅联机丛书。主要安全对象权限如表 12.4 所示。

表 12.4 主要安全对象权限

安全对象	权 限
数据库	BACKUP DATABASE、BACKUP LOG、CREATE DATABASE、CREATE FUNCTION、CREATE PROCEDURE、CREATE RULE、CREATE TABLE、CREATE VIEW
标量函数	EXECUTE、EFERENCES
表值函数、表、视图	DELETE、INSERT、UPDATE、SELECT、REFERENCES
存储过程	DELETE、EXECUTE、INSERT、SELECT、UPDATE

12.5.2 权限的管理

权限的管理中，因为隐含权限是由系统预定义的，这种权限是不需要设置，也不能够

进行设置的，所以权限的管理实际上是指对访问对象权限和执行语句权限的设置。权限可以通过数据库用户或数据库角色进行管理。权限管理的内容包括以下 3 个方面。

(1) 授予权限：即允许某个用户或角色，对一个对象执行某种操作或语句。使用 SQL 语句 GRANT 实现该功能，在图形界面下用在复选框中选择对号“☑”实现该功能。

(2) 拒绝访问：即拒绝某个用户或角色对一个对象执行某种操作，即使该用户或角色曾经被授予了这种操作的权限，或者由于继承而获得了这种权限，仍然不允许执行相应的操作。使用 SQL 语句 DENY 实现该功能，在图形界面下用在复选框中选择叉号“☒”实现该功能。

(3) 取消权限：即不允许用户或角色，对一个对象执行某种操作或语句。不允许与拒绝是不同的，不允许执行某个操作，可以通过间接授予权限来获得相应的权限。而拒绝执行某种操作，间接授权则无法起作用，只有通过直接授权才能改变。取消授权可以使用 SQL 语句 REVOKE 实现，在图形界面下用在复选框中选择空白“☐”实现该功能。

3 种权限出现冲突时，拒绝访问起作用。

1. 使用 SQL Server Management Studio 管理用户权限

(1) 在 SQL Server Management Studio 的“对象资源管理器”中，依次展开到要管理的数据库，如 xsgl。

(2) 在目标数据库中选择指定的表，例如表“xs”。在表上单击右键，在快捷菜单中选择“属性”命令。在“表属性”对话框中，如图 12.18 所示，选择“权限”选项，单击“添加”按钮，弹出“选择用户或角色”对话框，如图 12.19 所示，再单击“浏览”按钮，弹出“查找对象”对话框，选择要添加的用户或角色，如图 12.20 所示。

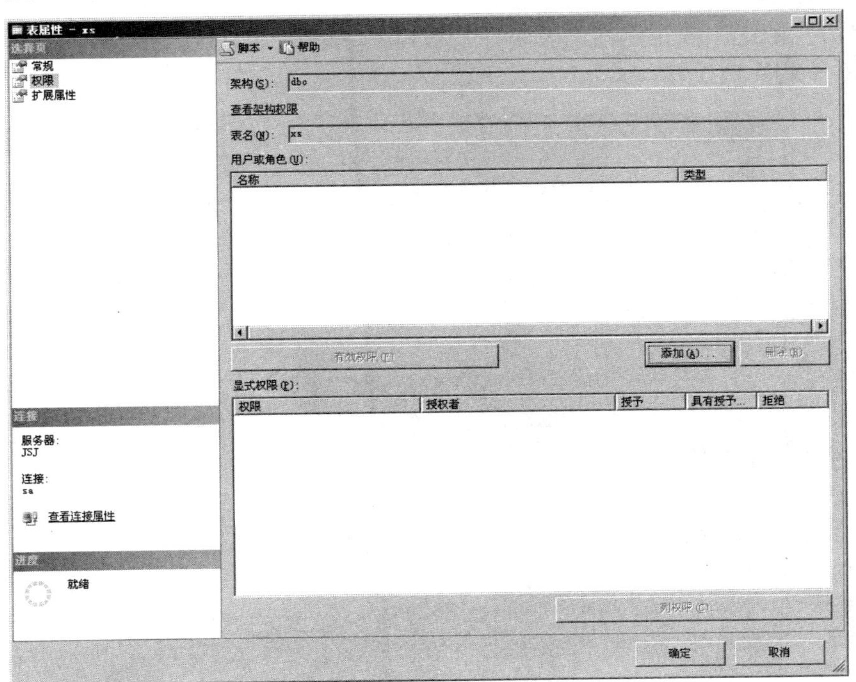

图 12.18　“表属性”对话框

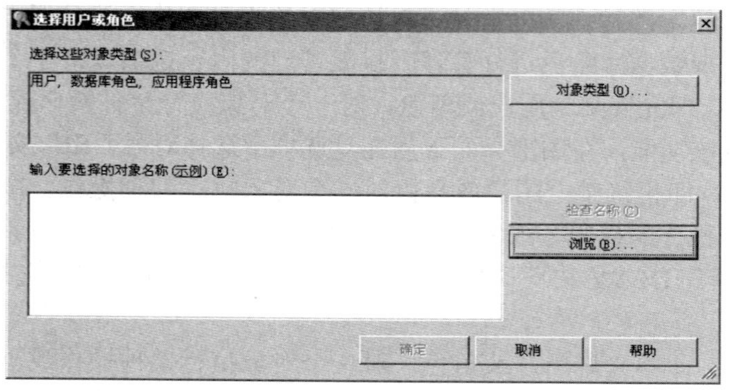

图 12.19 “选择用户或角色”对话框

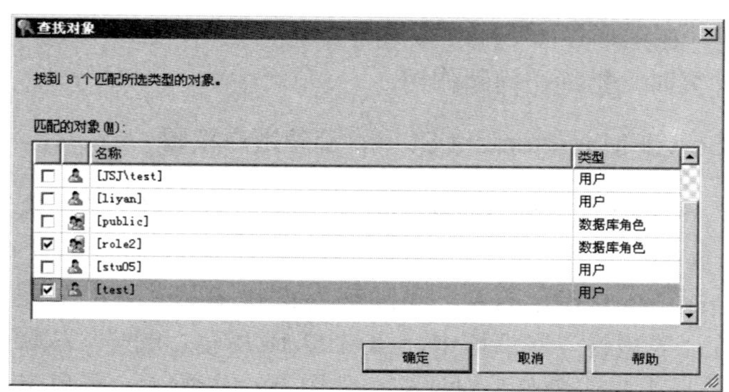

图 12.20 “查找对象”对话框

(3) 单击“确定”按钮返回“表属性”窗口，这时在窗口的下方会出现对于表的各种操作的权限，如图 12.21 所示。

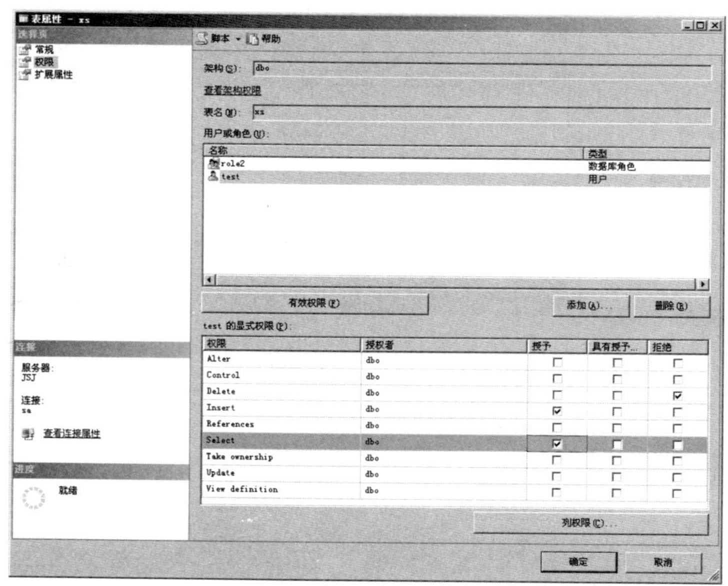

图 12.21 权限管理

(4) 选择需要设置权限的用户或角色。例如授予用户“test”对表 xs 的插入(Insert)和查询(Select)权限，而拒绝其对表的删除权限。

(5) 如果允许用户具有查询权限，则列权限可用，单击“列权限”按钮，弹出如图 12.22 所示的对话框，可以选定对表中哪些列具有查询的权限。

(6) 各项设置完成后，单击“确定”按钮关闭属性面。

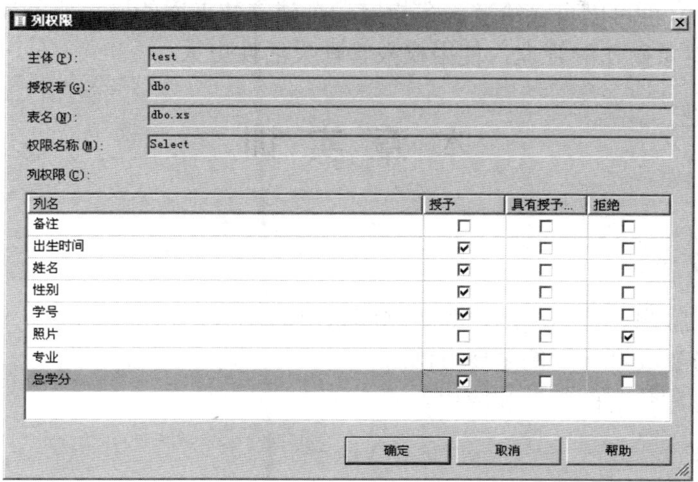

图 12.22　“列权限”对话框

2. 使用 T-SQL 管理权限

在 SQL Server 中使用 GRANT、REVOKE、DENY 这 3 个命令来管理权限。语句的语法格式如下。

授予：GRANT {ALL|语句名称 [,…n]} TO 用户/角色 [,…n]

拒绝：DENY {ALL|语句名称 [,…n]} TO 用户/角色 [,…n]

取消：REVOKE {ALL|语句名称 [,…n]} FROM 用户/角色 [,…n]

其中，ALL 指所有权限。

注意： 非数据库内部操作的语句，一定要在 master 数据库中先建好用户或角色后才能执行，并且一定要在 master 数据库中执行。例如，创建数据库语句的执行权限，而数据库内部操作的语句则无此限制，另外，授权者本身也要具有能够授权的权限。

【例 12.10】 使用 GRANT 语句给用户“stu04”授予 CREATE DATABASE 和 BACKUP DATABASE 权限。

运行如下命令。

```
USE master              --在 master 数据库中建立数据库用户
EXECUTE sp_grantdbaccess 'stu04'
GRANT CREATE DATABASE,BACKUP DATABASE TO stu04
GO                     --为该用户授予数据库建立等权限
USE xsgl                --回到工作数据库
GRANT CREATE TABLE,CREATE VIEW  TO stu03
GO
```

【例 12.11】 使用 REVOKE 取消用户 stu03 的 CREATE VIEW 权限。

运行如下命令。

```
REVOKE CREATE VIEW FROM stu03
```

同一权限的授予并不是唯一的。例如，建立数据库的权限可以在 master 中为登录名建立用户，如例 12.10，也可以直接给登录名指定一个建立数据库的固定服务器角色 dbcreator。对于数据库内部对象操作的管理，使用权限管理灵活性更大。

本 章 实 训

1. 实训目的

(1) 理解登录帐户、数据库用户和数据库权限的作用。
(2) 掌握服务器安全管理的主要方法。
(3) 掌握数据库角色的管理和应用。

2. 实训内容

(1) 练习使用 SQL Server Management Studio 和命令创建和管理登录帐户的方法。
(2) 练习使用 SQL Server Management Studio 和命令创建和管理数据库用户的方法。
(3) 练习使用 SQL Server Management Studio 和命令创建和管理角色的方法。
(4) 练习使用 SQL Server Management Studio 和命令管理数据库权限的方法。

3. 实训过程

(1) 使用 SQL 语句为 Windows 身份验证的登录帐户 JSJ\test 和 SQL Server 身份验证的登录帐户“stu05”，指定服务器管理的服务器角色 serveradmin。完成指定操作后再取消该角色。

运行如下命令。

```
EXECUTE sp_addsrvrolemember 'JSJ\test','serveradmin'
EXECUTE sp_addsrvrolemember 'stu05','serveradmin'
GO
EXECUTE sp_dropsrvrolemember 'JSJ\test','serveradmin'
EXECUTE sp_dropsrvrolemember 'stu05', 'serveradmin'
GO
```

(2) 使用 SQL 语句为 Windows 身份验证的登录帐户 JSJ\test 和 SQL Server 身份验证的登录帐户“stu05”，在数据库 marketing 中分别建立用户“WinUser”和“SQLUser”。

```
USE marketing
GO
EXECUTE sp_grantdbaccess  'JSJ\test','WinUser'
EXECUTE sp_grantdbaccess  'stu05','SQLUser'
GO
```

(3) 使用系统存储过程 sp_addrole，在数据库 marketing 中添加名为“role2”的数据库角色。使用系统存储过程 sp_addrolemember 将一些数据库用户添加为角色成员。

```
USE xsgl
GO
EXECUTE sp_addrole 'role2'
GO
EXECUTE sp_addrolemember 'role2','SQLUser'
GO
```

(4) 使用 GRANT 给用户“stu05”授予 CREATE DATABASE 的权限。

```
USE master
GO
EXECUTE sp_grantdbaccess 'stu05'
GRANT CREATE DATABASE  TO stu05
GO
```

(5) 取消用户“stu05”的 CREATE DATABASE 权限，并从数据库中将该用户删除。

```
USE master
REVOKE CREATE DATABASE  FROM  stu05
GO
EXECUTE sp_revokedbaccess  'stu05'
GO
```

(6) 使用 SQL Server Management Studio 的“对象资源管理器”，创建一个使用 SQL Server 身份验证的登录帐户 mySQL，并在数据库 marketing 中建立同名用户，并授予该用户服务器角色 dbcreator 及数据库角色 db_datareader 和 db_datawriter。再利用 SQL Server Management Studio 的“对象资源管理器”创建一个数据库角色 myROLE，授予该角色对数据库中所有表的查询和修改权限，并将用户 mySQL 添加为该角色的成员。

4. 实训总结

通过本次上机实训，要求掌握服务器登录、数据库用户及角色的创建与使用方法，掌握对数据库权限的使用方法，从而更加明确数据库的安全管理要求及实现方法。

本 章 小 结

本章主要介绍了 SQL Server 提供的安全管理措施，SQL Server 通过服务器登录身份验证、数据库用户帐号及数据库对象操作权限三方面实现数据库的安全管理。读者应重点掌握以下内容：

(1) SQL Server 身份验证的两种方法。

(2) 各种固定服务器角色的权限及其成员的添加与删除。

(3) 数据库用户、数据库角色的组织与权限的管理。

习　　题

1. SQL Server 的安全模型分为哪 3 层结构？

2. 说明固定服务器角色、数据库角色与登录帐户、数据库用户的对应关系及其特点？

3. 如果一个 SQL Server 服务器仅采用 Windows 方式进行身份验证，在 Windows 操作系统中没有 sa 用户，是否可以使用 sa 来登录该 SQL Server 服务器？

4. 完全限定的对象名称包含哪几部分？

第 13 章　SQL Server 开发与编程

多层结构的应用开发，已经在多个领域的项目中得到了广泛的应用，作为结构底层的数据库系统，SQL Server 2005 以其与 Windows 操作系统无缝连接的独特优势，被大量应用于各种中小型信息系统项目中。SQL Server 本身并不提供进行客户端开发的工具，它可以和当前的所有通用开发工具结合，进行系统开发。本章主要介绍使用 Visual Basic.NET 与 SQL Server 2005 相结合，进行联合开发的基本方法。

通过学习本章，读者应掌握以下内容：

- ADO .NET 的使用
- ADO .NET 与 SQL Server 的连接
- 一个简单应用系统的开发

13.1　ADO.NET 数据库访问对象模型

Visual Basic.NET 2005 是在 2005 年 11 月发布的。Visual Basic.NET(有时简称为 VB.NET)是新一代的 VB，不是 VB 6.0 的简单升级，VB.NET 与 VB 之间有非常大的区别。

13.1.1　Visual Basic.NET 简介

VB.NET 自发布以来就受到广大用户的青睐，主要原因在于，同以往的 VB 相比较，VB.NET 具有许多新特性，主要表现在以下几个方面。

(1) VB.NET 完全集成到 Visual Studio 集成开发环境中，这种集成开发环境与 VB 在若干方面有差异，主要体现在窗体的布局以及菜单等方面均有不同。

(2) VB.NET 项目与 VB 不同。它使用基于文件夹的模型，所有项目均放置在项目文件夹的层次结构中。

(3) 在 VB.NET 中使用 ADO.NET 来访问数据库，ADO.NET 是.NET 框架的一部分。在 VB.NET 中实现数据访问的方法主要有两种：一种是在程序设计阶段，通过创建、配置数据适配器 DataAdapter 和生成数据集 DataSet 实现数据访问；另一种是在运行中，通过编程方式动态创建配置数据适配器及创建和生成数据集实现数据访问。

(4) 在 VB.NET 中是使用 ASP.NET 技术来编写 Web 页面的。在 ASP.NET 中使用的也不是脚本语言，而是真正意义的编程语言。凭借 ASP.NET 的 Web 应用程序、XML Web Services 等基于 Web 的功能，使得 VB.NET 开发 Web 页面与开发 Windows 应用程序很相似，Web 页面代码也显得更有条理。

(5) VB.NET 已经成为完全的面向对象的编程语言。

13.1.2 ADO .NET 数据库访问对象

在 VB.NET 中使用 ADO .NET 来访问数据源，ADO .NET 是 Microsoft .NET 框架中的重要部分，下面我们就来介绍 ADO .NET。

1. ADO .NET 特性简介

ADO .NET是重要的应用程序的接口，用于在Microsoft.NET平台上提供数据访问服务。可以使用 ADO .NET 访问那些使用新的 .NET 数据提供程序的数据源，也可以访问那些使用 OLEDB.NET 数据提供程序的现有的 OLE DB 数据源。ADO.NET 是专为基于消息的 Web 应用程序设计的，同时还能为其他应用程序结构提供较好的功能。通过支持对数据的松耦合访问，ADO .NET 减少了与数据库的活动连接数目，从而实现了最大限度的数据共享。

ADO .NET 提供了多种访问数据的方法。如果 Web 应用程序或 XML、Web Services 需要访问多个数据源中的数据，需要与其他应用程序(包括远程应用程序)相互操作，则数据集(DataSet)是一个极好的选择。作为一种替换方法，ADO .NET 提供了数据命令和数据读取器，以便与数据源直接通信。使用数据命令和数据读取器直接进行的数据库操作包括：运行查询和存储过程，创建数据集对象，使用 DDL 命令直接更新和删除数据。

分布式 ADO .NET 应用程序的基本对象“数据集”(DataSet)支持基于 XML 的持久性和传输格式，使得 ADO .NET 可以实现最大限度的数据共享。数据集是一种关系数据结构，可使用 XML 进行读取、写入或序列化。越来越多的应用程序要求应用程序层与多个 Web 站点之间进行松耦合的数据交换，而 ADO .NET 数据集使得生成这样的应用程序变得很方便。

2. ADO .NET 的结构

以前，数据处理主要依赖于基于连接的双层模型。但当数据处理越来越多地使用多层结构时，程序员开始向断开方式转换，以便为应用程序提供更好的可缩放性。

1) ADO .NET 的核心组件

设计 ADO .NET 组件的目的是为了从数据操作中分解出数据访问。ADO .NET 的两个核心组件 DataSet 和.NET Framework 数据提供程序，会完成此任务。.NET Framework 数据提供程序是一组包含 Connection、Command、DataReader 和 DataAdapter 对象在内的组件。

ADO .NET DataSet 是 ADO.NET 断开式结构的核心组件。DataSet 的设计目的很明确，为了实现独立于任何数据源的数据访问，因此它可用于多种不同的数据源，包括 XML 数据或管理应用程序本地的数据。DataSet 是包含一个或多个 DataTable 对象的集合，这些对象由数据行和数据列以及主键、外键、约束和有关 DataTable 对象中数据的关系信息组成。

ADO .NET 结构的另一个核心元素是.NET Framework 数据提供程序，其组件的设计目的相当明确，为了实现数据操作和对数据的快速只进、只读访问。Connection 对象提供与数据源的连接。Command 对象能够访问用于返回数据、修改数据、运行存储过程以及发送或检索参数信息的数据库命令。DataReader 从数据源中提供高性能的数据流。DataAdapter 提供连接 DataSet 对象和数据源的桥梁。DataAdapter 使用 Command 对象在数据源中执行 SQL 命令，以便将数据加载到 DataSet 中，并使对 DataSet 中数据的更改与数据源保持一致。

可以为任何数据源编写.NET Framework 数据提供程序。.NET Framework 提供了 4 个.NET Framework 数据提供程序：SQL Server.NET Framework 数据提供程序、OLE DB .NET Framework 数据提供程序、ODBC.NET Framework 数据提供程序和 Oracle.NET Framework 数据提供程序。

2) ADO.NET 访问数据的方法

ADO.NET 可以通过两种方式来访问数据，即 DataReader 和 DataSet。在决定应用程序应使用 DataReader 还是使用 DataSet 时，应考虑应用程序所需的功能类型。DataSet 用于执行以下功能：

- 在应用程序中将数据缓存在本地，以便对数据进行处理，如果只需要读取查询结果，DataReader 是更好的选择。
- 在层次结构中或从 XML Web 服务中对数据进行远程处理。
- 与数据进行动态交互，例如绑定到 Windows 窗体控件或组合并关联来自多个源的数据。
- 对数据执行大量的处理，而不需要与数据源保持打开的连接，从而将该连接释放给其他客户端使用。

如果不需要 DataSet 提供的功能，则可以使用 DataReader 以只进、只读方式返回数据，从而提高应用程序的性能。因为 DataAdapter 使用 DataReader 来填充 DataSet 所使用的内存，并将省去创建 DataSet 并填充其内容所需的处理，所以可以提高应用程序的性能。

3. 数据集介绍

DataSet 对象是支持 ADO.NET 的断开式、分布式数据方案的核心对象。DataSet 是数据的内存驻留表示形式，无论数据源是什么，它都会提供一致的关系编程模型。DataSet 可用于处理多个不同的数据源，XML 数据或管理应用程序本地的数据。DataSet 表示包括相关表、约束和表间关系在内的整个数据集。

DataSet 中的方法和对象与关系数据库模型中的方法和对象一致。

DataSet 也可以按 XML 的形式来保持和重新加载其内容，并按 XML 架构定义语言(XSD)架构的形式来保持和重新加载其架构。

1) DataTableCollection

ADO.NET DataSet 包含 DataTable 对象所表示的 0 个或多个表的集合。DataTableCollection 包含 DataSet 中的所有 DataTable 对象。

DataTable 在 System.Data 命名空间中定义，表示内存驻留数据表。它包含 DataColumnCollection 所表示的列和 ConstraintCollection 所表示的约束的集合，这些列和约束一起定义了表的架构。DataTable 还包含 DataRowCollection 所表示的行的集合，而 DataRowCollection 则包含表中的数据。除了当前状态，DataRow 还会保留其当前版本和初始版本，以标识对行中存储的值的更改。

2) DataRelationCollection

DataSet 在其 DataRelationCollection 对象中包含关系。关系由 DataRelation 对象来表示，DataRalation 使一个 DataTable 中的行与另一个 DataTable 中的行相关联。关系类似于存在于关系数据库中的主键列和外键列之间的连接路径。DataRelation 标识 DataSet 中两个表的

匹配列。

关系能够在 DataSet 中从一个表导航至另一个表。DataRelation 的基本元素为关系的名称、相关表的名称及每个表中的相关列。关系可以通过一个表的多个列来生成，方法是将一组 DataColumn 对象指定为键列。当关系被添加到 DataRelationCollection 中时，如果已对相关列值作出更改，它可能会选择添加一个 UniqueKeyConstraint 和一个 ForeignKeyConstraint 来强制完整性约束。

13.2　系统功能设计

本章以学校教学管理为例，介绍有关系统开发设计的基本过程和基本方法。要全面理解高校教学管理系统的需要，首先需要了解高校教学管理的基本流程，如图 13.1 所示。

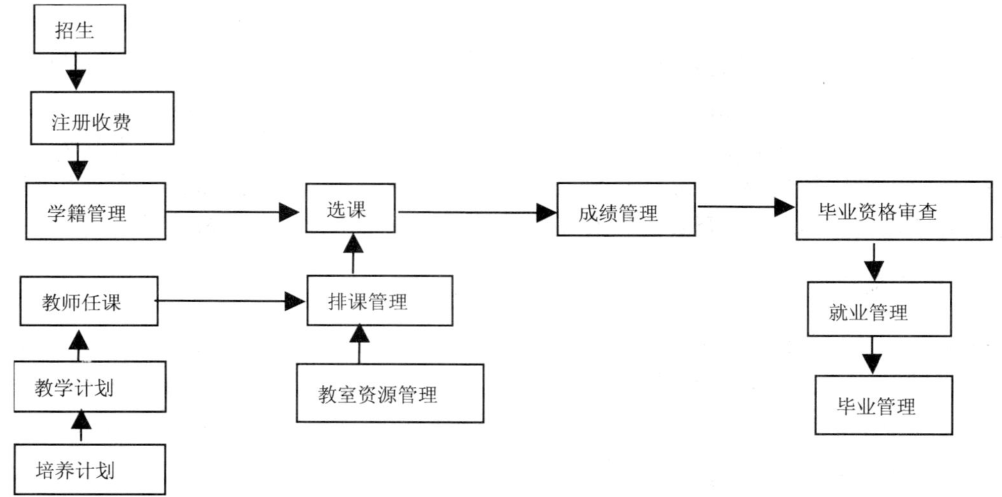

图 13.1　系统基本流程图

通过对系统进行分析，可以将系统分为以下几个模块。

1. “基础数据管理”功能模块

用于维护整个教学系统正常运行所需的基础数据集，以保证教学系统有一个统一的、标准的基础数据集，便于数据的共享，内容包括入学时间、学年学期、院系数据、专业设置、教研室情况等。

2. “教学计划管理”功能模块

用于维护学校中各系各专业的课程、课程计划安排信息，作为选课和毕业审查的标准，包括的功能有课程计划登记、课程计划审批、选课情况查询、选课信息等。

3. “学籍管理”功能模块

主要包括高校学籍管理的常用信息，提供对学生学籍基本信息的录入、查询、修改、

打印、维护等常用功能，并提供学号编排、学生照片输入与显示、学籍变动(留级、休学、转专业、退学等)、奖惩登记、毕业情况等功能。

4. “教师管理”功能模块

用于管理教师相关的信息，提高教学质量，保证教学工作的高效运行，主要包括教师基本信息、教师任课档案、教师考评管理等。

5. “注册收费管理”功能模块

包括“注册管理”与“收费管理”。“注册管理”功能模块用于记录学生新学期的注册情况，如果未注册，将记录学生未注册的原因。“收费管理”功能模块用于记录学生开学初收费情况，每个学生的收费标准来自学生的学籍管理信息中的收费类别。

6. “排课选课管理”功能模块

用于根据教学计划、教室资源、教师资源等，制定每学期的课程表。主要包括课程信息管理、排课条件设定、教室信息设定，实现人工排课和自动排课。

7. “考务成绩管理”功能模块

用于根据课程自动生成本学期的考试地点、考试时间、监考教师等数据，并对考试的过程和结果进行监控。主要包括考试日程安排、考试情况记录、成绩录入、补考安排等。

8. “毕业管理”功能模块

对学生毕业进行处理，同时对毕业信息、学位及证书授予及校友信息等进行管理。主要包括实习管理、论文管理、毕业审核等。

9. “教材管理”功能模块

用于对教材库存、教材计划、教材预订、教材采购及教材销售等工作进行有效管理。

这里我们仅就其中的“基础数据管理”、“成绩管理”和“系统维护”模块中的部分功能的开发设计方法进行介绍。

13.3　数据库和表的设计

教学管理系统所涉及的学生资料以及其他有关数据都要存储于数据库表中。可以将书中前面所讲的 xsgl 数据库中的 xs、kc、cj 表导入系统中使用，也可以用如下 SQL 语句创建数据库、各数据表以及表间的约束关系。

```
CREATE DATABASE jwgl
GO
USE jwgl
GO
--创建部门表
CREATE TABLE bumen
```

```
(bumenID char(3) NOT NULL,
bumenNAME varchar(30) NOT NULL,
bumenHEAD char(8),
CONSTRAINT PK_bumen PRIMARY KEY(bumenID))
GO
--创建课程类型表
CREATE TABLE kcTYPE
(kcTYPE_ID varchar(3) NOT NULL,
kcTYPE_NAME varchar(18) NOT NULL,
CONSTRAINT PK_kcTYPE PRIMARY KEY (kcTYPE_ID))
GO
--创建课程表
CREATE TABLE kc
(kcID char(8) NOT NULL,
kcNAME varchar(20) NOT NULL,
kcTYPE_ID varchar(3) NOT NULL,
xsTATAL tinyint NULL,
xsWEEK tinyint NULL,
xf tinyint NULL,
CONSTRAINT PK_kc PRIMARY KEY (kcID))
GO
--创建班级表
CREATE TABLE class
(classID char(7) NOT NULL,
className varchar(12) NOT NULL,
zhyeID char(5) NOT NULL,
zhyeNAME varchar(30),
ruxueYEAR char(4),
classHEAD char(10),
CONSTRAINT PK_class PRIMARY KEY (classID))
GO
--创建成绩表
CREATE TABLE cj
(xsID char(10) NOT NULL,
kcID char(8) NOT NULL,
cj tinyint NULL,
CONSTRAINT PK_cj PRIMARY KEY(xsID,kcID))
GO
--创建专业表
CREATE TABLE zhye
(zhyeID char(5) NOT NULL,
zhyeNAME varchar(30) NOT NULL,
bumenID char(3) NULL,
CONSTRAINT PK_zhye PRIMARY KEY (zhyeID))
GO
--创建学生表
CREATE TABLE xs
(xsID char(10) NOT NULL,
xsNAME varchar(10) NOT NULL,
minzu char(10) NULL,
sex char(2) NULL,
birth datetime NULL,
```

```
classID char(7) NULL,
telephone varchar(16) NULL,
xs_ruxue char(4) NULL,
yixiu_xf tinyint NOT NULL,
addr varchar(50) NULL,
pwd varchar(16) NULL,
note varchar(200) NULL,
CONSTRAINT PK_xs PRIMARY KEY (xsID))
GO
--创建用户表
CREATE TABLE [user]
(userID char(20) NOT NULL,
userNAME char(20) NOT NULL,
password  varchar(20) NULL,
userTYPE bit NULL,
CONSTRAINT PK_user PRIMARY KEY (userID))
GO
--创建教师表
CREATE TABLE teacher
(teachID char(8) NOT NULL,
teachNAME varchar(10) NOT NULL,
bumenID char(3) NULL,
sex char(2) NULL,
zhich char(16) NULL,
homeADDR varchar(50) NULL,
pwd varchar(16) NULL,
note varchar(200) NULL,
CONSTRAINT PK_teacher PRIMARY KEY (teachID))
GO
--建立表间约束关系
ALTER TABLE kc WITH CHECK ADD
CONSTRAINT FK_kc_kcTYPE FOREIGN KEY(kcTYPE_ID) REFERENCES kcTYPE
GO
ALTER TABLE class WITH CHECK ADD
CONSTRAINT FK_class_zhye FOREIGN KEY(zhyeID) REFERENCES zhye
GO
ALTER TABLE cj WITH CHECK ADD
CONSTRAINT FK_cj_kc FOREIGN KEY(kcID) REFERENCES kc
GO
ALTER TABLE cj WITH CHECK ADD
CONSTRAINT FK_cj_xs FOREIGN KEY(xsID) REFERENCES xs
GO
ALTER TABLE zhye WITH CHECK ADD
CONSTRAINT FK_zhye_bumen FOREIGN KEY(bumenID)  REFERENCES bumen
GO
ALTER TABLE xs WITH CHECK ADD
CONSTRAINT FK_xs_class FOREIGN KEY(classID) REFERENCES class
GO
ALTER TABLE teacher WITH CHECK ADD
CONSTRAINT FK_teacher_bumen FOREIGN KEY(bumenID)  REFERENCES bumen
GO
```

建立成功后，jwgl 数据库的数据关系如图 13.2 所示。

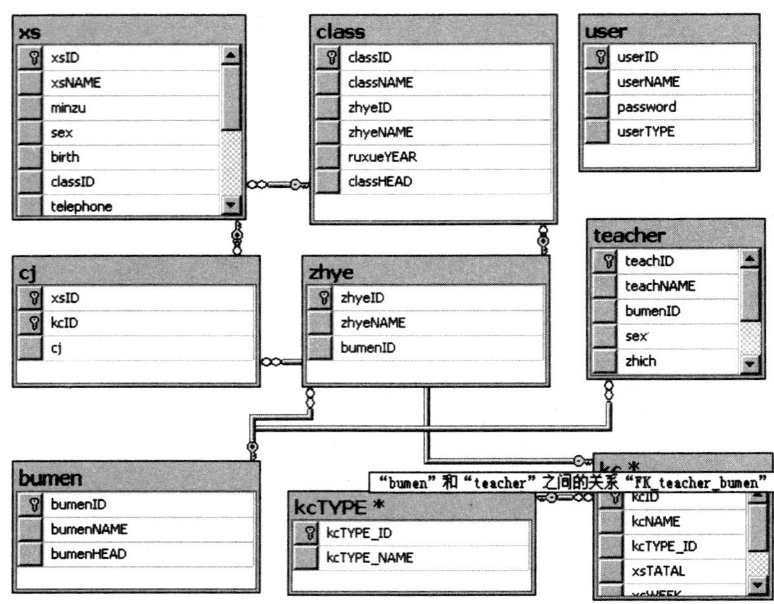

图 13.2　数据库的关系图

在创建完成以上表之后，在系统的运行中还需要用到一个存储过程，该存储过程的主要功能是完成登录时的用户身份验证，其创建命令如下。

```
CREATE PROCEDURE usp_userLogin
  @loginID varchar(50),
  @password varchar(50),
  @reason varchar(50) output
AS
  SELECT userNAME FROM [user] WHERE userID=@loginID
  IF(@@RowCount<1)
    BEGIN
      SET @reason='不存在此用户'
    END
  ELSE
    BEGIN
      SELECT userNAME FROM [user]
      WHERE (userID=@loginID AND password=@password)
      IF(@@RowCount<1)
        BEGIN
          SET @reason='密码不正确'
        END
        ELSE
          BEGIN
            SELECT userNAME FROM [user]
              WHERE (userID=@loginID)
              AND (password=@password )
            IF (@@RowCount<1)
```

```
            BEGIN
              SET @reason='该用户已禁用'
            END
          ELSE
            BEGIN
              SET @reason='成功'
            END
        END
    END
RETURN
```

13.4　程 序 开 发

数据库及相关对象创建完成后，就要进行项目开发工作。

13.4.1　创建项目

启动 Microsoft Visual Studio.NET 2005，在主菜单中选择“文件”|“项目”命令，弹出“新建项目”对话框，在“项目类型”下拉列表框中选择 Visual Basic 项目，然后在“模板”下拉列表框中选择“Windows 应用程序”。在“名称”文本框中输入项目名称“jiaowu”，并设置项目保存的位置。单击“确定”按钮完成新项目的创建。

13.4.2　初始界面

在主菜单中选择“项目”|“添加 Windows 窗体”命令，弹出“添加新项”对话框。在模板列表中选择“初如屏幕”，并把名称改为“startJW.vb”，单击“添加”按钮完成创建。创建初始界面如图 13.3 所示。

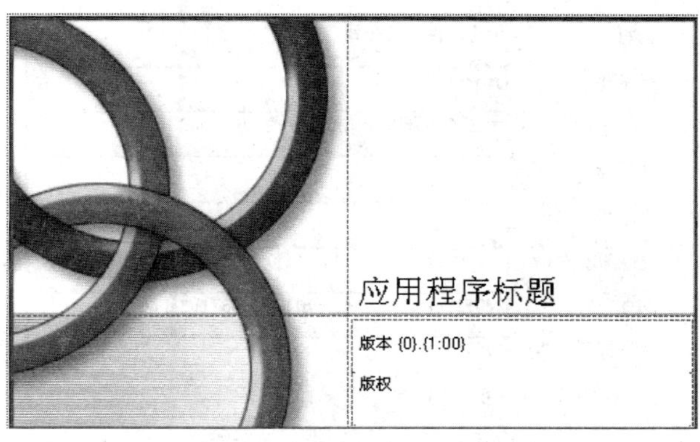

图 13.3　初始界面

在初始界面上可以设置应用程序标题、版本、版权等信息，可以通过属性窗口进行修改，也可以在项目属性中进行修改。在主菜单中选择“项目”|“jiaowu 属性”命令，打开项目属性窗口，如图 13.4 所示。

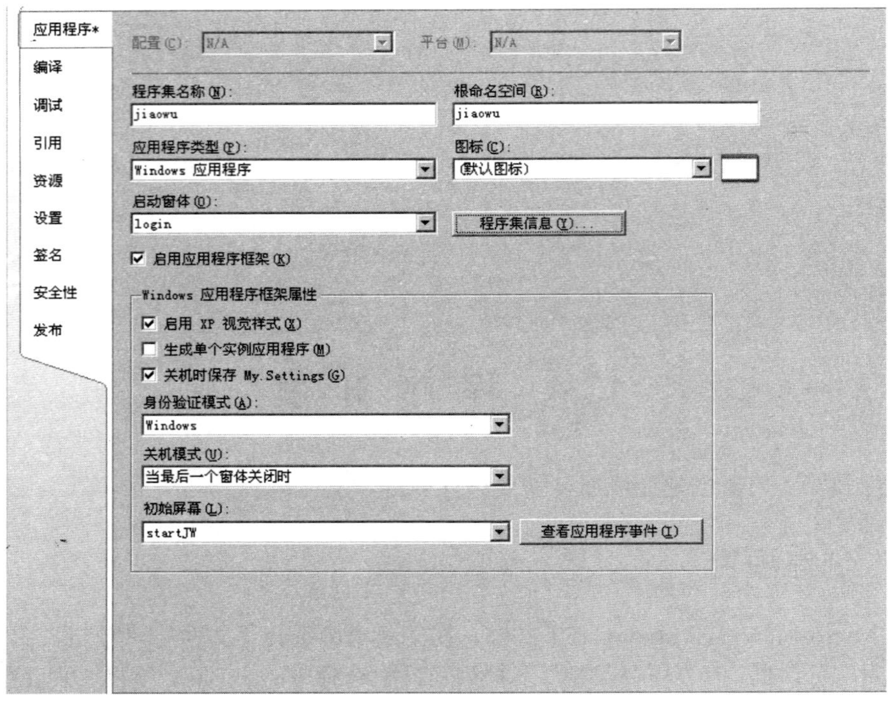

图 13.4　项目属性窗口

在项目属性窗口中，设置“初始屏幕”为 startJW，单击“程序集信息”按钮，打开“程序集信息”对话框，在对话框中设置标题、版本、版权等信息后单击“确定”按钮，如图 13.5 所示。

程序集信息

标题(T): 教务信息管理系统
说明(D):
公司(C): 天空软件开发公司
产品(P): jiaowu
版权(O): 天空软件开发公司版权所有 (C)2008
商标(R):
程序集版本(A): 1 0 0 0
文件版本(F): 1 0 0 0
GUID(G): 2d0f19eb-29fa-4409-b1bc-663871b8abed
非特定语言(N): (无)
使程序集 COM 可见(M)
确定　取消

图 13.5　“程序集信息”对话框

按 F5 键运行程序，就可以看到初始界面中的应用程序标题、版本、版权等信息已替换为新设置的值。

13.4.3 登录界面

在主菜单中选择“项目”|“添加 Windows 窗体”命令，弹出“添加新项”对话框。在“模板”下拉列表框中选择“登录窗体”，并把名称改为“login.vb”，单击“确定”按钮完成创建。创建的登录界面如图 13.6 所示。

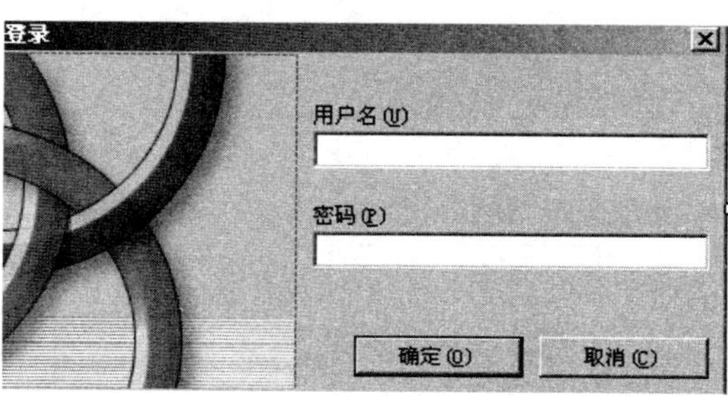

图 13.6 “登录”界面

在登录界面中需要判断用户名和密码是否正确，需要从数据库中获得用户信息。访问数据库首先要和数据库建立连接，需要指定连接字符串。连接字符串可以在项目属性中进行设置，供整个项目使用，在项目属性窗口中选择“设置”选项，如图 13.7 所示。

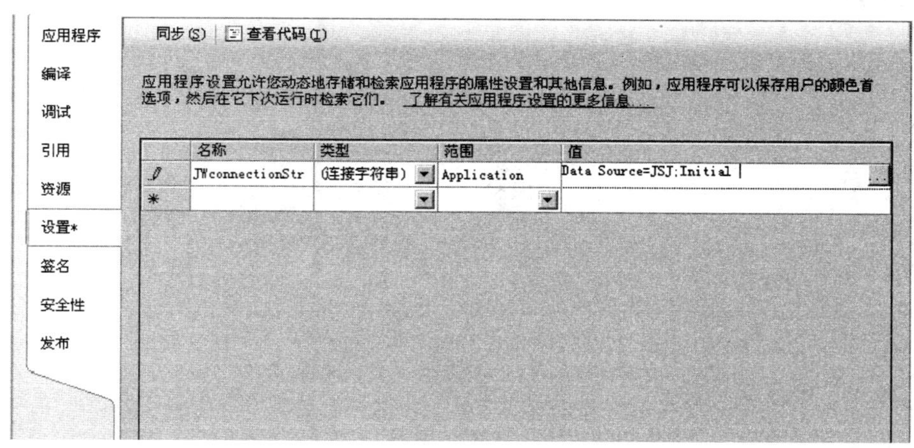

图 13.7 设置连接字符串

设置连接的名称为“JWconnectionStr”，类型为“(连接字符串)”，范围为“Application”，连接字符串的值可以通过单击行右侧的浏览按钮，在弹出的“连接属性”对话框中进行设置，如图 13.8 所示。

在“连接属性”对话框中选择服务器名，设置登录服务器使用的登录方式。在这里选择“使用 Windows 身份验证”，然后选择连接的数据库。单击“测试连接”按钮可以测试连接是否成功，如连接成功，单击“确定”按钮完成设置连接字符串。

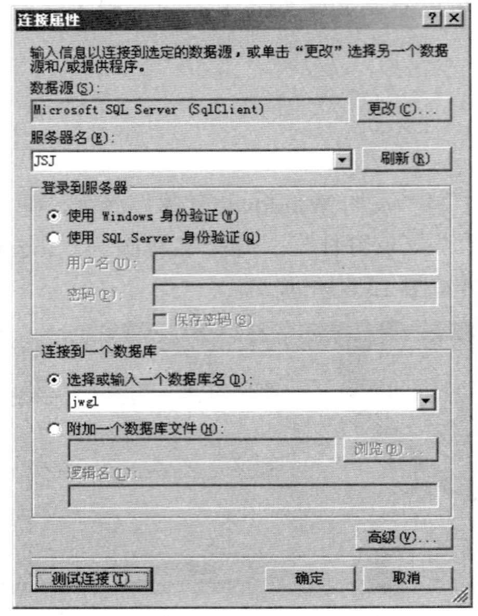

图 13.8 “连接属性”对话框

登录窗体的代码如下。

```
Imports System.Data
Imports System.Data.SqlClient
Public Class Login
'确定按钮
Private Sub OK_Click(ByVal sender As System.Object, ByVal e As
System.EventArgs) Handles OK.Click
        Dim cn As New SqlConnection(My.Settings.JWConnectionStr)
        Dim cmd As New SqlCommand("usp_userLogin", cn)
        cmd.CommandType = CommandType.StoredProcedure
        cmd.Parameters.Add("@loginID", SqlDbType.Varchar, 20)
        cmd.Parameters.Add("@password", SqlDbType.Varchar, 20)
        cmd.Parameters.Add("@reason", SqlDbType.Varchar, 20)
        cmd.Parameters(0).Value = UsernameTextBox.Text
        cmd.Parameters(1).Value = passwordTextBox.Text
        cmd.Parameters(2).Direction = ParameterDirection.Output
        Try
            Cn.Open()
            cmd.ExecuteNonQuery()
            Dim reason As String
            Reason = cmd.Parameters(2).Value.ToString
            If reason = "成功" Then
                FrmMain.Show()
                Me.Close()
            Else
                MsgBox(reason)
                UsernameTextBox.Text = ""
                PasswordTextBox.Text = ""
```

```
            UsernameTextBox.Focus()
        End If
    Catch ex As Exception
        MsgBox(ex.ToString)
    Finally
        Cn.Close()
    End Try
End Sub
'取消按钮
Private  Sub  Cancel_Click(ByVal  sender  As  System.Object,  ByVal  e  As
System.EventArgs) Handles Cancel.Click
    Me.Close()
End Sub
End Class
```

13.4.4　主窗口

利用系统默认生成的窗口作为主窗口，并为其添加主菜单控件和其他控件，布局如图 13.9 所示。

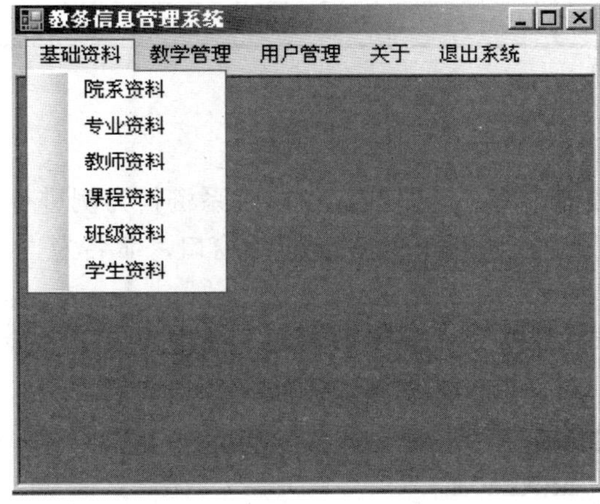

图 13.9　主窗口

主窗口的属性设置如表 13.1 所示。

表 13.1　主窗口的属性设置

控件名称	对 象 名	属　性	值
Form	FrmMain	Name	FrmMain
		Text	教务信息管理系统
		IsMdiContainer	True

主窗口的菜单属性设置如表 13.2 所示。

表 13.2　主窗口的菜单属性设置

菜 单 栏	菜 单 项	属　性	值
ToolStripMenuItem1		Text	基础资料
	MenuItemBumen	Text	院系资料
	MenuItemZhye	Text	专业资料
	MenuItemTeacher	Text	教师资料
	MenuItemKc	Text	课程资料
	MenuItemClass	Text	班级资料
	MenuItemStudent	Text	学生资料
ToolStripMenuItem2		Text	教学管理
	MenuItemQurey	Text	成绩查询
	MenuItemInput	Text	成绩录入
ToolStripMenuItem3		Text	用户管理
	MenuItemAdduser	Text	添加用户
	MenuItemMima	Text	修改密码
ToolStripMenuItem4		Text	关于
ToolStripMenuItem5		Text	退出系统

13.4.5　基础资料

在基础资料中包含很多内容，这里我们仅以院系资料为例进行说明。

(1) 在项目“jiaowu”中，新增一个 Windows 窗口，命名为“FrmBumen”。在设计模式下打开 FrmBumen 窗口。

(2) 在主菜单中选择“数据”|“显示数据源”命令。单击链接“添加新的数据源”，打开“数据源配置向导”对话框，如图 13.10 所示。

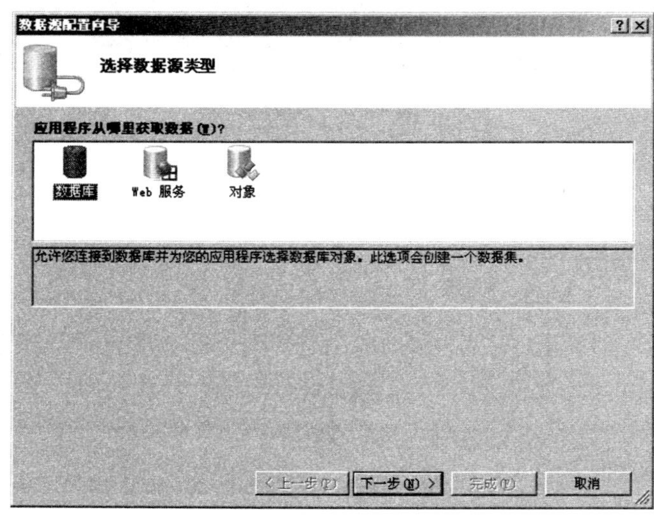

图 13.10　“数据源配置向导”对话框

(3) 选择数据源类型为“数据库”，单击“下一步”按钮。选择数据连接，如图 13.11 所示。

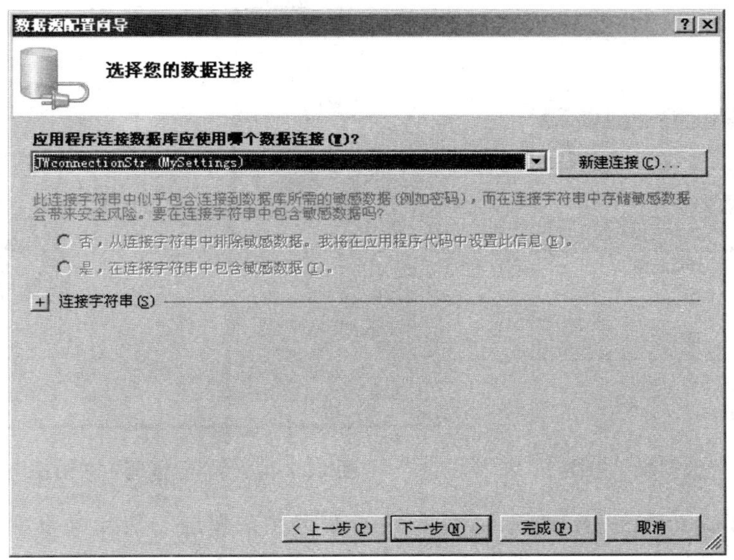

图 13.11　“选择您的数据连接”界面

(4) 选择图 13.7 设置的连接 JWConnection，单击“下一步”按钮。选择数据库对象为“jwgl”。

(5) 选择数据库对象，并设置数据集(DataSet)名称，这里设置为“jwglDataSet”，如图 13.12 所示。单击“完成”按钮，完成数据源的配置。

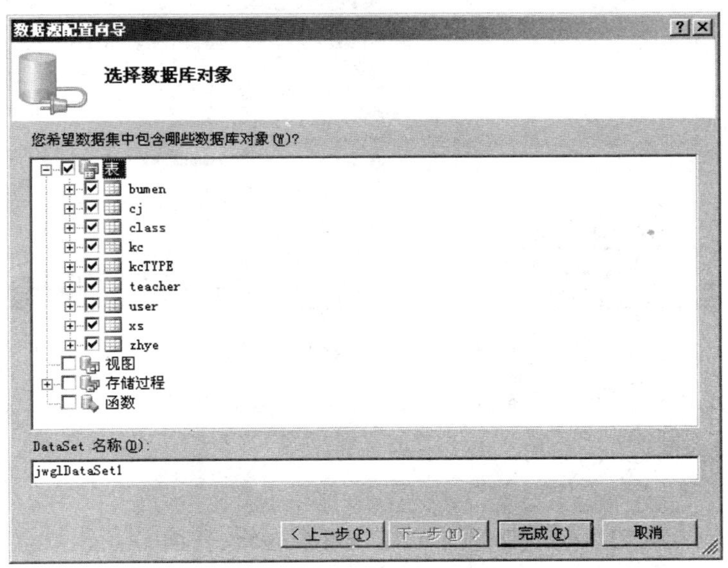

图 13.12　“选择数据库对象”界面

(6) 在数据源下选择 bumen 数据表，单击表名右侧的下拉箭头。选择 DataGridView，如图 13.13 所示。

(7) 把 bumen 数据表拖放到窗口的表面。这个操作会在窗口的表面添加一系列的控件，如图 13.14 所示。

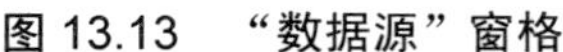

图 13.13 “数据源”窗格

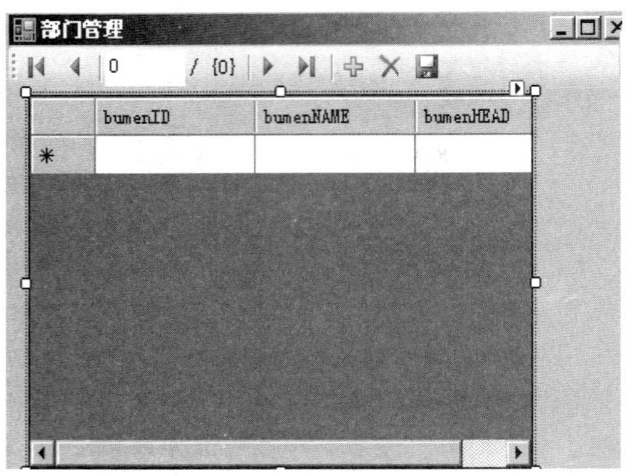

图 13.14 “部门管理”对话框

(8) 选择 BumenDataGridView 控件，单击右键并在弹出的快捷菜单中选择“编辑列”命令，打开“编辑列”对话框，如图 13.15 所示。分别将“bumenID”、“bumenNAME”、“bumenHEAD”的“HeaderText”属性修改为“部门编号”、“部门名称”、“部门负责人”。

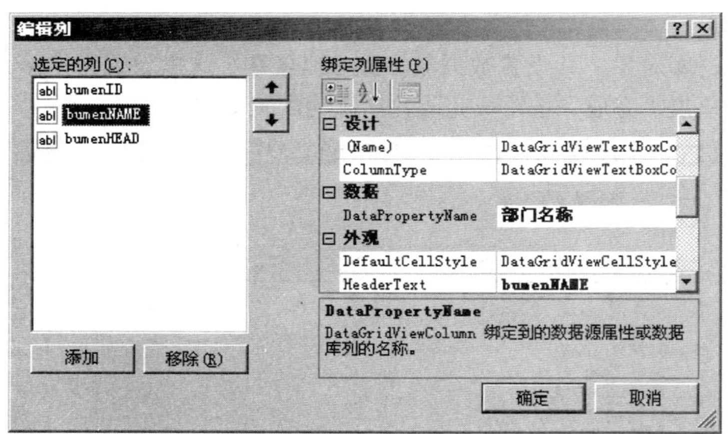

图 13.15 “编辑列”对话框

(9) 在主菜单中双击“院系资料”菜单项，编写如下程序。

```
Frmbumen.MdiParent = Me
Frmbumen.Show()
```

运行程序，该窗体可以实现部门的增加、删除、修改等基本功能，运行效果如图 13.16 所示。

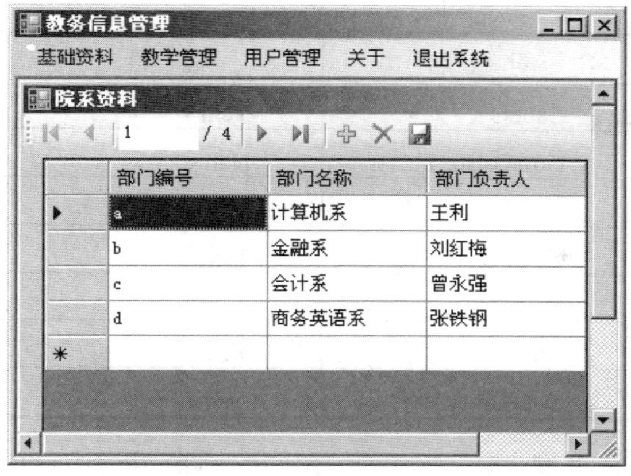

图 13.16　“院系资料”窗口

13.4.6　成绩管理

在项目中添加一个新的窗口，命名为“FrmQuery”，并添加控件，布局如图 13.17 所示。

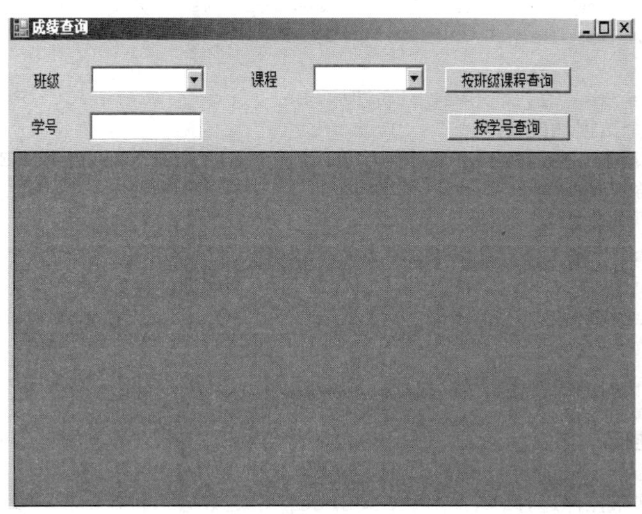

图 13.17　“成绩查询”窗口

成绩查询控件属性设置如表 13.3 所示。

表 13.3　成绩查询控件属性设置

控件类型	对 象 名	属　性	值
Form	FrmQuery	Name	FrmQuery
		Text	成绩查询
Label	Label1	Text	班级
	Label2	Text	课程

续表

控件类型	对 象 名	属 性	值
Label	Label3	Text	学号
ComboBox	ComboBox1	Name	ComboBox1
	ComboBox2	Name	ComboBox2
TextBox	TextBox1	Text	
Button	Button1	Text	按班级查询
	Button2	Text	按学号查询
DataGridView	DataGridView1	Name	DataGridView1

成绩查询提供了两种查询方式：一种是按班级、课程进行查询，另一种是按照学号查询。班级和课程分别使用了两个组合框控件，用户可以直接进行选择。在窗口的加载(Load)事件中，需要给这两个组合框填充数据。

窗口的Load事件的代码如下。

```
Imports System.Data
Imports System.Data.SqlClient
Public Class FrmQuery
Private Sub FrmQuery_Load(ByVal sender As System.Object, ByVal e As
System.EventArgs) Handles MyBase.Load
 '建立连接
    Dim cn As New SqlConnection(My.Settings.JWConnectionStr)
      '建立两个数据适配器
    Dim da1 As New SqlDataAdapter("select classID,classNAME from class", cn)
      Dim da2 As New SqlDataAdapter("select kcID,kcNAME from kc", cn)
      '定义两个数据表
      Dim tblClass, tblKc As New DataTable
      '打开连接
      cn.Open()
      '填充数据
      da1.Fill(tblClass)
      da2.Fill(tblKc)
      '关闭连接
      cn.Close()
      '将数据与控件进行绑定。DataSource：指定数据源和数据表对象
      ComboBox1.DataSource = tblClass
      ComboBox1.DisplayMember = "classNAME"
      ComboBox1.ValueMember = "classID"
      ComboBox2.DataSource = tblKc
      ComboBox2.DisplayMember = "kcNAME"
      ComboBox2.ValueMember = "kcID"
End Sub
End Class
```

“按班级课程查询”按钮的单击事件的代码如下。

```
'按班级课程查询
```

```
    Private Sub Button1_Click(ByVal sender As Object, ByVal e As
System.EventArgs) Handles Button1.Click
        Dim cn As New SqlConnection(My.Settings.JWConnectionStr)
        Dim tbl As New DataTable
        Dim da As New SqlDataAdapter("select cj.xsID as 学号,xsNAME as 姓名,cj
        as 成绩 from cj,xs where cj.xsID=xs.xsID and xs.classID='" &
        ComboBox1.SelectedValue & "' and cj.kcID='" & ComboBox2.SelectedValue
        & "'", cn)
        '打开连接，填充数据表，然后关闭连接
        cn.Open()
        da.Fill(tbl)
        cn.Close()
        '设置 DataGridView1 的数据源属性，让数据显示出来
        DataGridView1.DataSource = tbl
    End Sub
```

"按学号查询"按钮的单击事件代码如下。

```
Private Sub Button2_Click(ByVal sender As Object, ByVal e As System.EventArgs)
Handles Button2.Click
        Dim cn As New SqlConnection(My.Settings.JWConnectionStr)
        Dim tbl As New DataTable
        Dim da As New SqlDataAdapter("select xsNAME as 姓名,kcNAME as 课程,cj
as 成绩 from cj,xs,kc where cj.xsID=xs.xsID and cj.kcID=kc.kcID and cj.xsID='"
& TextBox1.Text & "'", cn)
        cn.Open()
        da.Fill(tbl)
        cn.Close()
        DataGridView1.DataSource = tbl
    End Sub
End Class
```

13.4.7 用户管理

1. 添加用户

在项目中新建一个窗口 FrmAddUser，添加 4 个 Label 控件、4 个 TextBox 控件、2 个 Button 控件，并修改控件的属性，窗口布局如图 13.18 所示。

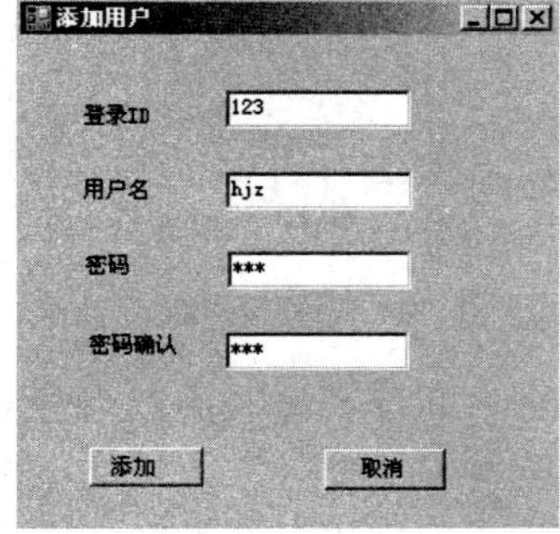

图 13.18 "添加用户"窗体

在“添加”按钮的单击事件中，首先要验证4个TextBox的Text属性是否为空，然后验证两次输入的密码是否相同。如验证通过，执行一个SQL命令来完成添加用户的操作。

“添加”按钮的代码如下。

```
Imports System.Data
Imports System.Data.SqlClient
Public Class frmAddUser
    Private Sub Button1_Click(ByVal sender As Object, ByVal e As System.EventArgs) Handles Button1.Click
        If TextBox1.Text = "" Or TextBox2.Text = "" Or TextBox3.Text = "" Then
            MsgBox("登录ID、用户名、密码均不能为空！")
            Exit Sub
        End If
        If TextBox3.Text <> TextBox4.Text Then
            MsgBox("两次输入的密码不同，请重新输入！")
            Exit Sub
        End If
        Dim cn As New SqlConnection(My.Settings.JWConnectionStr)
        Dim cmd As New SqlCommand("insert into [user] values('" & TextBox1.Text & "','" & TextBox2.Text & "', '" & TextBox3.Text & "',0)", cn)
        cn.Open()
        cmd.ExecuteNonQuery()
        cn.Close()
    End Sub
End Class
```

2. 修改密码

在项目中增加一个窗口 FrmPassword，添加控件并设置相应的属性，窗体的布局如图13.19所示。

图13.19 “修改密码”窗体

为了保证数据库的安全，修改密码需要输入用户名和原密码，进行验证。新密码要求用户输入两次，避免密码设置错误。在“修改”按钮的单击事件中，首先要验证两次输入的用户口令是否正确，然后验证用户原密码是否正确，最后完成修改操作。

“修改”按钮的单击事件代码如下。

```
Imports System.Data
Imports System.Data.SqlClient
Public Class FrmPassword
    Private Sub FrmPassword_Load(ByVal sender As System.Object, ByVal e As
System.EventArgs) Handles MyBase.Load
        If TextBox3.Text <> TextBox4.Text Then
            MsgBox("两次输入的密码不同，请重新输入！")
            Exit Sub
        End If
        Dim cn As New SqlConnection(My.Settings.JWConnectionStr)
        Dim cmd As New SqlCommand("select password from [user] where userID='"
& TextBox1.Text & "'", cn)
        Dim pwd As String
        cn.Open()
        pwd = cmd.ExecuteScalar
        If pwd <> TextBox2.Text Then
            MsgBox("原密码错误，请重新输入！")
        Else
            cmd.CommandText = "update [user] set password='" & TextBox3.Text
& "' where userID='" & TextBox1.Text & "'"
            cmd.ExecuteNonQuery()
        End If
        cn.Close()
    End Sub
End Class
```

13.4.8　“关于”窗口

在主菜单中选择“项目”|“添加 Windows 窗体”命令，弹出“添加新项目”对话框。在“模板”列表框中选择“关于窗体”，并把名称改为 About.vb，单击“确定”按钮完成创建，如图 13.20 所示。

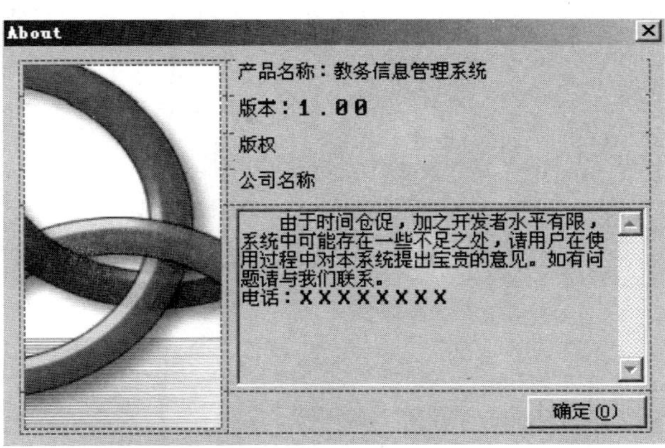

图 13.20　About 对话框

在“关于”窗口中的产品名称、版本、版权等信息可以在如图 13.20 所示的程序集信息框中进行设置，而不需要在窗口中修改。

本 章 小 结

本章首先简单介绍了 VB.NET 和 ADO . NET 的基本知识，重点讲解了 ADO .NET 访问数据的方法。并且采用 ADO .NET 数据对象模型，开发了一个模拟数据库应用程序“教务信息管理”系统。在编写实例的过程中分别介绍了使用不同方法实现.NET 对数据库的操作，以及调用 SQL Server 2005 存储过程的方法，重点介绍了代码实现的方法。

通过实例的介绍，读者可以初步掌握 VB.NET 与 SQL Server 2005 的系统开发的基本过程和简单方法，有兴趣的读者可以以此为基础进一步学习有关系统开发的实现方法和实现过程。

读者回执卡

欢迎您立即填妥回函

您好！感谢您购买本书，请您抽出宝贵的时间填写这份回执卡，并将此页剪下寄回我公司读者服务部。我们会在以后的工作中充分考虑您的意见和建议，并将您的信息加入公司的客户档案中，以便向您提供全程的一体化服务。您享有的权益：

★ 免费获得我公司的新书资料；
★ 寻求解答阅读中遇到的问题；
★ 免费参加我公司组织的技术交流会及讲座；
★ 可参加不定期的促销活动，免费获取赠品；

读者基本资料

姓　　名________ 性　　别 □男　□女 年　　龄________
电　　话________ 职　　业________ 文化程度________
E-mail________ 邮　　编________
通讯地址________

请在您认可处打✓（6 至 10 题可多选）

1、您购买的图书名称是什么：________
2、您在何处购买的此书：________
3、您对电脑的掌握程度：□不懂　□基本掌握　□熟练应用　□精通某一领域
4、您学习此书的主要目的是：□工作需要　□个人爱好　□获得证书
5、您希望通过学习达到何种程度：□基本掌握　□熟练应用　□专业水平
6、您想学习的其他电脑知识有：□电脑入门　□操作系统　□办公软件　□多媒体设计　□编程知识　□图像设计　□网页设计　□互联网知识
7、影响您购买图书的因素：□书名　□作者　□出版机构　□印刷、装帧质量　□内容简介　□网络宣传　□图书定价　□书店宣传　□封面，插图及版式　□知名作家（学者）的推荐或书评　□其他
8、您比较喜欢哪些形式的学习方式：□看图书　□上网学习　□用教学光盘　□参加培训班
9、您可以接受的图书的价格是：□ 20 元以内　□ 30 元以内　□ 50 元以内　□ 100 元以内
10、您从何处获知本公司产品信息：□报纸、杂志　□广播、电视　□同事或朋友推荐　□网站
11、您对本书的满意度：□很满意　□较满意　□一般　□不满意
12、您对我们的建议：________

请剪下本页填写清楚，放入信封寄回，谢谢！

1 0 0 0 8 4

贴邮票处

北京100084—157信箱

读者服务部　　收

邮政编码：□□□□□□

技术支持与资源下载：http://www.tup.com.cn　http://www.wenyuan.com.cn
读 者 服 务 邮 箱：service@wenyuan.com.cn
邮　购　电　话：(010)62791865　(010)62791863　(010)62792097-220
组　稿　编　辑：孙兴芳
投　稿　电　话：(010)62788562-311　13810495417
投　稿　邮　箱：yuyu_fang@163.com